航天装备质量工程技术

董学军 等 编著

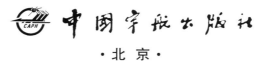

中国宇航出版社

·北京·

图书在版编目（ＣＩＰ）数据

航天装备质量工程技术 / 董学军等编著 . -- 北京：
中国宇航出版社，2022.5

　　ISBN 978 - 7 - 5159 - 2067 - 2

　　Ⅰ. ①航… Ⅱ. ①董… Ⅲ. ①航天器－设备－质量管
理 Ⅳ. ①V441

　　中国版本图书馆 CIP 数据核字（2022）第 079525 号

责任编辑　侯丽平　　　　　　**封面设计**　宇星文化

出　版 发　行	**中国宇航出版社**			
社　址	北京市阜成路 8 号　**邮　编**　100830		**版　次**	2022 年 5 月第 1 版
	（010）68768548			2022 年 5 月第 1 次印刷
网　址	www.caphbook.com		**规　格**	787×1092
经　销	新华书店		**开　本**	1/16
发行部	（010）68767386　　（010）68371900		**印　张**	16
	（010）68767382　　（010）88100613（传真）		**字　数**	390 千字
零售店	读者服务部　　　　（010）68371105		**书　号**	ISBN 978 - 7 - 5159 - 2067 - 2
承　印	北京中科印刷有限公司		**定　价**	98.00 元

本书如有印装质量问题，可与发行部联系调换

前　言

　　质量是航天事业的生命，质量保证技术广泛应用于航天装备研制、生产和使用的所有阶段、所有环节和所有岗位。60多年以来，中国航天始终秉承"严肃认真、周到细致、稳妥可靠、万无一失"的方针，在载人航天、嫦娥探月、北斗导航和火星探测等重大工程实践中，创新和发展了中国特色的质量管理模式和质量工程技术，探索和实践了质量工作内在的客观规律，为中国稳健迈入航天强国提供了强大的支撑和保证。

　　总结历史，传承经验，面向未来。自2016年1月，根据航天装备质量综合提升工程的现实需要，我们立项研究构建航天装备质量工程技术体系。6年多来，我们阅览了中国航天装备质量保证技术文献，深入航天工程实践一线岗位组织航天发射、参与大型试验，经由实践到理论、再由理论到实践的多次反复，建立了航天装备质量工程技术体系。此后，我们反复凝练、数易其稿，期望通过本书全面论述航天装备质量工程理论基础、质量保证通用方法和各类航天装备的质量工程技术。本书共分8章，其中：

　　第1章航天装备质量工程基础。阐述了质量发展历史，结合航天装备质量特性讨论了航天装备质量工程内涵及其技术体系，论述了航天装备质量工程的理论基础，包括成熟度理论、系统工程理论和项目管理理论。

　　第2章航天装备质量保证通用技术。简要论述了航天装备通用质量特性的含义、要求和工作项目；介绍了航天装备典型质量分析工具，如飞行动作、成功包络、单点故障、测试覆盖、潜通路和质量交集等；介绍了航天装备典型质量控制方法，如设计复核、三级审签、验证试验、独立评估、防错技术和问题归零等。

　　第3章航天器类装备质量工程技术。航天器属一次性使用且非批量建造的复杂系统，需要使用特殊的质量保证技术。本章阐述了航天器类装备的质量特性，论述了航天器类装备的方案与立项、样机研制、飞行产品研制、定型鉴定和在役考核等工程阶段中的质量工程技术。

　　第4章运载器类装备质量工程技术。航天运载器属不可修复、点火发射后程序不可逆且非大批量建造的复杂系统，其质量保证技术具有独特性。本章阐述了运载器类装备的质量特性，论述了运载器类装备的方案与立项、样机研制、飞行产品研制、定型鉴定和在役考核等工程阶段中的质量工程技术。

第 5 章支持通用类装备质量工程技术。基于航天任务的特殊性，从支持通用类装备采购方（包括装备主管部门和使用单位等）的角度讨论了采购、技术状态、生产交付、使用维护与售后服务的质量技术和方法。

第 6 章支持专用类装备质量工程技术。基于航天任务的特殊性，从支持专用类装备质量特性、方案论证、设计管理、安装调试等方面讨论了其质量工程技术和方法。

第 7 章航天装备数据包管理技术。讨论了航天装备数据包质量特性、关键特性表、数据包内容、管理程序和数据包交付等。

第 8 章颠覆性航天装备技术。基于颠覆性航天技术特征和发展趋势，简要讨论了颠覆性技术管理的特点和措施。

董学军、王德宝主持了航天装备质量工程技术体系的研究工作，董学军撰写了第 1，2，3，4，5，7 章，参与了第 6，8 章的撰写；王德宝对全书进行了统稿；路建功撰写了第 8 章；冯丑明、熊杨撰写了第 6 章；王小虎、彭辉琼参与了第 1，2 章撰写，陈露凌、刘津津参与了第 3，4 章的撰写，张科昌、赵征宇、梁晓东参与了第 4，5 章的撰写，郭涛参与了第 6 章撰写，李立洁、王国华、邓海琴参与了第 7 章撰写。邓海琴、郭涛编辑校对，陈露凌、彭辉琼组织出版。

感谢航天系统部装备部对航天装备质量工程技术研究工作的大力支持，感谢酒泉卫星发射中心、太原卫星发射中心、西昌卫星发射中心、西安卫星测控中心、海上卫星测控部等单位在课题研究和本书著作过程中给予的巨大帮助。酒泉卫星发射中心技术部张海波主任、谌廷政正高级工程师、周晓明高级工程师等在本书成稿过程中提出了宝贵意见，提供了重要数据和资料，在此一并表示感谢！

航天装备质量工程技术具有开拓性、开放性，本书难免有不当和疏漏之处，敬请读者批评指正。

作　者

2022 年 1 月

目　录

第 1 章
航天装备质量工程基础

航天装备质量工程是针对航天装备质量特性，应用航天装备质量管理和技术成果，对航天装备质量进行策划、控制、规范和改进的系统性活动。本章阐述了质量发展历史，结合航天装备质量特性讨论了航天装备质量工程内涵及其技术体系，论述了航天装备质量工程的理论基础，包括成熟度理论、系统工程理论和项目管理理论。

1.1　概论

1.1.1　质量发展沿革

质量保证通常与某种形式的度量和检测活动相联系，在人类历史上一直是生产活动中的一个重要方面。大约在公元前1450年前，埃及壁画就描述了有关测量和检测方面的活动。建筑金字塔的石块被切割得如此精细，万里长城建造得如此恢宏和精确，即使在现代化的今天也让人叹为观止，这归因于当时的埃及人和中国人已开始使用比较成熟的工程建造方法和程序以及精确的测量仪器。

（1）手工艺人时代

在欧洲中世纪，技艺娴熟的手工艺人通常同时扮演着产品制造者和检验者的角色，由师傅、技工和学徒构成的行会，确保着每位手工艺人得到充分的训练，这种非正式的质量保证活动随着工业革命的到来而慢慢消失，但它构成了现代质量保证活动的基础。

18世纪中叶，一位法国的枪械师欧诺雷·莱勃朗（Honoré Le Blanc）发明了应用互换性零部件制造标准步枪的方法，托马斯·杰弗逊（Thomas Jefferson）将这种方法带到了美国。1798年，美国政府与伊莱·惠特尼（Eli Whitney）签订了两年内为其军队提供10 000支步枪的合同，为保证零部件的互换性，惠特尼设计了专用的机床，培训工人按照图纸进行零部件加工，并对照样品进行测量，但由于生产过程中的变化（随机波动），惠特尼耗费了十年多的时间才完成这一项目。尽管如此，互换性零部件的理念得到了人们的认可，并最终成为推动工业革命的重要力量，使质量保证成为生产过程中的一个关键因素。

（2）质量检验阶段

20世纪早期，美国出现了以费雷德里克·W.泰勒（Frederick W. Taylor）为代表的"科学管理运动"。"科学管理"提出在人员中进行科学分工，将计划职能与执行职能分开，并增加检验环节，以监督、检查对计划、设计、产品标准等的贯彻执行，从而产生了专职检验队伍和独立质量部门。我们现在所称的"全面质量管理"的许多基本原理都是在那时产生的。1982年，美国福特公司的高层到日本学习质量管理时，一位日本公司的高管不断地提到"那本书"。福特公司的人员后来才知道"那本书"是指由亨利·福特（Henry Ford）和塞缪尔·克劳瑟（Samuel Crowther）于1926年合著的《我的生活与工作》的日文译本。"那本书"被日本工业界奉为"圣经"，也使福特公司认识到自己过去是如何偏离其中的原则的。

质量检验是在成品中挑出废品，以保证出厂产品的质量，这种事后把关的做法，无法在生产过程中起到预防、控制的作用，且百分之百的检验，在大批量生产的情况下，其弊端显而易见。质量检验只是质量部门的责任，使许多较高层级的管理者将注意力转向产品数量和生产效率，对质量知之甚少。质量检验将生产工人与质量保证责任相分离，导致工人及其管理者对质量漠不关心。

（3）统计质量控制阶段

20 世纪 20 年代，西方电气公司检验部门的一些人员被派到贝尔实验室，他们的任务是开发新的检验理论和方法以维持和改进质量。沃尔特·休哈特（Walter Shewhart）、哈罗德·道奇（Harold Dodge）和爱德华兹·戴明（Edwards Deming）等质量保证的先驱都是这个团队的成员，他们不仅提出了"质量保证"这个术语，还开发了许多改进质量和解决质量问题的方法，其中最著名是"统计质量控制（SQC）"。第一次世界大战后期，休哈特将数理统计原理运用到质量控制中，并于 1924 年 5 月提出了世界上第一张控制图，标志着质量管理从单纯的事后检验进入检验加预防阶段。1931 年，他出版了第一本质量管理学科专著《产品制造质量的经济控制》一书，全面阐述了质量控制的基本原理，由此，质量开始成为一门独立的学科。

第二次世界大战期间，美国军队开始采用统计抽样程序并为供应商订立了严格的标准。战时生产委员会免费提供由贝尔系统开发的统计方法培训课程，使统计质量控制开始广为人知并逐渐被制造业所采用。标有 MIL – STD（军方标准）字样的抽样表被开发出来，直到今天还在广泛应用。1944 年，第一份有关统计质量控制的专业杂志《工业质量控制》创刊，紧接着，旨在发展、推动和应用质量概念的专业社团——著名的美国质量控制协会 [现为美国质量协会（ASQ），网址 http：//www.asq.org] 成立。

20 世纪 40 年末到 50 年代初，美国民用产品的匮乏使生产成为头等大事。在大多数公司，质量还只是专家的领域，最高管理者对质量改进以及减少缺陷和失误不感兴趣，他们把质量职责授予质量经理，依靠大规模的检验保证交付产品的质量。在这一时期，两位美国的咨询专家，朱兰（J. M. Juran）博士和戴明博士，把统计质量控制技术介绍到日本以帮助其战后重建，他们把教育的重点放在高层人员，而不只是质量专业人员。在最高管理层的支持下，日本人将质量渗透到整个组织中，并逐渐建立起持续改进的文化。

（4）全面质量管理兴起

1951 年，费根鲍姆（Feigenbaum）出版了《质量控制：原理、实践和管理》一书，提出了全面质量控制（Total Quality Control，TQC）的理念，然而，真正开始全面质量控制实践的是日本人。自 1951 年日本科技联盟设立戴明奖，表彰那些符合其严格质量管理准则的个人和公司以来，日本的质量改进工作进行得缓慢而坚实，经过 20 年左右的时间，日本产品的质量逐渐超过了以美国为代表的西方制造商。到了 20 世纪 70 年代，凭借其更高的产品质量，日本企业开始大举进入西方市场，并持续到了 80 年代中后期，使西方钢铁业、家用电器业甚至银行业成为这次竞争的牺牲品。

因果图的发明者、质量管理小组奠基人之一、日本著名质量管理专家石川馨（Ishikawa Kaori）指出，全面质量管理（Total Quality Management，TQM）在日本就是全公司范围内的质量管理（Company Wide Quality Contral，CWQC）。日本人强调从总经理、技术人员、管理人员到工人，全体人员都参与质量管理，企业对全体员工分层次地进行质量管理知识的教育培训，广泛开展群众性质量管理小组活动，创造了很多通俗易懂、便于群众参与的管理方法，包括由他们归纳、整理的质量管理老七种（流程图、因果图、直方图、散点图、排列图、控制图和检查表）和新七种（矩阵图、树图、相互关系图、亲和图、过程决策图、活动网络图和优先矩阵图）工具，为全面质量管理充实了大量新内容，使质量管理的手段不再局限于数理统计，而是全面地运用各种管理方法和技术。

（5）卓越绩效发展

在美国，20 世纪 80 年代是充满变化的十年，政府安全法规、产品召回以及产品责任投诉数量的迅速增加，使整个社会观念由"让买者小心"转变为"让生产者小心"。伴随着社会观念的转变，美国政府认识到质量对于国家经济的重要作用，1984 年，美国政府将 10 月定为国家质量月；1985 年，美国国家航空航天局设立质量和生产率优秀奖；1987 年，美国国会通过《马尔科姆·波多里奇国家质量提高法——"公共法案 100-107"》，决定启动波多里奇国家质量奖评审，为全面质量管理建立了一个从过程到结果的卓越绩效评价框架。从 20 世纪 80 年代末到 90 年代末，美国人对质量的热情空前高涨，一定程度上得益于马尔科姆·波多里奇国家质量奖，很多公司在质量改进方面取得了卓越的成效，如摩托罗拉、通用电气、福特等，并因此赢回了他们曾经失去的大部分市场。

20 世纪 90 年代，是全面质量管理理论在全球范围内广泛传播、全面质量管理实践持续深入发展的十年。国际标准化组织为适应全球化贸易，于 1987 年发布的第一套管理标准——ISO 9000 族标准经三次修订成为应用最广泛的国际标准，摩托罗拉公司于 1987 年提出的质量改进——六西格玛方法取得了巨大成功。事实上，在经济较为发达的国家和地区，质量几乎成为每个组织追求成功的驱动力，大量的质量类书籍出版发行，与质量相关的咨询和培训如雨后春笋般大量涌现并经久不衰，许多组织通过正式或非正式的渠道分享他们的知识和经验，欧洲、加拿大、新加坡等国家和地区先后设立质量奖，推动国家和地区质量水平的提高。

尽管质量活动最初主要是通过应用测量、统计以及其他工具来减少产品和服务的缺陷和差错，但组织逐渐认识到，如果日常管理的质量不能引起足够重视，就不可能取得长久的质量改进。管理人员开始领会到，倾听顾客意见并与之建立长久关系，制定战略、考核绩效和分析资料，训练员工、嘉奖员工，设计和提供产品与服务，在组织中发挥领导作用等，是影响质量、顾客满意度和经营结果的真正因素。换句话说，"管理的质量"与"质量的管理"同等重要。人们开始使用"大质量"（big Q）这一术语来突出组织所有过程的质量，与此相对的"小质量"（little Q）则主要是指制造质量。

众多的企业高层管理者都认识到，所有重要的经营活动，如生产组织的领导、数据和信息的搜集、战略决策的方式等，都需要与质量原则相一致，作为一个系统来共同发挥作用，并随着经营条件和方向的改变而持续改进。由此，质量的概念演化成了卓越绩效（Preformance Excellence）的概念，并渗透到组织管理的方方面面，将所有经营活动校准和整合在一起，使组织能够为顾客和利益相关者提供持续改进的价值，并提升组织的整体效益和可持续发展的能力。

（6）质量工程阶段

1996 年，美国质量协会（ASQ）首次发布了《质量的未来》研究报告，意在揭示在不远的未来即将影响质量专业乃至整个商业社会的力量，以后几乎每过三年，ASQ 会发布一次更新的研究报告。那时，人们就意识到质量已成为一个组织的领导力和管理战略。进入新世纪后，全球经济增长整体放缓，尤其是 2007 年开始的由美国金融危机引发的全球经济萧条，乃至今天因新冠疫情而导致的全球经济危机，证明质量不只是"感觉良好"的概念，它对于经济效益和长期发展起到不容置疑的作用。过去，人们关注的是流程及其输入和输出，而现在，人们越来越能理解由相互作用的流程构成的体系对组织最终绩效的复杂影响，而且传统的技术性工具已不能满足当前需要。因此，整合传统的质量理念、管理模式、技术和工具，使用系统工程的方法解决组织面临的众多"大质量"问题成为时代的要求。正是在这种背景下，面向质量实践、采用系统工程方法、整合专业技术和质量管理的质量工程成为发展的焦点。

（7）航天装备质量工程

国内航天装备质量工程大致经历三个发展阶段。第一阶段是从 20 世纪 50 年代后期（中国航天创业初期）到 20 世纪的 90 年代中期，以周总理的"十六字"方针和钱学森的系统工程理论为指导思想，航天装备研制实行两条线管理模式，倡导"三严"作风，贯彻《军工产品质量管理条例》，开展质量管理体系建设，质量工程平台初步形成。

第二阶段从 1996 年到 2006 年，针对 20 世纪 90 年代中期几次型号任务的失利，航天工业部门制定并实施了"72 条""28 条""质量问题归零双五条"等一系列重要的质量管理制度，扭转了型号研制工作的被动局面，同时按照"坚持、完善、发展"的原则，大力开展"零缺陷"质量文化建设，实施"源头抓起、预防为主、全程控制"的措施，出色完成了以首次载人航天飞行为代表的一系列重大航天任务。

第三阶段是随着一大批国家科技重大专项和重大航天工程型号工作进入高密度研制生产试验状态，特别是 2007 年以来，在推动型号研制生产工作的产业化转型过程中，提出了航天型号精细化质量管理要求，实施航天产品数据包管理、成功数据包络分析、重大技术风险独立评估、面向产品的质量分析、技术风险识别与控制、质量确认制等一系列方法和措施，使航天装备质量工程跃上新台阶。今天，随着中国航天圆满完成了"十二五""十三五"的规划建设项目，探月工程的"绕、落、回"三步走圆满收官，北斗导航系统全面投入运行，"祝融"号火星车顺利着陆火星，载人航天工程顺利迈入空间站建造阶段，乘坐神舟十三号飞船的 3 名航天员入住空间站"天和"核心舱，CZ－5、CZ－7、CZ－11和 CZ－8 等新型运载火箭纷纷投入使用，以航天精神为核心价值观，以"零缺陷""精细化"质量工程方法为基础，融合航天特色的质量管理制度、航天人行为规范、航天装备品牌和形象等为一体的新时代航天质量工程体系已经形成，并支撑着中国从航天大国向航天强国快速迈进。

1.1.2 质量及其特性

质量有时是一个令人困惑的概念，这主要是因为人们根据个人所扮演的角色采用不同的标准认识"质量"。顾客认为质量在于产品和服务是否适用和令人满意；销售者认为质量是相对于顾客预期用途的适用性；设计者认为质量在于产品和服务具有同样的有用性而成本更低；生产者认为质量是产品和服务是否符合规范。

（1）质量概念

事实上，为了创造出能够满足顾客需要的最终产品和服务，在组织内外部不同的节点上，需要有不同的质量视角。为此，ISO 9000：2015 将质量定义为：客体的若干固有特性满足要求的程度。

定义中"客体"指"可感知或想象的任何事物"。客体可能是物质的（如现实中的载人飞船、运载火箭等）、非物质的（如一次发射计划、一种转换模型等）或想象的（如未来的空间机器人、登陆火星的载人飞船等）。

定义中"特性"指"可区分的特征"。特性可以是固有的或赋予的，也可以是定性的或定量的，有各种类别，如理化生的（物理的、化学的或生物学的特性等）、感官的（嗅觉、触觉、味觉、视觉、听觉等）、行为的（礼貌、诚实、正直等）、时间的（准时性、可靠性、可用性、连续性等）、人因功效的（生理的、人身安全的等）、功能的（最大运载量、最远作用距离等）。"固有特性"指某事或某物中本来就有的。"固有"的反义词是"赋予"或"外在"，事物的"赋予"特性，如价格等，不属于质量范畴。

定义中"要求"包括"明示的、通常隐含的或必须履行的需求或期望"。要求可由不同的相关方或组织提出。"通常隐含"是指组织和相关方的惯例或一般做法，所考虑的需求或期望是不言而喻的。规定要求是经明示的要求，如在形成文件中阐明。特殊要求可使用限定词表示，如用户要求、产品要求等。为实现较高的顾客满意度，可能有必要满足顾客既没有明示，也不是通常隐含或必须履行的期望。

质量的定义不同于"等级"。"等级"或"档次"是对同一用途或功能的事物为满足不同层次的需要而对质量要求所作的有意区分，不同等级或档次意味着不同的购买力或消费层次。

（2）质量特性

为满足顾客和相关方的要求，组织需要将顾客和利益相关方感性含糊的期望转化成清晰、理性、技术或工程的语言，这就是质量特性。组织所得到的或确认的质量特性是人为转化的结果，相对于顾客和相关方的要求，这种转化的准确程度将直接影响到顾客和相关方的要求能否得到满足，进而影响其满意度。

质量特性可以划分为技术、心理、时间、安全和社会等类型。技术方面的质量特性可以通过检验装置或统计技术进行精确测定，使人们可以对其进行客观的评判。心理方面的质量特性反映了顾客和相关方的心理感受和审美价值，很难用准确的指标来衡量；心理方面的质量特性对构成产品和服务的特色，保证产品和服务对每一个具体用户的

"适用性"非常重要。时间方面的质量特性直接与"产品使用寿命周期费用"和"服务响应及效率"等相关联，对顾客和相关方的质量评价影响巨大。安全方面的质量特性对避免和防止法律责任问题具有重要意义；组织在运营过程中，必须落实安全措施，保证产品和服务不会对用户造成伤害，过程和体系运行对员工是安全的。社会方面的质量特性要求组织在考虑质量特性的内容时，必须考虑法律、法规、环保以及社会伦理等有关组织社会责任方面的要求。

日本质量管理专家狩野纪昭根据不同类型质量特性与顾客满意度之间的关系，将质量特性分为魅力特性和必须特性。魅力特性是指该特性如果充分会使人产生满足，不充分也不会使人不满。必须特性是指该特性即使充分也不会使人感到兴奋或满意，一旦不足就会引起强烈不满。随着时间的流逝和竞争的持续，魅力特性会逐渐演变成必须特性。此外，狩野纪昭还指出组织在确定产品质量特性时还需注意无谓特性和逆特性这两种次要特性。无谓特性是指存在或是否充分对顾客满意不起作用的特性；逆特性是指那些提供过多反而会引起顾客不满的特性。

（3）全面质量

全面质量管理最初是用来描述日本式的质量改进方式，20 世纪 80 年代开始在全球范围流行，现已逐渐失宠，很多人使用全面质量来描述这一概念。所谓的全面质量，简单地讲就是组织中的每一个成员为理解、满足并超越顾客期望而进行的坚决而持续的改进活动，它是一项综合的系统工程，包括体系、方法和工具，横跨组织的所有职能和部门，涉及组织的所有成员，并延伸至所有利益相关方。为此，组织应在机构、过程和作业等 3 个层面上实施全面质量。

高层管理者应关注组织的机构层面，以满足外部顾客要求为中心，定期了解顾客意见，如组织的哪些产品和服务满足和未满足顾客的期望，顾客有哪些需要的产品和服务没有收到，收到了哪些不需要的产品和服务等。

中层管理者应关注组织的过程层面，由于多数过程都是跨职能部门的，应避免职能部门的活动改进损害组织整体业绩的事件。因此，中层管理者应思考，哪些产品和服务对外部顾客最重要，分别是由哪些过程生产和提供的，这些过程的关键输入是什么？哪些过程对组织绩效标准影响最大？我们的内部顾客是谁及其期望和要求是什么？

组织的所有员工都应理解作业层面的质量。作业层面的标准一般来自机构层面和过程层面，这些标准包括对精确度、完整性、可靠性和成本等的要求。每位员工都应清楚其岗位的具体标准，对应的顾客（包括内部和外部顾客）要求和期望是什么以及如何衡量。

质量如果不能内化到个人层次上，就不可能根植于组织的文化中，因此，质量必须开始于个人层次，即从我做起。哈里·V. 罗伯茨（Harry V. Roberts）和伯纳德·F. 谢尔盖斯凯特（Bernard F. Sergesketter）提出了"个人质量"的概念。人们发现，在对组织的方方面面进行改变的日常努力中，个人质量犹如一把钥匙，有助于开启对质量的广泛理解和重视，然而，作为提升工作场所质量的基本要素，它被很多组织的管理者所忽略。

（4）质量改进与收益

"提高质量会导致成本的增加还是降低？"需要从两个方面来回答这一问题。一方面，"质量"意味着能够满足顾客的需要从而使顾客满意的那些产品或服务特征，提供更多或更好的这类特征常常要求增加投入，从而导致成本增加。另一方面，质量意味着免于不良，即没有需要返工或导致现场失效、顾客不满、顾客投诉的差错，提高质量通常会导致成本降低。第一种质量提高是顾客满意的源泉，做好会增加组织的收益；第二种质量提高是减少或消除顾客不满的方法，做好会降低成本；它们都会给组织带来更多的收益。图1-1揭示了上述两种质量改进带来组织效益提高的原理。

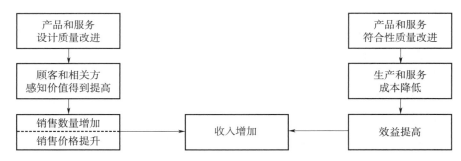

图 1-1　质量改进与组织效益

将质量改进聚焦于设计和符合性两个方面是至关重要的。很多组织将质量局限于某一方面，如致力于消除缺陷但未能设计出顾客真正想要的产品和服务，或设计出了很好的产品和服务但缺陷和差错不断。在当今市场竞争激烈的态势下，高符合性被认为是"入门资格"，要在竞争中获胜，组织还必须具备快速开发产品和服务的能力、超凡的服务顾客的能力以及加强生产和配送系统的柔性。

1.1.3　航天装备质量

航天装备是用于实施和保障航天活动的系统、设备、设施与器材的统称，主要包括各类航天器及其运行控制系统、运载器及其飞行测量控制系统、空间武器系统、地面支持通用类和专用类装备，以及具有颠覆性技术进步的新型的航天设施设备。航天产品指生产出来的物品，包括航天装备生产过程中的零部件、半成品、成品等。因此，产品的外延要大于装备，本书采取灵活性表述，在不会产生歧义的条件下，不区分装备和产品的定义。

（1）航天装备分类

根据航天力量构成，从装备质量保证的角度可以将航天装备划分成航天器类、常规运载器类、快响运载器类、支持通用类、支持专用类和新技术装备类6种类型。

1）航天器。航天器是指按照天体力学规律在太空运行，执行探索、开发、利用太空和天体等特定任务的各类飞行器。航天器具有多种分类方法，可以按其轨道性质、科技特点、质量大小、应用领域和所有权等进行分类。

2）常规运载器。运载器是依靠自身动力装置——火箭发动机推进的飞行器。常规运载器是用于在常规状态下使用正常任务流程将航天器送入预定轨道的运载器，包括常规液体和固体运载器两类。这类运载器一般是先有发射任务，然后进行研制（未定型运载器）或生产（已经定型运载器），出厂前一般要完成总装测试，之后运抵发射场按常规任务执行发射任务，而且发射准备时间充分，发射窗口可根据任务准备情况进行更改。

3）快响运载器。快响运载器是与常规运载器相对应的一类运载器，它是用于在应急状态下、使用快速响应任务流程将航天器送入预定轨道的运载器。这类运载器一般是根据预想任务，然后进行研制（未定型运载器）或生产（已经定型运载器），出厂前一般要完成总装测试，之后运抵发射场经装配测试正常后，进行应急状态设置并转入储备状态，一旦满足设定的紧急条件，即启动应急发射流程。同常规运载器相比，这类运载器除了在设计研制阶段须考虑贮存周期要求、平时演训和应急响应要求外，其质量保证要求和方法与常规运载器没有本质区别。

4）支持通用类。支持类装备指在执行航天任务过程中，支持任务目的达成的各种保障和附属装备。支持通用类装备指在航天支持类装备中，能够直接采购到的货架类产品或已完成设计生产定型的成熟类设施设备。

5）支持专用类。支持专用类装备指在航天支持类装备中，生产使用量较少，没有形成统一规范的设施设备，质量特性表现为需要针对具体需求而研制生产的设施设备。

6）颠覆性航天装备。颠覆性航天装备又称新技术航天装备，其类型繁多，常见的有激光、微波武器系统，地基动能武器系统和天基安全防护系统等。由于此类装备多为新技术验证、研发和应用，质量特性呈现为样机属性，研、产、试、战结合等特点，其质量保证没有固定的模式，须根据具体装备的质量特性，遵守装备质量保证的一般性规律，编制项目质量保证计划，依据个体情况具体对待。

（2）航天装备特点

航天装备属高技术装备，除具有一般装备的特点外，还具有自身鲜明的特征，包括战略意义重大、敏感性强、时空分布广、体系融合深、研发风险高、维修维保难度大、不可重复使用和防护难度大等。

1）战略意义重大。首先，航天器具有高远的位置优势，覆盖范围广，实施军事侦察、通信、导航等战略性活动不受国家领陆、领海、领空的限制，能够长期在轨工作，组网运行可形成全球信息支援能力，对夺取信息优势起着战略支撑作用。其次，太空武器能够对敌方纵深战略目标实施超高速突防打击，具有不可替代的战略威慑作用。

2）敏感性强。航天装备是战略性装备，目前的国际环境总体上不利于太空攻防装备的发展，太空攻防对抗试验的政治、外交和国际舆论敏感性极强。目前，航天装备既具有试验性质、应用性质，同时又在不断向作战领域转变，全天候、全天时、复杂电磁环境等成为系统考核的重要环节。

3）时空分布广。一方面，太空特有的高远位置资源，使航天器具有全球覆盖、视野广阔和无国界的独特优势。另一方面，通过设计航天器运行轨道和多航天器组网，航天装备能够快速甚至不间断地进行全球覆盖服务，因而具有时间、空间上的广域特性。

4）体系融合深。单个航天系统一般包括在轨航天器、运行控制系统和应用系统等部分，各部分通过信息交换和相互协作完成特定任务。而现代战争是体系与体系的对抗，航天信息支援和太空攻防作战任务需要广泛分布在不同物理空间、相互有机联系的多种类型航天装备构成的航天系统来完成。因此，必须构建完整的天地一体的信息体系，实现多维融合、信息感知和信息共享。

5）研发风险高。航天装备的研制、运输（发射入轨）、试验费用十分昂贵，航天装备采用"边研、边试、边装备、边形成战斗力"的研发策略，天基装备一旦入轨，很难短时间内发现纠正包括作战需求、性能指标和质量等在内的"缺陷"问题。

6）维修维保难度大。在轨航天器一旦发生故障，在目前技术条件下，无法通过更换故障件使其恢复正常；自身携带资源（如推进剂等）补给的难度大、成本高。

7）不可重复使用。担负航天运输的装备（如运载火箭）多数都不具有重复使用的特性，即便可重复使用（如美国的猎鹰-9），其重复使用准备周期也较长。

8）防护难度大。空间环境所特有的高真空、强辐射、空间碎片等因素对航天装备的正常工作带来了很大威胁。航天器一般围绕固定轨道运行，易于被敌方探测和跟踪，且航天器进入轨道的机动需要时间，敌方可以准确地掌握其活动规律，因而隐蔽性较差。大多数航天器抵御太空攻击的能力很弱，一旦遭受攻击极易受损且难于维修。

（3）航天装备质量保证特点

航天装备质量保证是通过规范化的组织形式和测试、试验、评审、验证、确认等活动，确保航天装备战术技术性能、作战保障效能等满足规定要求的综合性活动。与常规装备质量保证相比，航天装备质量保证具有子样少、技术发展快，系统复杂、难以统一标准，试战结合、质量保证形式多样，试验敏感性强、安全要求高等特点。

1）子样少，技术发展快。大部分航天装备（如航天器、运载火箭等）集探索性、先进性、复杂性和风险性于一身，是典型的小子样试验产品，与大批量生产的装备有着明显的不同。绝大多数航天器、运载器等航天装备不具备回收、重复使用能力，均属一次性产品，且型号多、技术新、发展快，要求在极少子样的条件下实现高可靠、高性能、高质量，极大地制约了传统试验考核方法的应用。

2）系统复杂、难以统一标准。航天装备系统复杂，各系统之间高度耦合，天地一体化的试验需求突出。尤其是作为太空攻防、信息支援和作战保障的装备，鉴定准则主要是反应时间以及在任务过程中获得作战优势和完成作战任务的概率等，这些准则不易量化，通常应根据具体的作战任务要求来进行确定。同时，作战过程具有复杂性和动态性，贴近实战的试验过程存在诸多未知因素，且彼此相互作用，很难利用统一的鉴定标准得出准确的试验结果，也就没法用统计的方法来验证数据，进而给装备鉴定带来一定的难度。

3）试战结合、质保模式多样。航天装备以平时科研使用与应急作战使用相结合的方式发展建设，很多装备采用边研、边试、边部署、边形成能力的一体化研发途径，不同状态下，装备的质量保证方式都会不同。对于科研试验性质的航天装备，质量保证主要是确保装备满足"任务书"要求，并重点考核其可靠性，靶场全系统飞行试验主要以状态鉴定为主，适当进行作战能力考核。对于应急作战用航天装备，质量保证则需围绕性能指标、作战效能、作战适应性、体系贡献率等进行质量特性控制，确保其满足预期要求。

1.1.4　航天装备质量工程

（1）航天装备质量工程定义

1978 年美国国家标准 ANSI/ASQC A3《质量管理和质量保证词汇》对质量工程的定义是："质量工程是有关产品或服务的质量保证和质量控制的原理及其实践的一个工程分支学科。"1979 年英国标准 BS 4788《质量词汇》对质量工程的定义是："质量工程是在达到所需要的质量过程中适当的技术和技能的应用。"1992 年中国军用标准 GJB 1405《质量管理术语》中对质量工程进行了定义，后又被撤销。中国国家标准 GB/T 19030—2009《质量工程　术语》中对质量工程的定义："质量工程是为策划、控制、保证和改进产品的质量，将质量管理理论与专业技术相结合而开展的系统性活动。"我们从航天装备质量保证高技术、高可靠、高风险和系统特别复杂的特点出发，借鉴上述质量工程定义，将航天装备质量工程定义为"针对具体航天装备质量特性，应用航天装备质量管理和技术成果，对航天装备质量进行策划、控制、规范和改进的系统性活动"。

"针对具体航天装备质量特性"是讲，由于不同航天装备质量特性差异巨大，航天装备质量工程需要针对具体的航天装备采用"因装施策"的方式，选取合适的质量技术，落实适宜的管理措施。

"应用航天装备质量管理和技术成果"是讲，航天装备在研制、试验、生产和使用过程中，基于不同装备的质量特性形成了独具特色的系统化的质量技术和质量管理方法，需要在航天装备质量工程实践中继承和发扬。

"对航天装备质量进行策划、控制、规范和改进"，其中，航天装备质量策划是将顾客/用户需求和期望转化为装备和服务的质量特性，并规定必要过程和相关资源以实现这些质量特性；航天装备质量控制是一个确保装备设计、生产和服务提供满足预先设定要求和标准的过程；航天装备质量规范是对航天装备研发、鉴定、定型、生产、使用和退役等全寿命周期的管理、技术和方法进行规范的活动；航天装备质量改进是通过改善影响装备和服务质量的因素、过程等，达到增强满足装备和服务质量要求的能力。

"系统性活动"是指航天装备质量工程是一项系统工程，需要从系统的角度出发，综合运用工程技术方法和质量管理方法等，使质量工程体系运行达到最优状态，实现优化研制、优化管理和获得最优绩效的目的。

（2）航天装备质量工程方法

由于不同类型的航天装备质量特性差异较大，航天装备质量工程专业技术方法依据装备类别分为航天器、常规运载器、快响运载器、支持通用类、支持专用类和新技术装备等类型（在后续各章中分别讨论），通用的技术方法主要包括以下 3 种，即数理统计方法、工程技术方法和质量管理技术等，读者可参考相关书籍。

1）数理统计方法。主要有统计过程控制、抽样检验和试验设计等。统计过程控制是应用数理统计技术对生产过程进行分析并监控的方法，主要工具是过程控制图。抽样检验是根据数理统计原理，在综合考虑供货方和收货方的利益、要求和风险之后，规定产品的质量水平，并据此对批量、样本大小、判断标准等作出适当规定的一种检验方式。试验设计是以概率论和数理统计为理论基础，经济、科学地安排试验的一项技术。

2）工程技术方法。主要有可靠性工程、信息技术和质量计量检测等。可靠性工程是研究产品故障发生、发展和预防的规律，通过设计、分析和试验等手段，防止和控制故障的发生与发展，提高产品固有可靠性水平的工程技术。信息技术是为有效管理信息所采用的各种技术的总称，主要是应用计算机科学和通信技术来设计、开发、安装和运行信息系统。质量计量检测是对产品的一个或多个质量特性进行检查、测量、化验，并将结果和规定的质量要求进行比较，以确定其是否合格的技术活动。

3）质量管理技术。主要包括质量工具、质量管理体系和精益质量管理等。质量工具是指对质量数据的分布规律、质量影响因素、质量过程和质量改进进行统计、分析和决策的科学方法。质量管理体系是在质量方面指挥和控制组织的管理体系，相应的标准规范包括 ISO 9000 族标准、卓越绩效模式和质量链管理等。精益质量管理是一套基于统计技术的过程控制和产品质量改进的方法，并已进化为组织追求精细管理的理念，如六西格玛管理、精益生产等。

（3）与其他学科的关系

航天装备质量工程属质量工程的一个分支学科，依据 GB/T 13745—2009《学科分类和代码》，航天装备质量工程与相关学科的关系如图 1-2 所示。

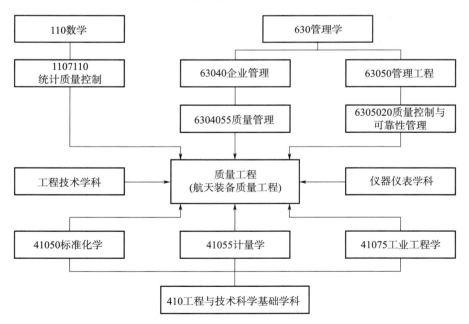

图 1-2   质量工程与相关学科关系示意图

从图 1-2 中可以看出：

——质量工程是现代科学、工程技术与现代质量管理理论及实践密切结合的产物，是一门综合数学、工学和管理学等学科内容的交叉性学科。

——质量工程充分吸收了统计质量控制、质量管理和可靠性管理的理论成果，是 21 世纪质量管理的高级形式，也是质量历史发展的必然结果。

——质量工程建立在工程与技术科学基础学科之上，标准化学、计量学和工业工程学是质量工程必不可少的支柱和基石。

——质量工程与工程技术学科密不可分，如航空、航天、机械、化工、纺织、冶金等，这些工程技术是相关行业推行质量工程不可或缺的。不懂专业技术的质量管理人员不能成为质量工程的专家。

——质量检验是质量工程的重要组成部分，自然离不开质量信息的采集、转换和处理，因此，质量工程与仪器仪表学科紧密相关。

1.1.5　质量工程技术体系

依据航天装备质量特性，基于航天装备寿命周期，采用过程和系统工程方法，在总结凝练工程实践经验和相关领域研究成果的基础上，研发提出如图 1-3 所示的航天装备质量工程技术体系框架。

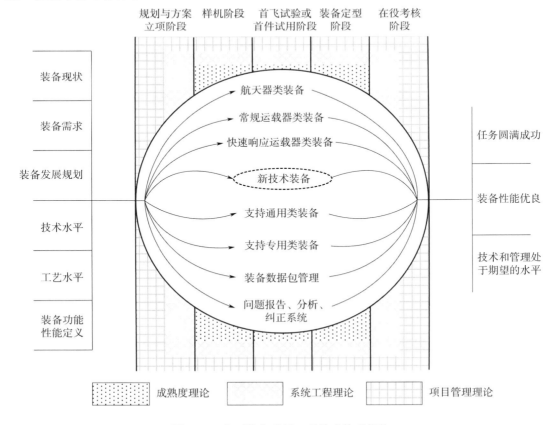

图 1-3　航天装备质量工程技术体系架构

图1-3显示：装备发展现状，尤其是竞争对手或主要潜在作战对象的装备发展现状和规划；国内技术和工艺水平，包括研发能力、生产能力等；装备需求，包括当前和一段时期内的需求；装备发展规划和装备功能性能定义等，在装备质量要求或质量特性确定方面起着非常重要的作用，是实施航天装备质量工程的输入。

图1-3中的理论基础包括成熟度理论、系统工程理论和项目管理理论。有关装备成熟度理论与应用的研究成果为航天装备质量评定提供了方向和准则；航天系统工程的研究和实践成果包括系统设计、产品实现和技术管理的内容，为航天装备质量工程技术奠定了理论基础；航天项目管理中关于组织、范围、计划和控制的方法为航天装备质量工程技术提供了策划层面的理论和方法论。

图1-3显示，航天装备质量工程技术体系从三个维度研究如何保证航天装备质量。维度一是依据航天装备质量特性的不同，将航天装备分为航天器类、常规运载器类、快响运载器类、新技术装备类（颠覆性航天技术）、支持通用类和支持专用类等6种类型，然后针对每类航天装备研究其质量保证技术和手段。维度二是按照每类航天装备在寿命周期不同阶段所表现出的不同质量特性，分别从规划与方案立项阶段、样机阶段、首飞试验或首件试用阶段、装备定型阶段和在役考核阶段等，研究航天装备质量保证的技术与方法。维度三是从航天装备数据包（质量信息管理）的角度，研究质量特性、关键特性表、数据包内容和数据包管理程序等。

理论基础部分的讨论在1.2~1.4节完成，有关不同种类航天装备质量保证技术和方法的讨论在第2~6章和第8章进行，质量信息管理部分在第7章讨论。由于新技术航天装备多处于研发试用期，其质量特性不稳定，质量工程技术尚未真正成熟，因此，这部分内容在第8章进行简单论述。

1.2　成熟度理论

技术的终极目标是在产品上成功应用。在技术完全满足目标产品的要求前，需要经过原理探索、应用设想、概念提出与验证、设计、集成、试制、试验、生产、使用、保障等环节，同时，这也是一个知识创新、获取和积累的过程。在知识创新、学习和积累的过程中，如何界定在某一特定时间节点处的技术状态，如何以定性和定量方式标定技术对目标产品的满足程度，这是项目经理、研发人员和质量工程师面临的一大难题。

1.2.1　成熟度模型体系

航天装备质量保证活动涵盖科学研究、技术研发、设计集成、试制生产、试验与评价、生产部署和使用保障等，每个方面的实际特点和管理需求不尽相同。对上述各类活动的状态进行准确评价，确保装备研制、生产、部署等工作顺利进行，需要一系列可实现量化评价的成熟度模型。目前，很多学者通过大量研究与实践，提出了不同的成熟度模型，形成了以技术成熟度等级为核心的成熟度模型体系，包括科学成熟度等级、技术成熟度等级、制造成熟度等级、保障成熟度等级和系统成熟度等级等，见表 1 - 1。

表 1 - 1　成熟度模型体系简介

序号	名称	提出背景	关注点
1	科学成熟度等级	NASA 于 2005 年的"突破性物理学推进计划项目管理"一文中提出的概念，主要用于衡量应用研究中科学原理对技术应用方案的满足程度。分 3 个阶段，每个阶段 5 个步骤，共 15 个等级	科学研究类问题
2	技术成熟度等级	NASA 于 20 世纪 70 年代前后提出的一个衡量技术对目标系统满足程度的量化评比概念，最初为 5 个等级；80 年代航天飞机失事后，促使 Sadin 等人正式提出一个 7 级的技术成熟度等级概念；1995 年 NASA 以白皮书形式发布 9 级技术成熟度等级定义，后经 GAO 推荐，DoD 引入到国防采办管理中	技术开发类问题
3	制造成熟度等级	制造成熟度等级（Manufacturing Readiness Level，MRL）是 DoD 为应对日益增长的制造风险而提出的概念，美国联合国防制造技术委员会（Joint Defense Manufacturing Technology Panel，JDMTP）2009 年发布的《制造成熟度评价手册》草案，对 MRL 定义、国防采办环境下的制造成熟度评价和实施流程等进行了规范，用于指导美军国防采办项目制造风险评估	制造/生产类问题
4	保障成熟度等级	2000 年之后，DoD、美国海军、洛克希德·马丁公司等分别提出了保障成熟度等级概念，提出的等级划分也各不相同，分别为 12,5 和 9 个等级	使用保障类问题
5	系统成熟度等级	系统成熟度等级的提出源于技术成熟度等级难以解决装备研制过程中部件/系统集成问题。世界上开展相关研究的主要有英国国防部和美国斯蒂文森大学，其中，美国斯蒂文森大学的 Brian J. Sauser 等人提出了一套基于复杂矩阵计算的系统成熟度模型	系统集成类问题

1.2.2　科学成熟度等级模型

科学成熟度等级（applied Science Readiness Level，aSRL）模型是 NASA 提出的旨在用于衡量科学原理向技术转化的程度。aSRL 包括 3 个可应用性等级（反映一项研究如何从通用性物理演变到特殊的应用），每个阶段包括 5 个重复的步骤（见表 1 - 2），这样 aSRL 就有 15 个等级，其中最高的等级等同于 TRL1 级（发现和报告技术基本原理）。

表 1 - 2　aSRL 定义

序号	阶段	等级	解释
1		aSRL - 1.0	预知（未经证实的效果或新的信息链接）
2		aSRL - 1.1	确切地阐述问题
3	普通物理	aSRL - 1.2	收集数据
4		aSRL - 1.3	提议建设条件
5		aSRL - 1.4	测试假设条件，并报告结果

续表

序号	阶段	等级	解释
6	关键议题	aSRL - 2.0	预知（未经证实的效果或新的信息链接）
7		aSRL - 2.1	确切地阐述问题
8		aSRL - 2.2	收集数据
9		aSRL - 2.3	提议建设条件
10		aSRL - 2.4	测试假设条件，并报告结果
11	预期效果	aSRL - 3.0	预知（未经证实的效果或新的信息链接）
12		aSRL - 3.1	确切地阐述问题
13		aSRL - 3.2	收集数据
14		aSRL - 3.3	提议建设条件
15		aSRL - 3.4	测试假设条件，并报告结果（等同于 TRL1：发现和报告技术基本原理）

1.2.3　技术成熟度等级模型

技术成熟度等级（Technology Readiness Level，TRL）模型是对特定技术成熟程度进行度量和评测的一种标准和尺度，是对"技术相对于项目预期目标的满足程度"的一种度量标准，可用于评估特定技术的成熟度以及对不同类型技术的成熟度进行比较。TRL 的主要功用是评判特定技术的当前状态，可作为一种辅助的风险管理工具，同时也是管理人员与技术人员交流的工具。

TRL 划分始于科学理论，结束于工程制造，展现了科学技术在其发展成熟过程中的本质变化。目前得到广泛采用的 TRL 定义共分 9 个级别，其中 1 级最低，9 级最高，以技术从萌芽到最终使用的研究和验证活动为主线，逐级递进。其中，前三级是早期的科学知识，后三级大部分是具体工程，中间三级是在科学研究和工程研究之间的模糊分界。当一项技术经历过这 9 个等级，就从一个纯粹的不受限制的科学思想变成了发展成熟、能在实际运行环境中证实其用处的具体应用。具体等级定义见表 1 - 3。

表 1 - 3　TRL 定义

TRL	定义
1	发现和报告技术基本原理
2	阐述技术概念和用途
3	验证技术概念的关键功能和特性
4	实验室环境下完成基础部件/原理样机验证
5	相关环境下完成基础部件/原理样机验证

续表

TRL	定义
6	相关环境下完成系统/子系统模型或样机验证
7	使用环境下完成系统样机验证
8	完成实际系统试验验证
9	完成实际系统使用验证

TRL 定义更适用于硬件和系统，不适用于软件，因此美国国防部（DoD）对软件 TRL 给出了不同的定义和描述，见表 1-4。

表 1-4　软件 TRL 定义

TRL	定义
1	发现和报告技术基本原理
2	阐述技术概念和用途
3	验证技术概念的关键功能和特性
4	实验室环境下完成基础模块/子系统验证
5	相关环境下完成模块/子系统验证
6	相关点对点环境下完成模块/子系统验证
7	在高逼真仿真环境中进行软件验证
8	在真实环境中完成软件的试验与验证
9	软件系统通过执行任务得以验证

无论是硬件 TRL 还是软件 TRL，都是描述技术逐步验证的过程，因而可以从 3 个方面进行说明，即技术成果载体形式、试验环境和逼真度。技术成果载体形式指技术以何种形式（如纸质研究、原理样机、样机、模型、实际系统等）存在；试验环境指对技术成果载体形式进行验证时所处环境（如实验室环境、相关环境、使用环境等）；而"逼真度"指技术成果载体和试验环境与最终使用系统和最终使用环境之间的相似程度。TRL 定义中 9 个等级的各要素变化情况见表 1-5。

表 1-5　TRL 的 9 级要素变化情况

TRL	技术载体		验证环境	逼真度
	硬件	软件		
1	无（纸质研究）	无（纸质研究）	无	无
2	无（纸质研究）	无（部分编码）	无	无
3	实验室样件	代理处理器上的一些算法	实验室	极低逼真度

续表

TRL	技术载体		验证环境	逼真度
	硬件	软件		
4	基础部件	软件算法变为伪代码,达到单机模块	实验室	低逼真度
5	部件	软件完成单个功能/模块的编码,并完成"软/硬件 bug"试验	仿真环境	高逼真度
6	系统/子系统的模型或样机	在实验室环境演示验证典型软件系统或样机。发布 α 版软件	高逼真度的仿真演示或有限的/受限制的运行演示,如飞行试验台	高逼真度
7	系统样机	在使用环境下的处理器上进行样机试验。发布 β 版软件	有代表性的真实环境中的运行演示,如演示验证飞机	近似真实环境
8	实际系统	软件集成,在使用环境中进行软件所有功能测试	在实际系统应用中进行研制试验与评价	真实环境
9	实际系统	软件系统使用验证	在任务环境中进行试验与评价	任务环境

尽管 TRL 定义已经得到广泛认同和普遍应用,但仅仅利用 TRL 定义,只能粗略地判定关键技术元素(Critical Technology Element,CTE)的技术成熟度。为了更全面准确地审视各项 CTE 技术成熟度的详细情况,美国空军实验室在 2003 年提出 TRL 评价细则,引入制造成熟度(Manufacturing Readiness Level,MRL)、项目管理成熟度(Programmatic Readiness Level,PRL)和 TRL,并以 TRL 计算器的形式对外发布,期望通过审示各项评价细则的工作内容完成情况判断每个 CTE 是否达到某一 TRL。

随着技术成熟度评价与管理方法的不断推广,相关的手段工具也在同步发展。典型代表是美国空军研究实验室(Air Force Research Laboratory,AFRL)的 TRL 计算器和国内的中航工业技术成熟度评价与管理系统。AFRL 研发的 TRL 计算器是一套基于 Microsoft Excel 开发的软件,包含 274 条由技术、制造和项目管理类细则组成的可用于计算 CTE 的 TRL 评价体系,DoE(Department of Energy)和 NASA 在此基础上开发了各自的版本。中航工业技术成熟度评价与管理系统,通过系统化的评价流程和基础数据来约束航空/国防武器装备研制重大节点(立项、转阶段、验收等)的 TRL 评价和航空武器装备研制日常科研中的技术成熟管理活动。

1.2.4　制造成熟度评价标准

为了强化装备研制与生产中的制造风险管理,DoD 在总结自身以及国防承包商在项目制造管理中的最佳实践经验,创立了制造成熟度等级评价模型,提出制造成熟度评价方法,并实施基于制造成熟度的制造风险管理。制造成熟度评价标准体系由三部分组成,即 MRL 定义、能力要素和 MRL 评价细则。

制造成熟度是表征制造能力对装备生命周期的最优性能、成本、进度目标满足程度的一种状态,这种状态是在发展中不断累积和完善的。制造成熟度等级(MRL)是衡量制造成熟度的指标体系。它是基于事物发展规律，根据装备制造管理的最佳实践经验，依据装备全寿命周期过程划分的阶段指标，为装备的制造风险管理提供一种统一的标准化通用语言。MRL 是个相对的概念，与装备目标息息相关，一般不代表制造技术或产品的绝对水平。MRL 从 1 到 10 级（见表 1-6）所描述的状态渐趋成熟，越来越接近装备的最终目标状态。

表 1-6　MRL 定义

MRL	定义
1	制造基本原理得到确认
2	制造概念得到确认
3	制造概念得到开发与验证
4	实验室环境下生产技术验证件的能力
5	生产相关环境下生产原型部件的能力
6	生产相关环境下生产原型系统或子系统的能力
7	生产典型环境下生产系统、子系统或部件的能力
8	试生产能力得到验证，具备低速初始生产的能力
9	低速生产能力得到验证，具备开始全速生产的能力
10	全速生产能力得到验证，精益生产正在实施

　　MRL 定义描述了对应不同等级的制造能力状态，制造能力可以通过多个维度来衡量，将这些维度归纳为 9 个能力要素，为更全面、细致地描述装备的制造能力，将 9 个要素进一步细分为 20 个子要素，见表 1-7。

表 1-7　制造能力要素

能力要素	子要素	能力要素	子要素
技术和工业基础	1）工业基础 2）制造技术开发	过程能力和控制	1）建模与仿真 2）制造工艺 3）产量和生产速率
设计	1）可生产性 2）设计成熟度	质量管理	质量管理（包括供应商）
成本和投资	1）生产成本建模 2）成本分析 3）制造投资预算	制造人员	制造人员
材料	1）材料成熟度 2）可用性 3）供应链管理 4）专用管理	设施	1）工装/专用测试和检测设备 2）设施
		制造管理	1）制造计划和进度安排 2）物料计划

为实现对制造能力状态以及相应制造风险的步进式、精细化衡量，制造成熟度评价方法在能力要素及子要素的基础上，对应每个等级形成了判定的详细准则，这些详细准则统称为评价准则。基本上，9个能力要素以及20个子要素针对每个等级都有相应的评价准则，通过这些细则可以精细化衡量一个科研或型号项目中各阶段是否存在相应的制造能力欠缺，保证制造工艺和制造系统从一个等级到下一个等级成熟过程的连续性，也可让使用者独立地跟踪和掌握每个能力要素和子要素的制造成熟度变化情况。

1.2.5 保障成熟度等级模型

在技术开发过程中强调保障性是非常重要的，需要在技术生命周期早期就开始考虑保障性，而且良好的保障性也是促进技术成熟的重要影响因素。鉴于系统设计对持续保障起着决定性作用，必须从装备研制的早期就开始有保障性的研究、分析和设计活动。

在项目研制过程中，产品保障包的开发和部署随着时间而演变，保障包取决于一些变量，如使用条例、技术变化以及民用和政府维修能力，因此，需要一个统一的指标来衡量实施过程的成熟度。持续保障成熟度等级（Sustainment Maturity Level，SML）概念被用于记录项目执行产品保障策略（包括设计和获得的产品保障包）以达到持续保障指标的状态，提供一种通用、统一、可重复的表达产品保障包成熟度的方式。DoD 提出并开发的持续保障成熟度等级模型共有12个等级，见表1-8。

表1-8　SML 及评价标准

SML	项目采办阶段	SML 概述	SML 详细描述
1		确定保障性和持续保障备选项目	1) 基于作战要求和作战方案明确了基本的保障性和持续保障备选项目； 2) 确定由预期的技术或确定的作战环境带来的潜在保障和维修的挑战
2	装备解决方案分析	确定理性产品保障和维修方案	1) 评价可能的备选产品保障和维修方案，并将理想方案作为备选方案分析的一部分； 2) 明确了影响持续保障的用户需求和环境限制
3		为支持理想方案定义了理想的产品保障、持续保障和保障性要求并形成文档	1) 在管理文档（包括但不限于备选方案分析、采办策略、初始能力文档和试验与评价策略）中明确了基本的产品保障、持续保障和要求的保障性能力； 2) 利用生命周期费用估算评估经济可承受性
4		定义保障性目标、关键性参数（KPP）/关键系统特性（KSA）要求，明确了系统或供应链需求新的或更好的技术	1) 利用初步的持续保障规划、保障性分析、可靠性、可用性和维修性分析来确定需要的研究工作； 2) 试验与评价策略说明了如何验证使能技术和 KPP/KSA

续表

SML	项目采办阶段	SML 概述	SML 详细描述
5	技术开发	在设计要求中纳入达到 KPP、KSA 所要求的保障性设计特征	1）分析了初始系统能力，形成了初始保障目标/要求和初始可靠性、可用性和维修性策略，并通过系统工程计划和生命周期持续保障性计划（Life Cycle Sustainment Plan，LCSP）将上述策略与系统工程流程结合； 2）实现产品保障策略的设计特征（包括诊断和预测）被综合到系统性能规范中； 3）试验与评价计划（Test and Evaluation Master Plan，TEMP）说明了要求的持续保障相关的设计特征及 KPP/KSA 将何时以及如何得到验证
6	技术开发	维修方案和保障策略完成了 LCSP	1）记录产品持续保障策略的 LCSP 得到批准； 2）在 LCSP 中识别并记录了保障链性能要求； 3）LCSP 中识别了后勤保障风险，确定并记录了风险规避策略； 4）LCSP 中识别并记录了最佳地利用建制保障和承包商保障组合的初步保障策略以及相关的后勤保障过程、产品和交付物； 5）持续保障承保策略，包括可扩展的基于性能的后勤（Performance Based Logistics，PBL）合同，将被使用并记录在采办策略中
7	工程和制造开发	保障特性嵌入到设计中。完成保障性和子系统维修任务分析	1）产品保障包要素要求被集成、定案，并与批准的系统设计和产品保障策略协调一致； 2）确认该设计与保障需求的符合性； 3）基于关键设计评审（Critical Design Review，CDR）结果、批准的产品保障包要素要求和预计的供应链性能预测持续保障指标
8	工程和制造开发	产品保障能力得到演示验证，供应链管理方得到确认	1）持续保障和产品保障规划完整地识别出将被实施的持续保障策略作用、职责和合作； 2）持续保障和产品保障能力（包括相关的后勤保障过程和产品）得到试验和演示验证； 3）供应链性能得到确认； 4）基于设计和试验结果调整预算需求
9	生产和部署	产品保障包在作战环境中得到演示验证	1）部署典型的产品保障包，以支持使用试验； 2）持续保障和产品保障能力（包括相关的后勤保障过程和产品）通过使用环境中的成功演示验证； 3）制定和实施计划，解决初始作战与评价（Initial Operational Test & Evaluation，IOT&E）中识别的问题或"弱点"
10	生产和部署	初始产品保障包在使用站点得到部署。依据可用性、可靠性和费用指标度量性能	1）向各类使用站点交付保障系统和服务； 2）持续保障和产品保障能力（包括相关的后勤保障过程和产品）在使用环境得到验证； 3）依据预计的装备可用性、装备可靠性、总拥有费用和其他对作战而言较重要的持续保障指标，度量持续保障和产品保障，并基于性能数据采取必要的改进措施

续表

SML	项目采办阶段	SML 概述	SML 详细描述
11	生产和部署	依据作战需求度量持续保障性能,产品保障持续改进	1)依据持续保障指标定期地测量持续保障和产品保障性能,并采取纠正措施; 2)基于性能和不断演变的使用要求,细化并调整产品保障包和持续保障过程; 3)实现经济可承受的系统作战效能的倡议得到实施
12		产品保障包全部到位(包括基地级维修能力)	1)保障系统和服务已交付,并完全集成到作战环境中; 2)基地级维修得到执行; 3)根据持续保障指标定期地测量持续保障和产品保障性能,并采取纠正措施; 4)指定产品改进、改型和更新计划; 5)通过对后勤过程、服务和产品的建制保障和承包商保障的优化组合细化保障策略; 6)按需要执行设备退役/报废计划

1.2.6 系统成熟度等级模型

技术成熟度评价从单项技术拓展到系统集成层面,人们关注的往往是复杂问题之间的相关性,通常涉及多项技术间的相互作用。为处理这些关系,美国斯蒂文森大学的 Brian J. Sauser 等人在 TRL 的基础上提出集成成熟度(Integration Readiness Level,IRL)和系统成熟度(System Readiness Level,SRL),表 1-9 是集成成熟度等级定义,表 1-10 是系统成熟度等级定义。SRL 用于表示系统研发的状态,它是 TRL 和 IRL 的函数,即 $SRL = f(TRL,IRL)$ 。

表 1-9　IRL 定义

IRL	定义	描述
1	通过充分详细的描述识别技术间的接口	集成成熟度的最低水平,描述了集成方法的选择
2	通过接口,两种技术之间存在一定程度的相互作用	一旦定义了一种方法,必须选择发送信号的方法,这样两种集成技术可以通过该方法相互影响。IRL2 反映了指定的方法两种技术之间相互影响的能力,说明了集成以概念为依据
3	有序、有效集成和交互的技术之间有兼容性(如通用的语言)	表示成功的集成需要达到的最低水平。这表明两种技术不仅能相互影响而且能相互交换数据。在成熟过程中,IRL3 是第一个可视阶段
4	关于技术集成的质量和保证的细节描述很充分	假如两种技术之间能够成功地交换信息,那么它们就充分集成了。基于这个假设,很多技术集成失败从而导致集成成熟度不会超过 IRL3。IRL4 不但是简单数据交换,而且要求具有检查机制的数据获取
5	技术间的有效控制,对于集成的确立、管理和终止很有必要	IRL5 简明指出一种或多种集成技术控制自身集成的能力,包括确立、维修和终止能力
6	为了达到预期的应用目标,集成技术可以被接受、转化并配置信息	IRL6 表示达到了最高的技术水平,包括控制集成的能力、确定信息交换的能力、确定信息的单位识别符以及从国外数据结构到本国数据结构的转化能力

续表

IRL	定义	描述
7	根据大量有价值的细节,技术的集成得到了验证和批准	IRL7 是 IRL6 以上重要的一级,从技术和要求两个方面集成技术。IRL7 表示集成满足了诸如性能、生产能力和可靠性的要求
8	在系统环境中,经过测试和演示完成了实际的集成而且任务合格	IRL8 表示不但集成符合要求而且在相关环境下的系统演示也符合要求。只有在系统环境中两种集成的技术相互作用时才可能暴露任何未知的缺陷/瑕疵
9	成功完成任务,证明了集成成功	IRL9 表示在系统环境中成功采用了集成技术。要达到 IRL9 首先要将技术集成到系统中,然后在相关的环境中得到证明。因此,要想达到 IRL9,技术成熟度首先要达到 TRL9

表 1-10　SRL 定义

SRL	阶段	定义
1(0.10~0.39)	概念精化(装备解决方案分析)	精化初始概念,开发系统/技术策略
2(0.40~0.59)	技术开发	降低技术风险并确定合适的技术以综合为一个完整的系统
3(0.60~0.79)	系统开发与演示验证(工程与制造开发)	开发系统能力,降低集成和制造风险,确保使用保障支持,减少后勤工作量,实现人员系统集成。为生产而设计,确保经济可承受并保护关键项目信息,验证系统综合性、互操作性、安全性和可使用性
4(0.80~0.89)	生产部署	达到满足任务需求的生产能力
5(0.90~1.00)	使用保障	执行满足使用保障要求的支持计划,在全生命周期内保证系统具有最好的效费比

1.3　系统工程理论

系统由不同的元素组成,这些元素间的相互作用产生单个元素无法产生的效果。系统作为整体所产生的效果来自各组成元素间的相互联系和相互作用,并远远超过各组成元素的独立贡献。系统工程是一种逻辑思维方法,是用于系统设计、实现、技术管理、运行使用和退役的专业学科方法,是技术决策时查看系统"全貌"的途径,是在确定的使用环境下和规划的系统寿命周期中达到利益相关者需求的途径。系统工程是一门综合、整体的学科,通过相互比较评价,权衡结构设计师、电子工程师、机械工程师、电力工程师、人因工程师以及其他学科人员的方案,形成一致的不被单一学科观点左右的系统整体。系统工程方法面对不同利益和多样化甚至冲突的约束,寻找安全平衡的设计方案。系统工程关注于折中和权衡,需要的是总体人员而不是专业人员。系统工程观察系统"全貌",不仅确保设计正确的系统(满足需求),还要确保正确的系统设计。

1.3.1　系统工程基础

系统工程包括 3 类基本的技术流程,即系统设计、产品实现和技术管理。3 类技术流程及相互间联系和数据流如图 1-4 所示。

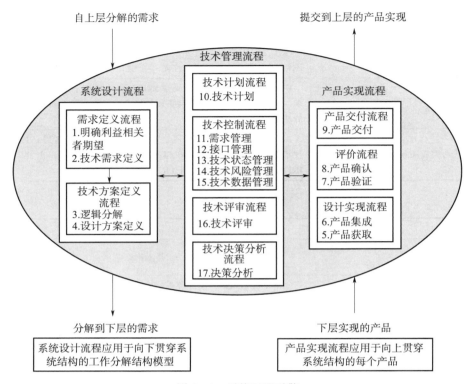

图 1 - 4   系统工程引擎

  系统设计流程主要用于定义利益相关者的需求及其控制基线，生成技术需求及其控制基线，将技术需求转换成设计方案并确认设计方案能够满足控制基线确定的利益相关者的需求。系统结构自顶向下分解到可实现和可控制的底层产品，并通过底层产品的集成获取其上层产品。

  产品实现流程应用于系统结构中每件产品自底层到高层的集成与实现，包括底层产品的实现，上层产品的集成、验证、确认和交付等活动。

  技术管理流程用于建立和变更项目的技术计划，管理系统跨界面的交流，控制项目的技术实施，根据计划和需求对系统产品和服务的进展进行评估以及为项目决策提供技术支持。

  系统工程引擎中的流程以迭代递归的方式应用。迭代是指应用于同一个（系统）产品，纠正发现的差异或其他需求偏差的过程；递归是指流程反复应用于系统结构中较低层次产品的设计和较高层次目标产品的实现以增加系统的价值。递归也可以反复应用于寿命周期下一阶段中系统结构的同一流程，以完善系统定义并满足阶段成功准则。

  在将系统初始概念分解到足够具体层次的过程中，通用技术流程反复迭代应用，技术团队据此可设计产品。随后，通用技术流程反复迭代应用于将小的产品集成到更大的产品中，直到完成系统整体组装、验证、确认和交付。

1.3.2 系统设计

系统设计包括明确关键顾客要求、定义技术要求、逻辑分解和设计方案定义 4 个流程，它们相互依赖、反复迭代和递归，最终产生一个满足利益相关者期望的经确认的需求和设计方案。图 1-5 说明了系统设计 4 个流程之间的递归关系。

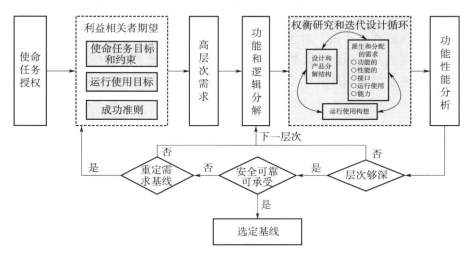

图 1-5 系统设计各流程间关系

（1）明确关键顾客要求

在整个系统工程流程中，弄清谁是关键顾客及谁有处置冲突的决策权非常重要。与关键顾客和其他主要利益相关者主动反复沟通，是使所有参与项目的组织在应该做什么和如何做上达成一致理解的有效途径。

关键顾客要求包括已识别的关键顾客和其他主要利益相关者及更高层次的需求和期望。明确关键顾客要求的重点是定义任务目标、明确可能面对的约束条件和任务成功准则。定义任务目标通过引出关键顾客和其他主要利益相关者的需求、组织自身的能力、外部接口、假设和约束条件来完成。约束条件是必须满足的条件，可能是由外部环境决定的，如技术状态因素或物理力学因素等，也可能是由组织拥有的资源或整个预算环境造成的。成功准则描述的是任务必须成功完成的内容，紧扣关键顾客和其他主要利益相关者的期望，与工程性需求和约束条件共同作用于顶层需求。

明确关键顾客要求的输出包括顶层需求和任务实施构想。顶层需求描述项目涉及的要求、能力、约束条件和外部接口等内容，任务实施构想描述任务各阶段如何满足关键顾客和其他主要利益相关者的期望。

（2）定义技术要求

定义技术要求是把关键顾客和其他主要利益相关者的期望转化成对问题的定义，然后转换成技术要求的完备集。技术要求通常包括功能要求、性能要求、接口要求、环境要求、可靠性要求、安全性要求，必要时还应包括人因工程要求等，同时，技术要求应能描述所有的输入、输出和输入/输出之间的关系。

定义技术要求的输入来自明确利益相关者需求的输出，即顶层需求和任务实施构想。

定义技术要求的主要活动包括：

——确定设计方案必须遵守的和将要使用的约束条件，约束条件通常不能改变；

——识别在设计控制下已不能改变的单元或分系统；

——建立系统内、外部交互必需的物理和功能接口及其标准；

——为任务实施构想中识别的活动、系统使用的范围定义功能和行为要求。

定义技术要求的输出包括技术需求和技术指标。技术需求是被认可的表示待解决问题的完整描述，以及关键顾客和其他主要利益相关者认可的需求。应对获取的技术需求进行归档，如系统需求文档和接口需求文档等。技术指标是基于需求建立的度量指标集。

（3）逻辑分解

逻辑分解是利用功能分析来构造系统结构，分解顶层（上层）需求，并把它们向下分配直到所需的最底层。

逻辑分解的输入来自技术要求定义的输出，即技术需求和技术指标。

逻辑分解的目的是建立系统架构模型，定义能使设计方案完成的目标产品需求。其主要方法是功能分析，包括以下 3 个关键步骤：

第一步，把顶层（上层）需求转化为必须完成的功能；

第二步，分解和分配功能到产品分解结构的更低层；

第三步，确定和描述功能接口和子系统接口。

上述 3 个步骤自顶向下不断迭代和递归，并一直持续到系统架构所有层次完成分析、定义和设定控制基线。

产品分解结构是关于产品的层次分解，如图 1-6 所示，被广泛用于功能分析。逻辑分解流程的典型输出是系统架构模型，必要时也包括对目标产品要求的说明。系统架构模型定义了系统各组成部分（如硬件、软件、通信和使用等）之间的结构和关系。

（4）设计方案定义

设计方案定义是将来自关键顾客和其他主要利益相关者的需求、逻辑分解流程输出的系统架构模型等转化为设计方案。这涉及把定义好的技术需求和系统架构模型转换为备选方案，通过权衡研究对备选方案进行分析，依据分析结构选择设计方案等活动。

设计方案定义的输入包括技术需求（技术需求定义的输出）和系统架构模型（逻辑分解流程的输出）。

设计方案定义流程的主要活动包括：

——定义备选的设计方案；

——分析每个备选的设计方案；

——选择最好的设计方案；

——进一步细化选定的设计方案；

——完整地描述细化后的设计方案；

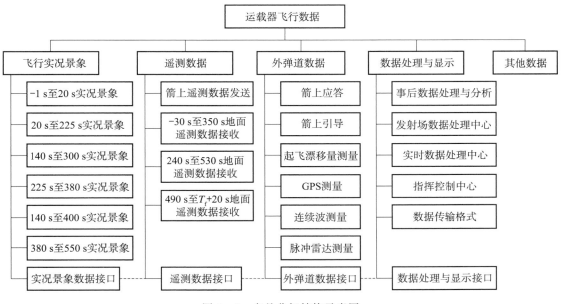

图 1-6 产品分解结构示意图

——验证细化后的设计方案；

——确认细化后的设计方案；

——确定辅助产品；

——生成设计方案控制基线。

在完成设计方案的过程，上述活动必然经过多次迭代和递归，以使设计方案逐渐细化并达到以下深度：

——能定量确认设计方案是否满足需求；

——可以使用费用模型对成本进行分析；

——能在性能、成本和风险等方面，说明设计的可行性。

设计方案定义的输出包括系统功能控制基线、系统外部接口规范、目标产品规范、目标产品接口规范、产品验证和确认计划、后勤保障和使用技术规程等。

1.3.3　产品实现

系统工程引擎（见图 1-4）右半部分给出了使系统能够满足设计规范和利益相关者期望的 5 个相互依赖的产品实现流程。产品通过购买、制造/编码、重用，在较高层次集成。然后，根据设计规范进行验证，依据规定的利益相关者期望进行确认，最终提交到系统的更高层次。产品可以是硬件与软件、模型与仿真、纸质报告与建议等。图 1-7 给出了产品实现 5 个流程间的关系。

（1）产品获取

产品获取是通过购买、制造/编码、重用前期开发的硬件、软件、模型或研究成果等活动，将开发出的产品计划、设计、分析和需求转化成真实产品的过程，是项目从计划设

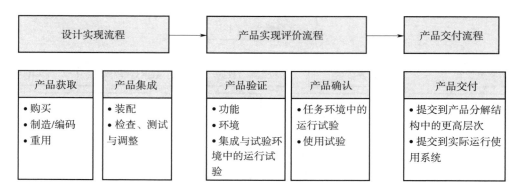

图 1-7　产品实现流程

计推进到产品实现的关键活动。

对于部分或全部采取购买的目标产品，产品获取的输入是产品的设计规范；对于由项目团队制造/编码的目标产品，其产品获取的输入包括产品设计规范和由项目提供或购买的原材料；对于部分或全部重用的目标产品，其产品获取的输入是重用产品的相关文档及产品本身。

产品获取的输出包括用于验证的目标产品和与目标产品相关的文档。目标产品的形式与项目周期阶段以及目标产品在产品分解结构中的位置相关，可能是硬件、软件、数据或模型等。目标产品的相应文档应与目标产品一起提交到产品验证流程和技术数据管理流程，文档包括控制基线（如技术状态控制基线、利益相关者期望等），还可能包括设计图纸、操作手册、用户手册、维护手册或培训手册等。

只有当下列活动全部完成后，产品获取流程才可结束：

——目标产品已生产、购买或已获取重用模块；

——目标产品已检查并做好了验证准备；

——目标产品购买/生产/编码/重用中形成的技术规程、决策、假设以及异常和纠正行动等文档都已归档。

（2）产品集成

产品集成是由较低层次的产品或子系统组装成较高层次的产品并确保集成产品具有相应功能的过程，其既可以用于硬件和软件系统，也可应用于面向服务的解决方案、需求、规范和计划等。

产品集成的输入包括产品集成策略、详细的集成计划、产品技术状态文档、技术规程和阶段成功准则等。

产品集成需递进执行一个递归流程：组装低层产品，执行集成操作，通过检查、分析、演示、试验验证等活动对组装后的产品进行功能评价，然后集成更高层次的产品。

产品集成的典型活动包括：

——获取组装和集成所需的低层产品；

——证实获得的用于组装和集成的低层产品已通过产品确认，证明单个产品满足规定的关键顾客和其他主要利益相关者期望；

——准备用于产品组装和集成的工作环境；

——根据技术状态文档、接口需求、实用标准以及相应的集成顺序和技术规程将所获得的低层产品组装集成为目标产品；

——进行功能测试与评价，为目标产品进入验证和集成到上一层次做好准备；

——准备相关的产品支持文档，如产品验证和确认所需的技术规程等。

产品集成的输出包括满足成功准则的集成产品及其相关文档（包括集成产品的描述，产品集成活动的报告和记录，接口管理文档和需求说明等）。

（3）产品验证

产品验证是证实所实现的产品遵循其设计文档和相关规范的要求，目的是获得必要的证据以保证系统结构中从底层到顶层的目标产品都满足特定的要求。产品确认是证实目标产品在其使用环境中能按照顾客的期望工作。当条件允许时，产品验证和确认可以同时进行。

产品验证的主要类型有分析、演示验证、检查和试验。分析是基于计算数据或系统结构中低层次目标产品验证时获得的数据，应用数学模型与分析技术评估目标产品的适用性。分析通常将建模和仿真作为工具，模型是客观对象的数学描述，仿真是对模型进行的运行操作。演示验证是证实目标产品性能的基本方式，用来显示目标产品的使用是否达到特定要求。检查是对目标产品进行的表观检查，用来验证目标产品的物理设计特性。试验用于获得目标产品性能的详细数据，或为进一步分析提供必要的信息。

产品验证的输入包括待验证产品、验证计划、需求控制基线等。

产品验证的典型活动主要有：

——收集和证实产品要求（设计方案流程的输出），获得待验证产品（产品实施和产品集成流程的输出）和验证所需的保障资源；

——按计划进行产品验证，确定目标产品是否满足设计要求，获取验证结果并进行评价；

——分析验证结果，辨识目标产品的偏差、异常、不符合条件及相应的纠正行动，完成验证报告。

产品验证的主要输出包括差异报告及其修正情况，已验证的目标产品，验证报告及相关文档的更新（包括验证计划、规程、指标、结果和分析，以及分析/演示/检查/试验的记录）。

（4）产品确认

产品确认不同于产品验证，产品验证的目的是证实已实现产品与相应的产品规范和设计文档的一致性，产品确认是证实已实现产品满足运行使用构想（明确利益相关者期望流程的输出）中规定的关键顾客和其他主要利益相关者的期望，目的是证实已实现产品在预定环境中满足使用要求，并确保发现的问题在产品交付之前或在产品与其他产品集成为更高层次产品之前被有效解决。

产品确认的主要类型与产品验证相同，即分析、演示验证、检查和试验。当分析使用建模与仿真时，需要对模型与仿真自身进行验证、确认和认定。当模型精度满足规范要求时，模型验证是回答"这是想要的吗？"从模型应用的角度看，模型确认是回答"准确表达了现实世界吗？"针对用于特定目的的模型，模型认定是回答"是否应该认可该模型？"

产品确认的主要输入包括经过验证的目标产品，产品确认计划，已确定的控制基线，关键顾客和主要利益相关者的期望。

产品确认的典型活动主要有：

——获取运行使用构想（明确利益相关者需求的输出），获得待确认产品（产品获取和产品集成流程的输出）和确认所需的保障资源；

——按计划进行产品确认，确定目标产品是否满足使用要求，获取确认结果并进行评价；

——分析确认结果，辨识目标产品缺陷及相应的纠正行动，完成确认报告。

产品确认的主要输出包括缺陷报告及相应的纠正情况，已确认的目标产品和确认报告。在所有纠正行动结束之前不能认定确认流程已经完成。

（5）产品交付

产品交付流程是将产品获取或集成所得到的目标产品经验证和确认后，提交到系统结构较高层次以集成该层目标产品或将顶层目标产品交付给用户。

产品交付的输入依赖于交付需求、待交付产品、产品交付形式、产品交付对象和地点。

产品交付的主要活动包括准备交付场所和预交付产品，产品防护和产品交付的实施。

对于向系统结构更高层次交付的目标产品，产品交付输出包括经验证和确认后的目标产品及其控制基线，反映目标产品验证和确认已完成的证据。

对于向最终用户交付的顶层目标产品，产品交付输出除包括经验证和确认后的目标产品及其控制基线，反映目标产品验证和确认已完成的证据外，还应包括与产品使用相关的文档。

1.3.4　技术管理

技术管理流程是项目管理与技术开发团队之间的纽带，尽管不是每个技术团队的成员都直接参与技术管理的流程，但他们都依赖于技术规划、需求管理、接口管理、技术风险管理、技术状态管理、技术数据管理、技术评估、决策分析等流程来实现项目目标。没有这些相互关联的流程，单个成员和任务就不可能在资源、进度和费用约束条件下，有效集成到满足运行使用构想的功能系统中。基于技术管理的复杂性，系统地诠释技术管理的全部流程和相关理论不是本书的任务。本节作者从航天装备质量工程理论基础的角度，对技术规划、技术控制、技术评审和技术决策分析做概要性介绍。

（1）技术规划

技术规划是为应用和管理系统工程引擎中每个公共技术流程而确立的计划，以驱动目标产品的开发与交付，同时还为辨识和定义技术工作确立了计划。技术规划的内容十分丰富，可能涉及控制基线计划、数据管理计划、技术状态管理计划、接口控制计划、任务实施计划、质量控制计划、风险管理计划、技术开发计划、产品验证确认计划、产品交付计划等。

基于技术性和工程性要求、约束、政策和流程，初步的航天装备项目技术规划利用来自项目外部的输入来确定技术工作的整体范围和框架。随着项目的进展，技术规划应不断得到展开和细化，最终的技术规划应提供技术工作的细节，描述应用哪些技术流程以及如何应用这些流程，而且在航天装备的整个寿命周期内，技术团队应持续地将系统工程引擎中其他流程生成的或来自项目指定需求和约束的决策与评估结果纳入技术规划策略和文档中，同时，任何变更应经有变更权力的部门批准，涉及关键顾客和其他主要利益相关者的需求变更应征得他们的同意。

（2）技术控制

在系统工程引擎中，技术控制流程包括需求管理、接口管理、技术风险管理、技术状态管理和技术数据管理。

需求管理用于对关键顾客和其他主要利益相关者的期望、自顶向下直到最底层产品组件的技术需求进行管理，管理的内容包括：从系统设计流程获得需求并将其组织成层次化结构；在各类、各层需求之间建立双向的可追溯性；依据关键顾客和其他主要利益相关者期望、项目目标和约束、装备接收准则等对各类需求进行确认；设立需求控制基线，评价和批准需求变更请求；维护需求、运行使用构想和系统设计间的一致性。

接口管理是"在需要互操作的产品之间"定义和维护一致性的过程，包括接口需求、接口定义、接口控制和接口变更等活动。在项目规划论证阶段，分析产品的运行使用构想以确定内部和外部接口，此即为接口管理的起点。在系统设计流程中，随着系统结构的显现，需要加入新的接口，同时维护或更新已有接口。在产品实现流程中，接口管理活动支持对集成与组装进行的技术规程评审，以确保接口被正确标记并与相关规范及接口控制文件相一致。

技术风险管理是一个有组织的、基于系统风险信息进行决策并采取行动的过程，它通过主动辨识、分析、计划、跟踪、控制、交流和记录等活动来管理为达到项目目的可能增长的风险。

技术状态管理是在装备项目周期内，通过保证正确的产品技术状态以降低技术风险，通过区别不同版本的产品以确保产品和产品信息一致性的过程，它涉及技术状态识别、技术状态变更、技术状态纪实和技术状态验证。技术状态识别是选择、组织和陈述产品属性，包括选择状态控制项、确定变更权限、发布技术状态文件和建立技术状态控制基线等活动。技术状态变更是管理已批准的设计和实施已批准的变更，它通过系统地提出变更、论证和评估提出的变更、验证变更实施的结果来实现。技术状态纪实是为有效管理状态控制项所需要的技术状态数据记录和报告。技术状态验证是通过检查文件、产品和记录，评审技术规程、流程和业务系统来验证产品是否已达到所需的性能需求和功能属性。

技术数据管理是对技术数据进行规划、获取、访问、保护和使用的活动，其主要内容包括数据鉴别和控制策略的定义与落实，及时、正确和完整的技术数据获取，数据和数据保护的充分性保证，高效、便捷的数据访问和分发，数据对当前项目和未来项目的价值评估等。

（3）技术评审

技术评审的目的是完善机制和流程，确认生成的状态控制项满足特定需求和/或状态控制项已准备好。同时，技术评审可帮助任务参与者更好地相互理解，提醒参与者和管理方发现问题并找出解决途径。审核是评审的组成部分或一种特殊形式的评审，是对审核对象遵守任务计划、要求和规范的全面检查。

技术评审流程的输入包括技术规划、技术指标和报告需求。技术规划描述了技术评审流程，确定了被跟踪和评审的对象及其度量指标。技术指标确定了需要跟踪的决定任务进展的技术标准。报告需求要求为技术评估提供关于任务风险、费用和进度等方面的技术状态。

技术评审流程的典型活动包括：

——逐阶段地确定、规划技术评审；

——建立每项评审的目的、内容、启动时机和评审准则；

——规定评审小组结构，成立评审小组；

——开展技术评审。

技术评审流程的输出包括评审结果、结论、建议和技术评审报告/记录。评审结果将提供给决策分析流程，并根据需要决定可能的纠错行动。

某些因素也可能影响评审计划的实施，如技术复杂度、进度、可视性、意外事件以及评审本身等，因此没有统一的评审标准。但是，一些关键原理或原则应包含在评审计划中，如评审范围、目的、启动和成功准则、流程定义等。流程定义包括议程草案、参与者作用和责任、文档资料和数据包、用于处理差异/请求/意见的评审流程等。

（4）技术决策分析

决策分析是为个人或组织决策提供方法的技术，包括建立问题数学模型和寻找最优决策数值解。模型能够接受和量化人的主观输入，如专家判断和决策者的偏好。模型的执行可采用简单的手工计算方法，也可以采用诸如复杂的计算机辅助决策程序或决策支持系统。可采用的方法是广泛的，但必须适合所考虑的问题。

在装备项目寿命周期的早期，做出关于可用技术的高层次决策，如使用固体还是液体火箭以及哪种推进剂，确定运行使用构想、概率和后果，做出设计决策但不制定每个设计方案组件层次的细节。一旦做出高层设计决策，通过嵌套的系统工程流程不断向更低层细化设计直至贯穿整个系统。每个不断细化的决策都受前一次所做假设的影响，这是一个在系统单元之间反复迭代的过程。

　　决策分析流程用来帮助评价技术问题、备选方案及其支持决策时的不确定性。输入包括高层目标、决策约束条件、存在问题及其支撑数据、确定的备选方案等。输出包括备选方案选择建议及影响、决策分析活动的文档和记录（包括使用的准则及技术规程，分析评价的步骤、方法、工具和结果，形成建议时所做的假设和不确定性，总结的经验教训和提高未来决策分析能力的建议等）。

　　技术决策分析的活动和流程如下：

　　——定义评价备选方案的准则；

　　——确定解决问题的备选方案；

　　——选择评价方法和工具；

　　——评价备选方案；

　　——基于评价准则从备选方案中选择推荐方案；

　　——报告决策分析结果，包括建议、影响和纠错行动；

　　——从决策分析活动中获取相关产品信息、决策文件和记录。

　　决策分析有时是针对新的领域，此时，在决策分析之前，试验及其是否已获得充分的数据是很重要的。

　　决策分析可能是在紧急情况下进行的，此时，流程步骤、技术规程和会议可以结合进行，决策分析的文档也可以在流程结束时/后完成。

1.4　项目管理理论

　　传统的项目管理知识体系涉及范围管理、时间管理、费用管理、质量管理、人力资源管理、沟通管理、采购管理、风险管理和综合管理 9 个方面的知识领域。其中范围管理和时间管理分别为质量工程在具体项目中的应用提供了边界和时间流，质量管理和风险管理可以看成是质量工程在具体项目中的运行，其他管理与质量工程存在交叉关系。这里在项目管理学的指导下，以航天装备建造的工程实践为背景，总结提出航天装备建造项目中与质量保证相关的范围界定、进度计划、质量计划、技术与风险管理等方面的理论知识。

1.4.1　项目范围界定

　　航天装备建造项目范围是为达成建造某一满足预期目的的航天装备或系统而必须完成的工作之和，包括产品范围和工作范围两部分。产品范围界定是将要求转换成产品要求；工作范围界定是为实现产品预期的功能和性能要求，确定组织必须开展的活动。航天装备建造项目范围界定的主要目的是提高估算成本、时间和资源的准确性，为绩效测量和控制确定一个基准线，同时为编制各类管理计划提供输入。

　　（1）范围界定流程

　　项目范围界定不能完全依赖接收到的正式通知或文件，与利益相关方不断地反复交流是确保组织和利益相关方对范围取得一致理解的基础。否则，范围识别人员可能会因与利益相关方不同的理解而承担造成误解的风险。图1-8描述了航天装备建造项目范围界定的一般性流程。

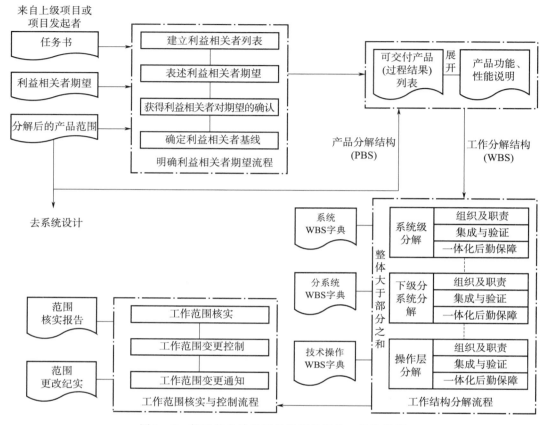

图1-8　航天装备建造项目范围界定的一般性流程

图1-8中，任务书来源于项目的上级项目或项目发起者，是本级航天装备或系统建造工作的基本依据。任务书应明确任务性质和目的、任务环境、任务组织方、相关系统及其基本技术状态、产品数据包要求、成功的评定准则等。

图1-8中的产品分解结构（Product Breakdown Structure，PBS）被认为是系统设计所完成的工作，并且与明确利益相关者期望流程存在迭代和递归的关系。由于工作范围界定是确定为实现预期装备或系统的功能性能要求，组织应开展的工作之和，因此，工作分解结构（Work Breakdown Structure，WBS）应与产品分解结构保持一致。

逻辑上应为工作分解结构中的每项工作明确责任单位或个人，配置必要的资源，建立描述项目责任落实的组织分解结构（Organization Breakdown Structure，OBS）和描述资源配置情况的资源分解结构（Resource Breakdown Structure，RBS）。在航天装备建造实践中，组织分解结构和资源分解结构经常隐含在一个与工作分解结构相配套的对工作分解结构中所有工作项进行详细说明的工作分解结构字典中。

（2）工作分解结构

WBS 是对完成航天装备或系统建造任务所需开展工作的层次分解，是一个基于过程和最终产品、可交付件及相关服务的层次而展开的图表。严格地讲，它应包含产品分解结构，并在层次结构中显示产品是如何集成的，因此，WBS 可以认为是由产品分解结构及在产品分解结构每个分支点上加入必要的管理、集成和验证、一体化后勤保障等工作后构建而成。

为更详尽地描述 WBS，通常会创建一个与其配套的 WBS 字典，包含 WBS 中的每个工作单元（包）的名称、标识号、目标、任务描述和质量保证措施以及与其他工作单元（包）的关系和接口等。

航天装备或系统建造项目的 WBS 分解应结合项目特点，参考历史经验，依据项目要求，按照任务流程来逐层分解。基本原则包括：

——应在各层次上保证项目的完整性，不能遗漏任何必要的活动；

——每项工作单元对应的上层工作单元是唯一的；

——同层之间的工作单元接口清晰，不存在二义性；

——层次不宜过多，通常以 4～6 层为宜；

——最低层工作单元以便于资源配置、质量控制、组织协调为宜，分解过细可能会增加工作量，分解过粗可能会导致管理不到位。

开发一个成功的工作分解结构可能需要若干次的反复迭代，因为项目的边界、全部的工作在开始时可能并不十分清楚。通常，在编制工作分解结构之前，应概要开发航天装备或系统建造的基本流程（多数情况下该流程的基本框架是清晰的），生成初步的产品分解结构。先开发产品分解结构的原因是只有产品要求清楚或基本清楚后，才能知道工作单元的目的和质量保证要求。这样，任务流程、产品分解结构和工作分解结构就能够自上而下逐层开发，并循环反复直到开发出期望的能够进行操作执行和成本核算的工作分解结构。另一种方法是在系统设计活动中，定义完整的任务流程和产品分解结构，然后在此基础上，为流程中的每项活动添加资源分配和质量保证等信息，形成相应的工作分解结构。

一旦航天装备建造的目标演化成最终的系统和流程设计，工作分解结构将被细化和更新，以反映任务更清晰的边界和结构，以及系统自底向上每个产品的实现和流程按时间顺序在任务各层面的展开。在任务的适当阶段，工作分解结构及其字典也会被更新以反映任务的当前范围和相应的资源配置、质量保证。

（3）范围核实与变更控制

项目范围计划是基于任务书和主要相关方期望，通过识别并确定过程目的、目标和可交付成果，界定工作范围、明确实施方案，拟定里程碑标志，确定度量过程和过程结果的方法和标准，具有形式多样、注重层次和繁简有别的特点。

航天装备或系统建造的项目范围核实的形式包括：范围评审、文件和状态审查、复核等。核实的权限一般是按照组织职责分工由本级组织进行评审并报上级组织批准，涉及多方协同的，评审应由各参与方共同组织。对涉及最终产品、可交付件及相关服务的产品范围核实应邀请接收方参加。

航天装备或系统建造项目的范围变更应由利益相关方提出申请，总体部门会同相关单位分析确定范围变更的合理性和可行性，识别范围变更是否已发生及其可能的影响，确认变更的内容及存在的风险，报上级组织审批后方可实施。范围变更实施单位应管理和控制受范围变更影响的因素和过程，努力消除范围变更带来的不利影响，使变更朝有益的方向发展。

1.4.2　项目进度计划

航天装备或系统建造项目进度计划是为保证项目在规定的周期内完成且尽可能地节约资源而对如何使用时间所作出的安排。进度计划通常会对每一具体工作的计划开始时间和完成时间作出规定。

（1）进度计划技术

航天装备或系统建造项目进度计划技术主要有甘特图、里程碑和网络计划 3 种形式。

甘特图可形象地表现各工作项的开始和结束时间，具有简单、明了、直观且易于编制的特点，成为航天装备或系统建造项目高级管理层了解全局和安排进度时的常用工具。其主要缺点是不能表示各工作项之间的关系，也不能指出影响工期的关键线路。

里程碑是以航天装备建造项目中某些重要事件的完成或开始时间作为基准所形成的进度计划，它显示了项目为达到最终目标必须经过的条件或状态序列，描述了项目每一阶段应达到的状态，为航天装备或系统建造项目关键节点控制提供了坐标。

网络计划是在网络图上加注工作时间参数而编制成的进度计划。因此，网络计划由两部分组成，即网络图和网络参数。网络图是由箭线和节点组成的用来表示工作流程的有向、有序的网状图形。网络参数包括工作的持续时间、最早和最迟时间、总时差和自由时差。网络计划技术的种类与模式很多，常见的有关键路线法（Critical Path Method，CPM）、计划评审技术（Program Evaluation and Review Technique，PERT）、决策关键线路法（Decision Critical Path Method，DCMP）、图形评审技术（Graphical Evaluation and Review Technique，GERT）和风险评审技术（Venture Evaluation and Review Technique，VERT）等。

关键路线法是依据每项工作的持续时间和工作网络图确定出项目中各工作的最早、最迟开始和结束时间，最早和最迟时间的差额称为机动时间，机动时间最小的工作称为关键工作。关键路线法的主要目的就是确定项目中的关键工作，并在实施中给予重点关照，以保证项目按期完成。计划评审技术与关键路线法的不同点在于，计划评审技术需要估计 3 个工作持续时间，即最短时间、最可能时间和最长时间，然后按照 β 分布计算工作的期望时间，其他部分与关键路线法相同。决策关键线路法是在网络计划中引入决策点，以使项目在执行过程中可根据实际情况进行多种方案选择。图形评审技术是在网络计划中引入工作完工概率和概率分支，使一项工作的完工结果可能有多种情况。风险评审技术可用于对项目的质量、时间和费用三坐标进行综合仿真和决策。图 1-9 给出的是一张实际使用的航天装备建造的进度计划网络图的截图，图中粗线表示关键路线。

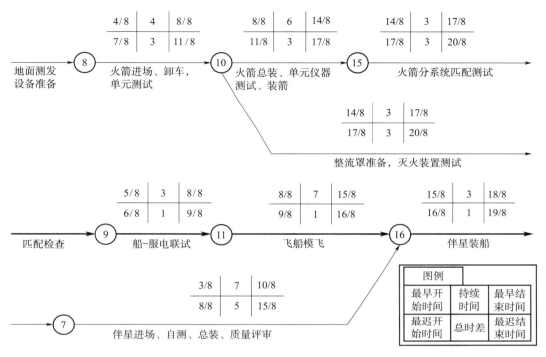

图 1 - 9　项目进度计划网络图示例（截图）

（2）进度计划编制

进度计划编制是在任务书、价格、进度、资源和质量等因素的约束下，应用网络计划技术和系统工程优化技术，统筹兼顾、综合平衡成本、资源、进度、风险和质量等要素后，期望得到一个效益最优或近似最优的工作时间安排表的过程。图 1 - 10 显示了进度计划网络图编写的一般性流程。

高投入、高风险的特性决定了航天装备或系统建造项目进度计划在编制过程中，必须保证项目质量的充分性，即时间必须宽裕，资源和经费必须充分，不存在一般项目管理中的质量向进度、资源和成本妥协的问题。

项目进度计划应包含工作分解结构及其字典中的所有工作项目（不能有漏项），并符合计划网络图编写规范格式要求。

（3）进度计划变更

在航天装备或系统建造项目实施过程中，有些工作会按时完成，有些会提前完成，有些则会延期完成，所有这些都会对项目的未完成部分产生影响。尤其是已完成工作的实际完成时间，不仅决定着网络计划中其他未完成工作的最早开始和完成时间，而且决定着总时差。这需要对项目的实际进展情况进行比较分析，弄清其对项目进度产生的影响，以此作为项目进度更新的依据。常用的比较分析方法有甘特图比较法、实际进度前锋线比较法、S 曲线比较法、香蕉曲线比较法、列表比较法等。图 1 - 11 描述了项目进度计划变更管理的一般性流程。

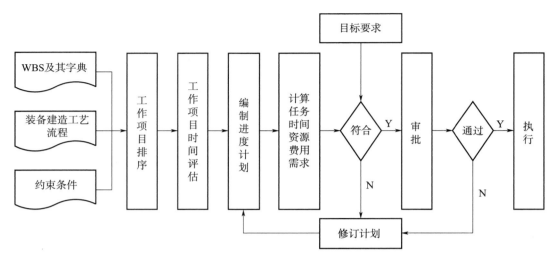

图 1-10   项目进度计划编写一般性流程示意图

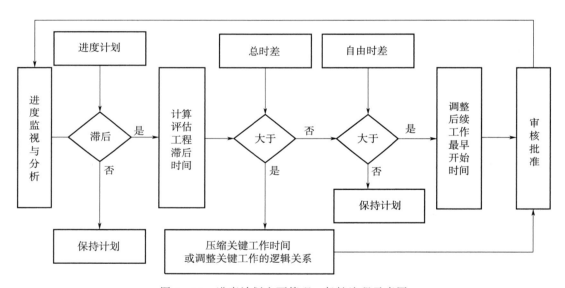

图 1-11   进度计划变更管理一般性流程示意图

图 1-11 中，当非关键工作的进度滞后时间大于该工作所允许的总时差时，该工作以及该工作的后续工作就变成了关键工作，该工作所在的线路就成为关键线路，因此，为保证工期不被推迟，就必须压缩关键线路上关键工作的持续时间或调整关键工作的逻辑关系。

图 1-11 中，调整关键工作的逻辑关系包括将依次进行的工作（衔接关系）变成平行或搭接关系，以缩短工期。搭接关系是指紧前工作开始一段时间后能为紧后工作提供开工条件，此后，紧后工作可以与紧前工作平行进行。

图 1-11 中，自由时差是指在不影响紧后工作最早开始时间的前提下，本工作可以利用的机动时间。

影响航天装备建造的意外事件主要包括航天装备质量问题、工作中的重大失误、条件不满足要求和军事、政治、经济、社会等因素。当意外事件发生时，常常导致需要增加工作项目或停止工作等待条件成熟等。

1.4.3　项目质量计划

质量计划是实施项目质量控制的基础，在航天装备或系统建造的各个层面具有全息性，因此，从项目顶层到系统、分系统等各个层面都应建立质量计划。

（1）质量计划技术

航天装备或系统建造项目质量计划应明确项目质量目标，识别实现项目质量目标所必需的活动和资源，确定与项目质量相关的标准并决定达到标准的措施。质量计划是对项目过程和各种可交付成果的质量标准及达到这些质量标准的方法所进行的说明，是在项目实施过程中对项目的过程和各种可交付成果进行质量考核和绩效测量的依据。质量计划制定的依据是产品质量特性和可交付成果的具体要求并兼顾执行时的可行性。

过程控制、节点把关和里程碑考核是制定航天装备或系统建造项目质量计划、实施质量控制的基本方法。过程控制强调作业层面应按照过程策划的途径实施，按照过程输出标准组织检查。节点把关强调系统层面在项目实施中的关键节点处设置关卡，对照标准规范进行认真检查，确认前期工作是否满足要求，给出阶段性工作结论。里程碑考核强调工程层面依据质量放行准则，在里程碑处对项目实施情况进行全面考核，以确认前期工作结果满足要求，后续工作准备符合规定。

（2）质量计划内容

航天装备或系统建造项目质量计划的主要内容一般包括质量目标、质量职责、过程控制、节点把关和里程碑考核等。

1）质量目标。质量计划是组织质量政策在项目中的体现，因此，质量计划应明确项目的质量目标及其测量方法。质量目标的内容应体现对产品和过程质量特性的识别，一般应包括对可交付产品、主要过程、人员、设备、环境和文书的质量要求。

2）质量职责。为保证质量工作的落实，质量计划应明确每项工作的质量标准和质量责任，每个组织和个人的质量职责，这可以通过质量责任分配矩阵来实现。质量责任分配矩阵是将质量工作落实到有关单位和个人，并表示出有关单位和个人在质量工作中的责任、地位和相互关系的工具。

3）过程控制。为保证项目作业层面按照过程策划的途径实施，质量计划应明确每个主要过程的质量控制方法、责任人、时机和质量信息传递关系，包括：过程实施前的状态确认，实施中的监视、检查和反馈，实施后的结果比对等。过程控制最常用工具是检查确认表，其形式可根据过程特点灵活选择，如表格式、命令式、询问式、对比式等。

4）节点把关。为保证项目进度和质量满足预期的要求，质量计划应明确项目实施的关键节点，依据关键节点处的质量特性，建立质量控制标准规范，由系统层面的质量控制机构据此组织检查评审。在一般情况下，节点处应有阶段性表征，形成阶段性结论，否则，节点设置就不能达到质量控制的目的。

5）里程碑考核。里程碑考核又被称为"转阶段评审"。里程碑是项目实施转阶段的标志，具有明显的阶段性成果。相对于节点处的质量控制，质量计划应明确在里程碑处实施全系统质量评审，指明参与评审的单位和个人，说明评审的对象和转阶段放行准则，确认对项目质量进行全面深入的诊断，并要求评审给出具体的结论性意见。

（3）质量计划执行

航天装备或系统建造项目质量计划执行原理示意图如图 1-12 所示。

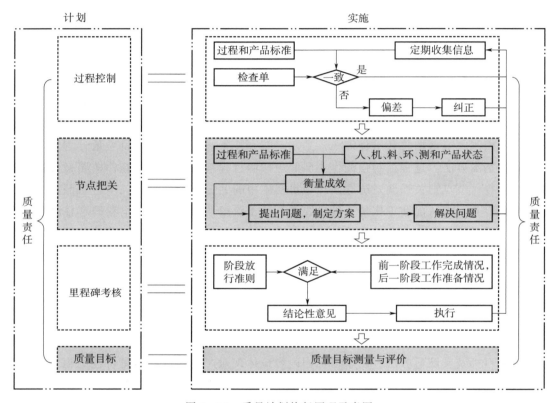

图 1-12　质量计划执行原理示意图

质量工程师应依据质量计划的安排对项目的实施情况及质量计划落实情况进行过程跟踪，对照过程和产品标准，及时发现、分析质量偏差和可能出现的质量问题，并提交责任单位及时纠正偏差。过程跟踪在项目质量的各个层面具有全息性，从项目顶层到系统、分系统等各个层面的质量工程师都要承担过程跟踪的职责。任何层面的质量工程师如做不到过程跟踪，就很容易出现过程失察的现象，并可能导致质量失控。因此，建立日、周、月和重要节点的报告制度，对于项目质量保证很有必要。质量计划的落实（质量控制）排斥任何官僚主义作风，质量工程师要在任务现场办公，及时进行质量巡控和协调。

过程控制包括事前、事中和事后控制，目的是保证过程按照策划的安排来实施。事前控制属预防性控制的范畴，是在过程实施前对过程所需资源、所用程序、协同关系、技术状态等进行检查确认，达成沟通意图、统一行动的目的；事中控制又称实时控制，是在过程实施中，通过监视、检查、反馈、警示等手段，实时发现过程实施中出现的偏差，以及时纠正错误，保证过程按计划实施；事后控制属典型的反馈控制，是对照过程输出标准检查比对过程结果，确保过程输出满足要求。

项目实施过程类似于竹子的成长，一节接着一节地完成，每一节都是前一节的继承和发展。因此，航天装备建造项目实施过程可以被标识成很多个节点，每个节点都具有相对的阶段性。节点把关要求质量工程师和质量控制机构依据质量计划的安排在节点处进行认真检查，分析过程和产品的质量状态，给出一定的结论，尤其是针对项目实施中出现的质量问题和专家评审时提出的意见，以及相关方提出的困难和具体要求进行认真务实的协商，形成关键问题清单，提出具体解决办法及日程安排。

相对于节点处所进行的控制与调整，里程碑考核是根据质量计划的安排，依据放行准则，对项目实施情况进行逐项考核，对工程阶段是否完成和是否可以放行给出决策性的意见。项目里程碑评审一般应回答下列问题：前一阶段工作是否全部完成，可交付成果是否全部合格，所有质量问题是否归零或有不影响后一阶段工作开始的结论？后一阶段的方案预案是否完成，所需物资器材是否已经到位，环境是否满足后一阶段工作开始的条件？里程碑评审是对航天装备建造项目实施情况进行全面诊断的过程，因此，所有责任单位必须负责任地、详细地汇报项目实施中的问题，不得隐瞒和遗漏。

1.4.4　技术与风险管理

航天装备或系统建造项目风险管理的一般性内容包括风险识别、风险分析、风险防控措施及其执行。航天装备或系统建造项目从系统设计到交付的各个阶段都存在产生不正确结果和不希望后果的问题，在系统运行和装备使用阶段也会因各种因素的作用，存在并产生这些情况，所以风险管理不只是在某一个阶段的工作，而是在整个工程项目周期和交付运营中都要进行的业务。

（1）技术性能度量

任何一个工程项目都是由诸多相互联系的部分组成的，具有统一性、协调性和匹配性的特点。所以，一些可以度量的重要性能指标可以起到"抓重点、带全局"的作用，从关键、重要指标的实现过程中，可以透视出装备系统技术实现的脉搏。因此，采用技术性能度量（Technical Performance Measure，TPM）方法可以把一系列基本的装备或系统建造活动联系起来。TPM 活动一般放在方案确定之后，设计和研制之前。项目经理或质量工程师首先确定哪些性能参数值得跟踪，影响工程成败和优劣的性能参数是什么，这些参数中哪些是可以客观度量的。经过权衡后，决定 TPM 的跟踪计划，将这个计划与工程性能定义与说明、系统性能验证连接在一起。在对 TPM 的评估中，常用方法有 3 种：计划图法、余量管理法和风险概率管理法。

1）计划图法。在计划图中，原始分配指标是原始计划的终点，但在实际运行中，往往会超出原始计划。比如有效载荷的总质量，其初始分配值往往被突破。所以，实际执行和实现的实际指标一般会超出原始计划线。图 1-13 中 t_1 时的 ΔL_1 即为实际指标与原始计划指标之间的差；ΔL_2 为实际指标与原始计划分配指标之间的差，即 t_1 时刻该项指标的余量。

当到 t_a 时刻，实际指标已经达到原始分配指标的终点量，ΔL_2 已经消失，没有任何余量，而研制工作仍在进行，超出指标的可能性增加，因此工程师要及时进行研究，提请技术主管批准，对指标进行调整，提出新的分配指标。

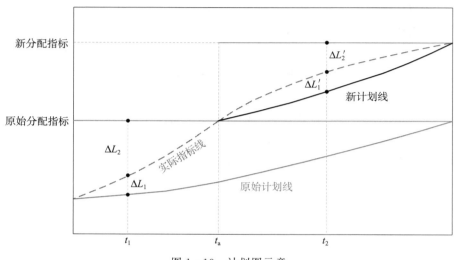

图 1-13　计划图示意

2）余量管理法。与计划图法类似，实际余量随着时间的推移而变小，当实际余量与原始分配的余量相当甚至低于原始分配的余量时，需要工程师及时研究，提请技术主管批准，提高新的余量指标，以满足装备系统对余量的要求。

3）风险概率管理法。在功能指标实现过程中，总会存在随机因素，因此可以从随机因素的风险概率入手提出相应的方法。该方法与上、下限的分析方法是一致的。工程实际中，常将 3σ 作为警戒线，对技术指标设置上、下限。如果以上、下线的指标作为极限约束，可以保证技术指标百分百能够实现，将近 3σ 的区域作为黄色警戒区，以此警戒区为参考标准，通过 TPM 的跟踪及时调整指标，保证性能指标的实现。在中国航天的工程实践中，一旦单机、分系统的性能指标超出分配指标后，由工程两总确定方案，并将总体余量移出一部分，即吃掉总体的余量。

（2）技术状态管理

技术状态管理包括 3 个方面的内容：技术状态确定、技术状态控制和技术状态流动。

1）技术状态确定是指经过一定的权威程序确定的，经过验证或论证的技术指标或技术参数。装备系统在研制的各个阶段，均会发生技术状态的某些变化，质量工程师除了严格按技术状态控制的要求对技术状态变化进行控制外，还要及时收集和分析资料，确定技术状态更改文本并进行保存，因为这些变化往往会对后续系统的研制起到借鉴作用。技术状态文本的完整性会使后续的工程更加成熟。

2）技术状态控制首要任务是使装备系统能够按照确定的状态进行研制，同时严格控制技术状态的变化。中国航天要求技术状态更改须满足五条标准，即"论证充分、各方认可、试验验证、审批完备、落实到位"。在软件技术状态控制中，中国航天要求 A 级和 B 级软件由软件评测中心进行第三方评定，并设立软件专家组，对软件工作及软件更改进行评审。

3）技术状态流动在技术状态确定过程中，要由所有相关的部门、单位参与技术状态研究，并结合各自负责部分的适应性进行评定。技术状态一旦确立，应及时将技术状态的文本及相应的技术标准流动到相关的各部分，并在各自的研究中执行技术状态的要求。

质量工程师在技术状态管理中，一定要做好原始资料的收集和管理，并确保技术资料的完整性和全面性。为做好这一点，项目管理办公室应建立文件树，明确资料收集的目录和清单，据此实现资料的可跟踪性。软件资料要做好各种版本的标识，确保版本使用的正确性。要做好软件的匹配性，不匹配的软件不能进入程序。

（3）风险识别

风险识别的主要任务是确定项目存在的风险清单。风险识别是风险管理的切入点，由此对项目存在风险进行家底式的清理，并形成风险清单。有了风险清单，项目负责人和监督者就能对项目可能出现的风险做到心中有数，从而为风险分析和采取措施提供了基础。

怎么摸清家底呢？航天装备或系统建造是从系统设计开始的，而系统设计阶段的风险识别基本上是先验的，主要有 3 种：专家面谈、评估与评审、先前工程的经验。

1）专家面谈的要点是找准专家，所找专家要有足够的工程经历，对同类工程的风险项目有足够、全面的了解，并具有参与这项工作的意愿。在与专家面谈时，风险工程师要能捕捉到有价值的信息。

2）评估与评审是风险识别的重要渠道，风险工程师要综合任务书、验证计划、制造计划、工程管理计划和 WBS，根据项目进度进行评估和评审。

3）先前相类似的工程项目的经验、数据和报告，以及其他项目工程师的评审意见，这些系统实际运行的知识，可以为新工程项目的风险识别提供很有价值的信息。关于这一点的重要性，特别是同类问题发生在不同型号上的教训非常深刻，所以，要做到举一反三。NASA 很重视对某一特定的风险项目的模型描述。这类风险模型虽然不能提出全部的风险项目，但对风险识别是很有益处的。

（4）风险分析

通过风险分析可以对风险形成定量的描述，并对风险的"结果"和"后果"进行估计，为减少和降低风险提供依据。风险分析采用的分析技术有决策分析、概率风险评估和随机网络进阶表等。

决策分析是对于一个复杂的不确定性问题采取"分割—解决"的思路，将复杂的问题分解成简单的，并剖析成清晰的认识。决策树是最常用的工具之一，分解过程采用树状结构的方法，一层层地剖析，树状结构的端点是潜在的结果。

概率风险评估（Probabilistic Risk Assessment，PRA）的要点是对项目或工程存在的风险进行量化估算。该方法针对每一个偶然事件出现的概率，以事件数和故障树相结合的描述方法进行。在一般情况下，采用该方法进行风险分析需要大量的部件级设计数据，否则难以确定其概率的数值。在 PRA 中，风险常被定义为后果函数的期望值，即

$$R = \sum P_s C_s$$

式中，P_s 是产生结果 S 的概率；C_s 是结果 S 所造成的后果（以经费表示）。实际应用中，PRA 受到诸多诟病，主要原因有以下 3 个方面：一是故障树并不能包括全部故障；二是 PRA 的结果对事件树的某些假设的小问题非常敏感；三是对风险的判断没有统一的准则。

随机网络进阶表是将每个活动的持续时间看作一个随机变量。通过计划评估和评审技术（Program Evaluation and Review Technique，PERT）提供一个活动的最大、最小、最可能持续时间，计算工程项目完成时概率分布，得到该概率分布后，计算 $E(T)$ 并将其确定为项目完成时间的期望值。上述随机网络进阶表表达的是项目进度上出现的风险。

（5）风险措施及执行

在完成风险识别和分析工作后，主要工作是如何减小风险、采取什么措施以及如何落实这些措施。

减小风险的活动是要耗费成本的，风险工程师的任务是在资源、时间和成本之间进行权衡。这种情况可分为 4 种：不作为，接受风险；适度作为，共同承担风险；采取主动措施避免和减小风险；制定风险问题出现时的应急预案。

参 考 文 献

［1］ 陆晋荣，董学军．航天发射质量工程［M］．北京：国防工业出版社，2015.

［2］ 中国航天科技集团公司．产品保证［M］．北京：中国宇航出版社，2017.

［3］ 余后满．航天器产品保证［M］．北京：北京理工大学出版社，2018.

［4］ 张洪太，余后满．航天器项目管理［M］．北京：北京理工大学出版社，2018.

［5］ 栾恩杰．航天系统工程运行［M］．北京：中国宇航出版社，2010.

［6］ 黄春平，侯光明．载人航天运载火箭系统研制管理［M］．北京：科学出版社，2007.

［7］ 徐建强．火箭卫星产品试验［M］．北京：中国宇航出版社，2012.

［8］ 宋征宇．运载火箭地面测试与发射控制技术［M］．北京：国防工业出版社，2016.

［9］ 刘小方，谢义．装备全寿命质量管理［M］．北京：国防工业出版社，2014.

［10］ 康锐，何益海．质量工程技术基础［M］．北京：北京航空航天大学出版社，2012.

［11］ 卢碧红，等．现代质量工程［M］．北京：机械工业出版社，2013.

［12］ NASA. NASA Systems Engineering Handbook［M］．朱一凡，等，译．北京：电子工业出版社，2012.

［13］ Project Management Institute. A Guide to the PROJECT MANAGEMENT BODY OF KNOWLEDGE（PMBOK GUIDE）［M］．北京：电子工业出版社，2015.

［14］ 哈罗德·科兹纳．项目管理（第11版）［M］．杨爱华，王丽珍，等，译．北京：电子工业出版社，2015.

［15］ 中国优选法统筹法与经济数学研究会项目管理研究委员会．中国现代项目管理发展报告（2016）［M］．北京：中国电力出版社，2017.

［16］ 张浩．管理科学研究模型与方法［M］．北京：清华大学出版社，2016.

［17］ 罗云．风险分析与安全评估（第三版）［M］．北京：化学工业出版社，2015.

［18］ 刘纪原．中国航天事业发展的哲学思想［M］．北京：北京大学出版社，2013.

［19］ 肯·G. 史密斯．管理学中的伟大思想［M］．徐飞，路琳，等，译．北京：北京大学出版社，2016.

［20］ Mark Frence. Aerospace Applications［M］．Springer International Publishing，2018.

［21］ 王安生．软件工程化［M］．北京：清华大学出版社，2014.

［22］ 李学仁．军用软件质量管理学［M］．北京：国防工业出版社，2012.

［23］ 闻新，成奕东，秦钰琦，等．航空航天知识与技术［M］．北京：国防工业出版社，2015.

［24］ 中国航天科技集团公司．航天质量管理方法与工具［M］．北京：中国宇航出版社，2017.

第 2 章
航天装备质量保证通用技术

航天装备质量保证通用技术是我国航天领域在质量保证工程实践中形成的业内独具特色的技术方法和工具。本章简要论述了航天装备通用质量特性的含义、要求和工作项目；介绍了航天装备典型质量分析工具，如飞行动作、成功包络、单点故障、测试覆盖、潜通路和质量交集等；介绍了航天装备典型质量控制方法，如设计复核、三级审签、验证试验、独立评估、防错技术和问题归零等。

2.1　通用质量特性

通用质量特性包括安全性、可靠性、维修性、测试性、保障性和环境适应性。通用质量特性是产品的固有属性，由设计赋予、生产实现、管理保证并在测试和使用中体现。通常，产品可靠，就可以降低对维修、保障和测试的要求，安全性也更有保证，因此，通用质量特性工作应坚持"以可靠性为中心"。这里的"产品"一词是泛指，可以是元器件、零部件、组件、设备、分系统或系统，可以是硬件、软件或二者的结合。

2.1.1　可靠性

可靠性是指"产品在规定的条件下和规定的时间内，完成规定功能的能力"。

（1）可靠性参数

对于航天装备，常用可靠性参数有可靠度、故障率或失效率、平均故障间隔时间、平均故障前时间、使用寿命、贮存期等。

可靠度：产品在规定的条件下和规定的时间内，完成规定功能的概率。

故障率或失效率：在规定的条件下和规定的时间内，产品故障总数与寿命单位总数之比。

平均故障间隔时间（MTBF）：在规定的条件下和规定的时间内，寿命单位总数与故障总数之比。适用于可修复产品。

平均故障前时间（MTTF）：在规定的条件下和规定的时间内，寿命单位总数与故障产品总数之比。适用于不可修复产品。

使用寿命：产品使用到必须大修或报废时的寿命单位数。

贮存期：在规定的贮存条件下，满足规定可靠度要求的存放条件。

航天装备各级产品应根据任务需求和产品特点选用可靠性参数。在确定可靠性指标时，必须兼顾必要性（任务要求）和可行性（现实可行）两方面，还应在多个可靠性参数之间以及可靠性、性能、费用和进度等要求之间进行综合权衡，寻求各项参数的最佳组合；另外，应同时考虑可靠性指标的验证方法。

（2）可靠性要求

可靠性要求通常区分定量和定性要求。

可靠性定量要求一般包括：

——可靠性指标；

——与可靠性指标相对应的任务剖面、寿命剖面的描述；

——故障判据；

——可靠性验证的判定风险或统计置信水平。

可靠性定性要求一般包括：

——可靠性工作项目要求；

——其他定性要求，如可靠性设计要求等。

可靠性要求应通过有效的载体形式及时传递到位。如总体对分系统、分系统对设备（软件）的可靠性定性定量要求应纳入任务书、技术规范等。

（3）可靠性工作

航天装备可靠性常见工作项目包括：制定可靠性工作计划，对转承方和供方的监控，可靠性评审，故障报告、分析和纠正措施系统，建立可靠性模型，可靠性分配，制定可靠性设计准则，可靠性预计，故障模式和影响分析，可靠性关键项目的确定和控制，故障树分析，潜在通路分析，最坏情况分析，功能测试，包装、贮存、装卸、运输及维修对产品可靠性的影响控制，环境应力筛选，可靠性研制试验，可靠性鉴定试验，可靠性评估。需要说明的是，上述工作项目并非对所有类型的产品都适用，如"环境应力筛选"对于非电产品来说并不适用。

2.1.2　安全性

安全性是指产品所具有的不导致人员伤亡、系统毁坏、重大财产损失或不危及人员健康和环境的能力。航天装备研制过程中须坚持"安全第一"的理念，研制全过程要开展安全性工作，在装备全寿命周期内要实施安全性控制。

（1）安全性要求

安全性要求通常区分定量和定性要求。

安全性定性要求一般包括安全性设计要求、标准符合性要求、安全风险要求等方面的内容。安全性设计要求指结合行业经验、任务需求、初步方案等提出的安全性基本要求，如"火工品应保证在……使用中的安全""开展故障容限设计……"。标准符合性要求指依据初步方案识别诸如压力容器、推进剂、火工品等在内的相关法律、法规和标准规范，作为安全性设计的基本要求。安全风险要求指依据标准要求和型号需求提出的危险风险指数评价方法及对应的风险接受原则。

安全性定量要求一般包括概率要求和非概率要求等方面内容。概率要求指对某类严重程度事故的发生概率的要求，如航天员安全性指标 0.999、灾难性事故率不超过 $10^{-6}/h$ 量级等。非概率要求指与安全性相关的非概率指标，如 x 米跌落不爆炸、推进剂堵漏能力不小于 x L/min、气瓶压力不超过 x MPa 等。

（2）安全性工作

航天装备在研制初期须系统开展安全性工作策划，制定安全性保证大纲，规定装备安全性管理、设计与分析、验证与评价等工作项目及其基本要求。各研制单位须以安全性保证大纲为依据，结合装备研制特点，在方案阶段、工程研制阶段、定型阶段和生产阶段开展安全性设计与分析、验证与评价等。

方案阶段须开展的工作项目包括制定安全性工作计划，安全性控制，初步危险分析，制定安全性设计准则；根据现实需求可以选做的工作项目有对转承方和供方的监控，安全性评审，安全性信息闭环管理，使用和保障危险分析，安全性验证，安全性评价。

工程研制阶段和定型阶段须开展的工作项目包括制定安全性工作计划，安全性信息闭环管理，安全性控制，初步危险分析，制定安全性设计准则，系统危险分析，使用和保障危险分析，安全性验证；根据现实需求可以选做的工作项目有对转承方和供方的监控，安全性评审，安全性评价。

生产阶段须开展的工作项目包括制定安全性工作计划，安全性信息闭环管理，安全性控制；当设计发生更改时还须开展的工作有初步危险分析，系统危险分析，使用和保障危险分析；根据现实需求可以选做的工作项目有对转承方和供方的监控，安全性评审，安全性验证，安全性评价。

2.1.3   维修性

维修性是指"产品在规定的条件下和规定的时间内，按规定的程序和方法进行维修时，保持或恢复到规定状态的能力"。

（1）维修性参数

对于航天装备，常用维修性参数有平均修复时间（MTTR）、最大修复时间、维修度、修复率等。

平均修复时间（MTTR）：产品维修性的一种基本参数，是一种设计参数。其度量方法为：在规定的条件下和规定的时间内，产品在规定的维修级别上，修复性维修总时间与该级别上被修复产品的故障总数之比。

最大修复时间：产品达到规定维修度所需的修复时间。

维修度：维修性的概率度量。

修复率：产品维修性的一种基本参数。其度量方法为：在规定的条件下和规定的时间内，产品在规定的维修级别上，被修复的故障总数与在该级别上修复性维修总时间之比。

（2）维修性要求

除指定的维修性定量指标外，航天装备维修性要求还包括标准要求、维修级别要求和维修性设计与分析要求等。

航天装备常见的维修性设计与分析有：

可达性：要求维修部位看得见、摸得着，拆装方便，不影响上下左右，同时有足够的维修作业空间。

标准化：要求产品通用化、系列化和组合化，减少维修备件的品种和数量。

模块化：要求产品按功能和（或）结构划分为现场可更换单元（LRU）和车间可更换单元（SRU）。

互换性：要求同种产品之间在实体上（形状、尺寸）、功能上能够互相替换。

可测行：应进行维修所需的可测试性设计，合理配置测试点，提高自动测试和故障隔离能力，降低对专用测试设备的需求。

防差错及识别标记：要求有完善的防差错措施及识别标记，以防止差错、杜绝事故。

维修安全：要求实施维修作业时不会发生人员伤亡、设备损坏等事故。

减少维修内容和降低维修技能：要求减少维修工作量，缩短维修时间和人员培训时间。

人因工程：要求产品设计符合人因工程需要，提高维修工作的质量和效率。

文件资料：维修手册或说明书应简单、准确、易懂，图文并茂，积极采用电子手册，将文字、图像和视频相结合。

应急维修：应考虑使用过程中潜在紧急情况的应急维修。

维修策略：预防性维修的维修策略应合理、可行。

维修保障：应围绕关键任务需求，明确维修保障要求，特别是使用阶段备品备件的要求。

（3）维修性工作

航天装备维修性常见工作项目包括：制定维修性工作计划，对转承方和供方的监控，维修性评审，维修性数据收集、分析和纠正措施系统，建立维修性模型，维修性分配，维修性预计，维修性设计准则，维修性分析，抢修性分析，维修性验证，维修性评估。

选择并确定维修性工作项目，应以可接受的寿命周期费用实现规定的维修性要求。实际的航天装备维修性工作项目选择应根据装备实际情况，考虑要求的维修性水平、产品的类型和特点、产品的复杂程度和重要性、产品新技术含量、费用和进度及所处阶段等综合确定。维修性工作可以与可靠性、测试性和综合保障性等工作项目相协调，综合安排，相互利用信息，减少重复工作。

2.1.4　保障性

保障性是指系统的设计特性和计划的保障资源能满足平时和战时使用要求的能力。

（1）保障性参数

由于保障性是装备系统的综合参数，很难用单一参数来评价整个装备的保障性水平，通常需要多个或一组参数来表示，包括综合参数、设计参数和资源参数。

综合参数是根据保障性目标要求而提出的参数，常用的有使用可用度、技术准备完好率、准备时间等。使用可用度是与能工作时间和不能工作时间有关的一种可用性参数，其常用的度量方法是产品能工作时间与能工作时间、不能工作时间的和之比。技术准备完好率是指接到任务准备命令后，由贮存状态、待命状态或进场状态的航天装备，在技术准备结束时按照规定时间、规定要求完成技术准备的概率。准备时间是指在规定的任务阶段完成全部准备工作所需的时间，通常包括技术准备时间、待机准备时间和发射准备时间等。

设计参数是与保障性有关的具体设计参数。常用的保障性设计参数有发射可靠度、飞行可靠度、平均故障间隔时间、一次连续工作时间、累计工作时间、平均修复时间、故障检测率、故障隔离率、虚警率等。保障性设计参数和量值有时可以直接从保障性综合参数指标分解得到，有时还要通过与综合参数指标的权衡和协调中得到。

保障资源参数是根据装备的实际保障要求而定的参数。常用的保障性资源参数有人员数量与技术等级、备件种类和数量、备件利用率和满足率、保障设备的类型和数量、保障设备利用率和满足率等。

（2）保障性要求

保障性要求包括研制总要求中对装备保障性提出的定性、定量要求和"两好保障"要求。两好保障要求包括上天产品"好保障"和地面设备"好保障"。

上天产品"好保障"设计要求包括：

——实现系统整体交付、测试，缩短装备技术准备时间，满足实战要求；

——使用单位能安全、快捷地自主完成所应进行的日常检查、维护保养、装卸运输、组装对接、发射检查及诸元装定与发射等全部工作；

——使用单位能安全、快捷地自主使用承研承制单位提供的测试设备对上天产品进行功能检查，判断上天产品是否满足执行任务的要求；

——使用单位能安全、快捷地自主完成上天产品的校准标定；

——所规定的保障资源能够满足使用单位完成上述自主保障工作的要求。

地面设备"好保障"设计要求包括：

——使用单位能安全、快捷地自主完成在基层级应进行的日常检查、维护保养和使用操作全部作业；

——使用单位能安全、快捷地自主完成设备的定期校准、标定；

——使用单位能安全、快捷地自主完成设备的预防性维修作业；

——使用单位能自主实时监测设备状态，对发生概率高和比较高的故障能及时发现，并准确定位、快速排除，满足平均修复时间、故障检测率、虚警率等指标要求；

——所规定的保障资源能够满足使用单位完成上述自主保障工作的要求。

（3）保障性工作

装备保障性水平是在产品实现过程中形成的、固化的，因此，装备保障性能在研制阶段的实现途径是：将保障性设计、保障资源研制、保障性试验验证等工作融入装备研制工作流程之中统一组织实施。

根据我国航天装备研制质量保证的特点，装备研制阶段保障性工作项目主要有：制定保障性工作计划，对转承方和供方的监控，保障性信息收集与管理，保障性评审，保障性要求分析确认，实战使用及日常维护流程保障性薄弱环节梳理，在用类型型号保障性薄弱环节梳理，保障性设计项目确定，保障性设计项目的方案设计，以可靠性为中心的维修分析（RCMA），维修可达性及可测试性设计完善，使用与维修工作分析，保障方案制定及保障资源研制，综合参数的验证与评价，设计参数的验证与评价，保障资源参数的验证与评价。

为确保装备在部署后能得到良好保障，尽快形成战斗力，充分发挥其使用效能，必须将综合保障工作贯穿于装备的整个寿命周期，在研制阶段确定保障性要求，进行保障性设计，规划并研制保障资源，在使用阶段建立经济有效的保障系统，提供装备所需的保障。

2.1.5　测试性

测试性是指"产品能及时并准确地确定其状态（可工作、不可工作或性能下降），并隔离其内部故障的能力"。

（1）测试性指标

测试性指标一般包括故障检测率、故障隔离率、虚警率等。

故障检测率（P_D）：是指用规定的方法正确检测到的故障数与故障总数之比，用百分数表示。

故障隔离率（P_{IL}）：是指用规定的方法检测到的故障正确隔离到不大于规定模糊度的故障数与检测到的故障数之比，用百分数表示。

虚警率（P_{FA}）：是指在规定的期间内发生的虚警数与同一期间内故障指示总数之比，用百分数表示。

（2）测试性要求

航天装备测试性要求除研制要求提出的特殊要求外，一般性包括：

——重要系统、设备具有性能测试、状态检测和故障监测及快速定位能力，并提供故障指示；

——依据不同级别的维修需求，在尽可能少地增加硬件和软件的基础上，通过合理划分产品单元和选择测试方法，在设备内外合理设置必要的测试点，实现检测诊断简便、迅速、准确；

——在使用过程中要求监测装备系统状态和参数时，应在不间断工作的情况下及时检测到故障。现场维修时，故障隔离定位到最小可更换单元，可短时间中断工作；中继级或基地级维修时，要求隔离到部组件；

——系统的划分应使各模块易于进行故障检测和故障隔离，最小可更换单元之间交联最少，测试设备易于连接，便于故障隔离；

——对系统的安全隐患及时预警，有效避免重大安全事故；

——建立完善的测试性工作体系，形成系统性的设计思路、工作目标、设计方法和考核手段。

（3）测试性工作

航天装备测试性工作按照装备研制和生产的不同阶段应分别开展相应的工作项目。

方案阶段应开展的工作项目包括：制定测试性工作计划，对转承方和供方的监控，测试性评审，测试数据的收集、分析和管理，测试性建模，测试性分配，测试性预计，制定测试性设计准则。

工程研制阶段应开展的工作项目包括：制定测试性工作计划，对转承方和供方的监控，测试性评审，测试数据的收集、分析和管理，测试性验证试验；当设计发生变更时，还应开展测试性建模，测试性分配，测试性预计；根据现实需求可选做的工作项目有制定测试性设计准则，测试性分析评价。

定型阶段应开展的工作项目包括：制定测试性工作计划，对转承方和供方的监控，测试性评审，测试数据的收集、分析和管理，测试性分析评价；根据现实需求可选做的工作项目有测试性验证试验。

生产阶段应开展的工作项目包括：制定测试性工作计划，对转承方和供方的监控，测试数据的收集、分析和管理；根据现实需求可选做的工作项目有测试性评审，测试性验证试验，测试性分析评价。

2.1.6　环境适应性

环境适应性是指装备在其寿命期预计可能遇到的各种环境的作用下能实现其所有预定功能、性能和（或）不被破坏的能力。上述定义有两个标志：一个是功能和性能均满足要求才能说明其在预定环境中能正常工作；另一个是装备在预定环境中不被破坏的能力，如经受振动等力学环境作用，结构不损坏；经受高、低温和太阳辐射，材料不老化、劣化、降解和产生裂纹等。

（1）环境适应性参数

由于不同的环境因素的强度（或严酷度）表征方式、对装备影响的机理和作用速度各不相同，表征装备环境适应性这一能力变得十分复杂，只能针对经分析确定应考虑的每一类环境因素分别提出相应的环境适应性要求，然后将其组合成一个全面的要求。

对于大多数可定量表征其应力作用强度的环境因素如温度、振动等，环境适应性参数分两个方面表征：一方面是要求装备能在其作用下不受损坏或能正常工作的环境因素应力强度；另一方面则是装备的定量和定性合格判据，如是否允许破坏，允许破坏程度和允许性能偏差范围。

需要指出的是，产品受到的环境应力的作用效果不仅取决于应力强度，还取决于应力作用的时间，产品破坏的时间累积效应是不容忽视的。理论上讲，应当给出应力作用时间，而且要使指标中给出的应力强度和应力作用时间产生的效果与实际寿命周期该环境因素作用效果完全一致。在产品寿命周期内，一个环境因素作用于产品上的应力大小往往会随时间而发生变化，这种变化规律难以预先确定，此外，同一环境因素高量值和低量值对产品的影响之间不一定呈规律性关系，要想找到等效于实际环境影响的、对应于确定的极端环境应力所需的作用时间非常困难。因此，目前的环境适应性指标中，一般不规定环境应力作用时间，而往往是将其放到验证试验方法中去解决。如高温贮存时间 48 h、湿热试验 10 d、振动试验 1 h 等。

（2）环境适应性要求

航天装备环境适应性要求应包括：

——代表装备寿命周期中每一阶段使用环境条件下的装备预期使用情况；

——装备在其寿命周期中应达到的一系列功能和性能；

——装备在其寿命周期中每一阶段的预期环境作用下应具有的完成规定任务的能力水平。

航天装备环境适应性要求的确定应遵循下列原则：

——在按使用要求规定环境适应性时，应明确相应的寿命剖面、任务剖面、装备合格与失效判别准则和约束条件；

——在按环境要求规定环境适应性时，应明确相应的验证方法和通过、不通过的判据；

——环境适应性要求是装备研制的原始依据，一般不得变更。在特殊情况下需要进行必要的变更时，应经过充分论证、试验验证和严格审批。

（3）环境适应性工作

航天装备环境适应性工作按照装备研制和生产的不同阶段应分别开展相应的工作项目。

方案阶段应开展的工作项目包括：制定环境工程工作计划，环境适应性评审，环境信息收集、分析和管理，确定环境类型及其量值，实际产品试验的替代方案，制定环境适应性设计准则，环境适应性设计，环境适应性预计，制定环境试验与评价总计划。

工程研制阶段应开展的工作项目包括：制定环境工程工作计划，环境适应性评审，环境信息收集、分析和管理，对转承方和供方的监控，确定环境类型及其量值，环境适应性设计，环境适应性预计，制定环境试验与评价总计划，环境适应性研制试验，环境响应特性调查试验，使用环境试验；根据实际需求可以选做的工作项目有使用环境试验。

定型阶段应开展的工作项目包括：环境适应性评审，环境信息收集、分析和管理，对转承方和供方的监控，飞行安全性环境试验，环境鉴定试验，自然环境试验，使用环境试验，环境适应性评价；根据实际需求可以选做的工作项目有制定环境工程工作计划，确定环境类型及其量值，环境适应性设计，环境适应性预计，环境适应性研制试验，环境响应特性调查试验。

生产阶段应开展的工作项目包括：环境信息收集、分析和管理，对转承方和供方的监控，批生产装备环境试验，使用环境试验，环境适应性评价；根据实际需求可以选做的工作项目有环境适应性评审。

2.2　质量分析方法与工具

主要讨论针对航天装备质量工程特点而开发出的典型质量分析方法与工具，一些虽也适用于航天装备质量工程领域的通用方法工具，如概率风险评估、故障模式影响及危害性分析、故障树分析、QC老七种工具、QC新七种工具等，读者可参考其他资料获取。

2.2.1　飞行动作与成功包络分析

2.2.1.1　飞行时序动作分析与确认

（1）基本概念

飞行时序动作分析与确认方法基于逻辑推演和仿真的思想，检查实现的条件，从而达到消除风险的目的。通常以发射准备、点火到飞行结束的飞行时序过程为出发点，以每一个飞行时序动作为牵引，对每个动作或影响成败的关键环节的输入条件、输出结果、设计指标及满足情况、设计余量、可靠性措施、环境及相关影响、试验验证或仿真、计算等工程分析情况进行系统梳理，进一步查找需要进一步分析和确认的问题，从而消除技术上可能存在的风险和隐患，最终得出从设计要求、设计结果到飞行实现能够完整闭合的推演分析结论。

飞行时序动作分析与确认是以型号飞行的时间轴（时序动作）为牵引而进行的分析，是一种正向思维的分析方法。该种方法一是对型号已经开展的风险识别、分析、应对等工作进行检查、监督；二是针对发现的新风险，制定风险应对措施；三是全面梳理出技术风险，为发射前的最终决策提供依据。

（2）适用范围

适用于航天装备各研制阶段飞行时序动作分析与确认工作，用来识别和控制航天装备技术风险。

（3）主要内容

主要内容包括：功能性能实现情况确认，环境适应性分析，时域分析，空域及相关影响分析和设计保证措施确认。

功能性能实现情况确认主要包括：

——产品输入条件；

——产品输出（响应）结果；

——产品设计指标要求及实现情况；

——产品的裕度分析情况及设计指标处于边缘状态的项目。

环境适应性分析主要包括：

——产品工作环境的指标要求；

——产品满足环境指标要求情况，重点分析不满足任务书有关环境要求的项目、飞行状态（环境）与地面试验状态（环境）存在差异、环境适应性处于技术指标边缘或未完全认识的项目；

——环境适应性试验考核情况。

时域分析主要包括：

——飞行时段分配的合理性；

——飞行时序传递关系的正确性；

——飞行动作的协调匹配性。

空域及相关影响分析主要包括：

——各项动作的空间行为对相关产品或动作产生的影响，重点分析产生的多余物（活动物）对周边产品的影响；

——各项动作对周围环境带来的变化（影响），如热环境、力学环境、电磁环境等；

——相关产品的适应性分析。

设计保证措施确认主要包括：

——针对设计上的单点采取备保措施的有效性；

——可靠性、安全性措施的有效性；

——多余物预防控制措施的有效性。

2.2.1.2　产品成功数据包络分析

（1）基本概念

数据包络范围基于充分利用有限的成功子样数据，最大限度规避风险的原则或思想，采集经过飞行试验或地面试验验证成功的若干产品数据所构成的数据范围。成功数据包络分析是将待分析产品数据与对应的包络范围进行比对，判定待分析产品数据是否落在包络范围，得到待分析产品数据包络状况，评估产品是否满足执行任务能力的分析方法。对于超出包络范围的数据，应当将其标记为风险源，进行严格排查并给出应对措施。

（2）适用范围

产品成功数据包络分析工作应从系统、分系统、单机、部（组）件逐级开展，并从方案研制阶段开始，贯穿于型号研制全过程。

（3）程序与内容

第一步，确定关键产品及参数，通过产品对任务的影响分析等工作，确定开展包络分析的关键系统和产品及关键参数，作为开展对象。

第二步，确定包络分析范围，统计历次飞行（或试验）成功的产品参数，利用统计方法找出数据上、下边界，同时画出曲线，形成成功数据包络范围。

第三步，开展确认和分析，将参加飞行任务产品的各项参数的实测值与成功数据包络范围进行逐一比对，画出曲线看趋势，分析数据是否在成功数据包络范围内，同时确认产品的质量表征趋势。

第四步，根据分析结果采取相应措施。

成功数据包络分析结果分为 4 种，分别为"合格、包络"，"合格、不包络"，"超差、包络"和"超差、不包络"。对于"合格、包络"的数据，确认其一致性和稳定性，给出是否满足飞行任务的结论；对于"合格、不包络"的数据，进行风险分析和评估，并根据分析结果采取措施；对于"超差、不包络"的数据，围绕产品让步接受以及产品质疑单办理、审批手续等情况进行检查确认，进行风险分析和评估，并根据分析结果采取措施。在航天发射阶段，"超差"应作为质量问题进行归零。对于"超差、包络"的数据，设计和生产单位应对关键特性要求的合理性进行分析和评估，针对设计指标、设计工艺性等方面存在的隐患或问题，开展设计改进工作。

2.2.2　单点故障与测试覆盖分析

2.2.2.1　单点故障模式分析

（1）基本概念

单点故障是指会引起系统故障，而且没有冗余或替代的操作程序作为补救的产品故障。单点产品一旦失效，会引起系统故障，甚至会导致工程飞行试验失败或在轨无法正常运行。保证单点不失效是工程技术风险控制的重要工作目标。

（2）适用范围

单点故障模式识别、分析与控制工作适用于航天装备研制的各阶段，并随研制工作进展及技术状态变化不断完善。

（3）主要内容

按照故障模式所产生后果的严重程度来界定单点故障模式的严酷度。以运载火箭为例，其严酷度分成 4 个等级，包括灾难类（Ⅰ类）、严重类（Ⅱ类）、一般类（Ⅲ类）和轻微类（Ⅳ类），并以此将单点故障模式分成相应的 4 类。

灾难类（Ⅰ类）有 3 种故障模式影响，即火箭在发射准备阶段或一级飞行过程中发生爆炸；造成地面人员伤亡或星箭毁坏；造成地面设备及环境重大损坏。严重类（Ⅱ类）有 4 种故障模式影响，即火箭在二级以后飞行过程中发生爆炸，或未能正常执行星箭分离；由于火箭原因导致卫星损失，或严重影响卫星寿命（损失设计寿命一半以上）；导致本次发射任务取消或推迟发射两周以上；由于火箭原因导致卫星入轨精度超差 20% 以上。一般类（Ⅲ类）有两种故障模式，即火箭在发射准备阶段出现异常导致本次发射任务推迟发射两周以内；在飞行过程中发生异常导致卫星未能精确进入预定轨道（入轨精度超差 20% 以内）。轻微类（Ⅳ类）指故障产生的后果轻于Ⅲ类的影响。

单点故障模式识别、分析与控制方法是将故障模式影响分析（FMEA）和故障树分析（FTA）相结合，以飞行任务或在轨运行为剖面，在 FMEA 已识别单点故障模式基础上，选取故障模式严酷度为灾难性和严重性的单点故障模式开展 FTA 分析，按照从总体、分系统、单机直至单元的工作程序，找出一阶最小割集，识别单点故障模式，形成《单点故障模式清单》。

根据《单点故障模式清单》，对所涉及的关键产品设计、工艺、过程三类关键特性进行自上而下的逐级量化分解和自下而上的逐级量化闭环确认，分析各种故障可能发生的原因，识别设计中的技术风险，为制定应对措施并实施改进提供有效支持。

单点故障模式识别、分析与控制表样式见表 2-1。

表 2-1　单点故障模式识别、分析与控制表

组件名称及代号		（1）			分析日期		（5）			
产品描述		（2）			版本		（6）			
会影响到的分系统		（3）			分析人员		（7）			
会影响到的型号		（4）			审核人员		（8）			

编号	元器件/零部件名称或图号	功能与要求	潜在功能失效模式	潜在失效原因	潜在失效影响	关键件/重要件/一般件	合格率	当前控制情况				建议改进措施
								设计、生产、试验、测试、操作等方面的措施	频率度	严酷度	检测度	风险指数	
（9）	（10）	（11）	（12）	（13）	（14）	（15）	（16）	（17）	（18）	（19）	（20）	（21）	（22）

2.2.2.2　测试覆盖性分析

（1）基本概念

测试覆盖性指型号产品测试检查项目覆盖产品设计任务书或技术要求规定的功能和性能指标的程度、型号产品地面试验状态满足产品实际使用测试状态的程度。测试覆盖性分析是基于产品规定的功能、性能能够全面检查的原则，其为工程人员掌握型号系统状态提供了一条有效途径，直接降低了系统不确定性，是识别、分析与应对技术风险的有效手段。

（2）适用范围

测试覆盖性分析与控制的方法适用于单机、分系统、总体在单项、专项或系统级的各类检验或试验。

（3）程序与内容

第一步，确定测试覆盖性分析的依据文件，主要包括任务书、技术要求、设计方案、试验规范或条件。

第二步，确定主要技术指标测试检查项目，列举可测项目和不可测项目。

第三步，确定测试覆盖性分析的具体内容，对可测项目和不可测项目进行分析，同时对测试状态进行分析。

第四步，说明测试覆盖性分析的结论。

在方案阶段，安排单项和系统级地面试验时，应尽量模拟飞行或在轨环境，充分覆盖实际飞行或在轨状态。不能覆盖的应通过理论分析和旁证试验，验证试验的充分性和试验结果的有效性。

在设计阶段，设计测试设备时要充分考虑测试的功能，对任务书和技术要求中有关测试要求进行逐条复核、讨论、协调。单机设计在分析的基础上，要逐项列出产品出厂后测试不到或不再测试的项目，并提前向生产单位提出项目清单和要求，生产单位按要求进行分析并保证到位。

产品出厂前的测试项目要覆盖出厂后系统及靶场测试项目，对未覆盖的项目要列出清单，提出详细的预案和措施，并得到上一级系统的确认。

2.2.3　潜通路与元器件破坏性分析

2.2.3.1　潜通路分析

（1）基本概念

潜通路是复杂电气电子系统中的一种潜藏状态，当激励条件满足时，将导致系统出现非期望的功能和抑制期望功能的出现，是一种与元器件失效无关的系统级故障，可导致重大事故的发生；由于航天装备任务的特殊性，由其产生的危害尤为严重。

（2）适用范围

潜通路问题多发生在系统级，系统级产品是潜通路分析的重点对象，如电源、供配电和火工品系统等。潜通路分析一般在型号初样阶段开展，在转正（试）样之前完成。

（3）程序与内容

第一步，理解设计。需要认真研究收集各种系统设计资料，进行充分的内外部交流，以准确理解系统设计。

第二步，核对数据。在理解电路及系统的过程中，核对设计意图与任务要求的一致性，核对物理实现中各元器件之间的连接关系是否与原理设计一致，复核上下级的技术任务书、接口和软件等有关文件相互之间的一致性。

第三步，数据预处理。数据预处理在消化理解分析系统基础上的人工处理工作，所产生的数据是潜通路分析软件系统正确运行的必要条件。其主要工作项目包括：编写系统定义表，建立系统元器件模型表，拟制系统源、地、信号源划分边界表，编写功能分支表，具有汇流条件性质的元件表和一对一电缆表。

第四步，数据录入。将收集到的数据输入到系统潜通路分析软件中，数据输入主要有两种形式，印制板网表转换和人工录入。

第五步，生成功能网络森林。系统电路应用潜通路分析软件以"网络树"的形式重画。其基本规则是按照电流从页面的上方流向页面的下方，信号从左面输入，向右边输出的规则重画电路图，并结合确定的系统功能分支，确定有关功能电路。通常，一个功能电路会由许多网络树组成，因此，结果是形成功能网络森林。

第六步，潜在电路分析。在完成以上工作的基础上，对每个功能森林的每棵网络树应用提示线索按每种实际使用的操作运行状态进行潜通路分析和设计缺陷分析，测试状态以及相应的操作规程应由委托方提供。

第七步，交流复核和确认。对于发现的潜在问题，分析方与委托方进行交流复核确认，根据复核结果，形成最终分析报告，并根据需要进行潜通路分析的评审验收工作。

2.2.3.2　元器件破坏性分析

（1）基本概念

元器件破坏性物理分析（DPA）是评价元器件质量的主要方法之一，对于高质量等级的元器件，DPA 是不可缺少的试验项目。由于 DPA 是破坏性试验，所以只能抽样进行，为此，DPA 的结果用于批评价具有一定的风险。

（2）适用范围

DPA 适用于元器件质量鉴定，元器件验收，元器件复检（包括超期复检），已装机元器件的质量验证。

（3）主要内容

实施 DPA 前应得到的信息包括元器件名称、型号、封装形式、生产单位、生产批号、生产日期、生产线质量保证、产品规范、质量等级（质量保证等级和失效率等级）、工艺结构特征、结构图等。

DPA 抽样按以下原则确定样本大小：对于一般元器件按母体的 2% 抽样，但不得少于 5 只或多于 10 只；对于复杂结构的元器件（指集成电路等）按母体的 1% 抽样，但不得少于 2 只或多于 5 只；对于母体数量不到 10 只的，允许只抽 1 只。

DPA 试验项目。GJB 4027—2000《军用电子元器件破坏性物理分析方法》对 13 类 37 小类元器件共规定了 18 个 DPA 项目。在实际应用中，需要根据元器件的类型和等级决定，并不是所有元器件都要做 18 个项目，如片式固定电阻仅需做 3 个 DPA 项目，有些半导体器件需要做 12 个 DPA 项目。

2.2.4　质量交集与最坏情况分析

2.2.4.1　质量交集分析

（1）基本概念

质量交集是指同时具备指定的影响产品质量特性因素的集合。质量交集识别与分析是通过识别影响产品质量特性因素，确定产品质量交集，开展管理分析并明确关注度。

影响产品质量特性的因素主要包括 5 类，即存在 2 类和 3 类技术状态变化、存在Ⅰ类和Ⅱ类单点故障模式、发生过质量问题、存在不可检测项目、上天有动作。

（2）适用范围

质量交集识别与分析适用于航天装备初样研制阶段、试（正）样研制阶段和定型/批生产阶段。

（3）程序与内容

第一步，按照"总体→分系统→单机"自上而下明确要求和计划，自下而上逐级分析、确认的方式开展。

第二步，结合实际情况，明确产品质量交集识别与分析工作的具体要求和计划。

第三步，单机按照上级要求，对配套产品进行识别与分析，形成《单机产品质量交集识别与分析结果清单》。

第四步，分系统对单机产品质量交集识别与分析结果进行确认，并从分系统角度对所属产品的组成、冗余等因素进行综合分析，对分系统内各单机接口进行识别与分析，形成《分系统产品质量交集识别与分析结果清单》。

第五步，总体对分系统产品质量交集识别与分析结果进行确认，并从总体角度综合分析系统组成、冗余、任务剖面以及分系统间接口关系等因素，形成《型号产品质量交集识别与分析结果清单》。

质量交集关注度等级分为高、中、低，判断准则是：

——质量交集数量是 4 个以上，其关注度等级为高；

——若 3 类技术状态变化和Ⅰ、Ⅱ类单点故障模式同时存在，其关注度等级为高；

——质量交集数量是 3 个，其关注度等级为中；

——质量交集数量是 2 个，其关注度等级为低。

根据关注度等级，将产品纳入技术风险管理实施分析和控制，进一步确认产品质量，并实施动态监控。

2.2.4.2 最坏情况分析

（1）基本概念

最坏情况分析是指在设计限度内分析电路所经历的环境变化、参数飘移及输入飘移出现的极端情况及其组合，并进行电路性能分析和元器件应力分析。

最坏情况分析的目的是通过摸清元器件参数变化的主要原因及对电路性能影响的大小，评估电路在极端环境条件下使用时的工作情况以及电路性能对元器件参数变化的灵敏度，回答是否满足设计和工作要求，提出改进措施建议，供设计师参考。

（2）适用范围

应根据 FMEA 结果，对影响任务成败和人员安全的关键产品、部件和模块进行最坏情况分析，适用于航天装备的各级电路产品。

（3）程序与内容

第一步，明确待分析的电路。应根据 FMEA 结果，明确哪些电路或电路类型需要进行最坏情况分析。从事分析的人员应深入理解电路工作原理、组成及其功能参数要求，便于对系统/电路有更好的了解。

第二步，电路划分。在开始对电路进行最坏情况分析时，应首先将原理图转换成功能方块图，将信号间的输入输出关系以方块图的形式直观地表示出来。

第三步，数据准备。开展最坏情况分析首先要获得以下数据：系统/产品/电路的性能技术要求；原理图和方块图；接口/连接线路图；技术说明书；元器件及元器件参数清单；元器件降额要求；任务环境（包括温度极限、老化和辐射影响）。

第四步，明确待分析的电路性能。在分析之前，须对电路性能进行选择。选择电路的关键性能，并明确电路性能参数及偏差要求等。

第五步，建立电路分析模型。将电路或子电路的关键电路性能与电路的元器件参数联系起来，并明确电路参数与组成电路元器件参数之间的数学关系及模型。它们之间多数时候没有简单或明确的数学关系，无法用解析方式表示，此时，只有借助 EDA 仿真工具来完成分析。

第六步，进行最坏情况分析。根据最坏情况数据准备所获得的数据，以及电路的具体要求和电路关键性能，选择最坏情况分析方法进行最坏情况电路性能分析，得到电路在最坏情况下工作的特性。

第七步，最坏情况分析结论。将最坏情况分析结果与规定电路性能进行比对，若满足要求，说明电路在元器件参数出现最坏情况组合时仍能可靠工作。当不满足要求时，应说明出现问题的原因，提出改进措施建议。

2.3 质量控制方法与工具

主要讨论针对航天装备质量工程特点而开发出的典型质量控制方法工具，一些虽也适用于航天装备质量工程领域的通用方法工具，如供应商质量认证、元器件筛选、软件工程化、软件能力成熟度模型、6S 管理、看板、统计过程控制、田口方法、抽样检验、批次管理、首件鉴定、不合格品审理、质量检查确认、质量信息上报与通报、面向产品质量分析、平衡记分卡和质量成本管理等，读者可参考其他资料获取。

2.3.1 质量特性分类与保证

（1）特性分类

根据航天装备特性的重要程度，可将其分为关键特性、重要特性和一般特性。关键特性指此类特性如达不到设计要求或发生故障，可能导致任务失败或主要系统失效，或对人身财产的安全造成严重危害；重要特性指此类特性如达不到设计要求或发生故障，可能导致装备不能完成预定的任务，但不会引起任务失败或主要系统失效；一般特性指除关键特性和重要特性以外的所有特性，一般情况下此类特性不会影响装备的使用性能。

航天装备风险特性是指存在风险影响，需要加以控制的特性，包括设计风险、工艺风险和过程控制风险三类。设计风险特性指特定的设计方案中存在装备功能性能对装备使用环境变化敏感的设计参数，对选用的材料与元器件不一致性敏感的设计参数、对选用的制造工艺偏差敏感的设计参数，装备在最终状态下存在不可测的功能性能等。工艺风险特指装备工艺方案中存在使装备功能性能不稳定的制造工艺、制造过程控制存在不确定性，生产过程中存在不可检测或难以检测的项目等。过程控制风险特指生产、测试、试验过程中装备特性、生产环境、人员等因素综合作用容易导致的过程风险，如多余物、静电、极性操作、不可检测或难以检测环节的实施等。

（2）关重件控制

具有关键特性的产品称为关键件，具有重要特性的产品称为重要件。列为关键件与重要件的产品一般是零件或部组件级产品。产品保证工程师组织设计师、工艺师等有关人员制订详细的关键件与重要件研制生产保证措施，将其纳入产品保证计划、设计文件、工艺文件、测试及试验操作文件进行控制，相关文件必须进行评审。

涉及关键件和重要件的设计文件、工艺文件应在文件的明显处进行标识，关键件与重要件的工艺规程应独立成册，并在封面上的明显处进行标识。产品保证工程师组织设计师、工艺师等有关人员在关键件与重要件的生产、测试、试验过程中，设置关键检验点或强制检验点，在工艺文件或测试、试验文件中进行明确，在生产、装配和试验过程中落实。工艺师系统负责识别和确定关键件与重要件涉及的关键工序和关键过程，制订详细、可操作的工艺方法，将其纳入关键工序工艺规程落实。

（3）设计风险控制

依据产品研制任务书，产品研制技术要求，产品保证要求，以及产品设计、建造、试验规范等要求，通过风险特性分析，确定设计风险特性，采取以下方法控制风险：

——深入细致的故障模式影响分析（FMEA）和故障树（FTA）；

——充分的裕度设计、冗余设计、降额设计；

——将具有关键特性、重要特性的产品设置为关键项目、关键件与重要件进行管理；

——开展独立评估或复核复算；

——对设计方法和设计结果进行升级评审把关；

——开展充分的产品研制试验，特别是摸底与拉偏试验。

（4）工艺风险控制

根据产品的设计风险特性、工艺实现过程，确定工艺风险特性，采取以下方法控制风险：

——开展产品的横向和纵向数据包络分析；

——按关键工序进行控制；

——将涉及关键特性、重要特性的，列为关键件与重要件进行管理；

——设置关键检验点与强制检验点；

——对关键特性和重要特性实施百分之百检验；

——对实施过程进行照相或录像，以便于产品的质量追溯和确认。

（5）过程风险控制

根据产品的设计风险特性、工艺风险特性，以及产品的生产、测试、试验过程中产品特性、生产环境、人员等因素综合作用容易导致的过程风险分析工作，确定过程风险，采取以下方法控制风险：

——产品承研单位负责建立多余物、防静电控制等管理体系，健全管理程序和规范；

——对涉及极性的操作环节建立专门的检验、确认程序，安排专检；

——对涉及关键特性和重要特性的，列为关键件与重要件进行管理，列为关键工序进行控制；

——设置关键检验点与强制检验点；

——对关键特性和重要特性实施百分之百检验；

——对实施过程进行照相或录像，以便于产品的质量追溯和确认。

2.3.2 设计复核与三级审签

2.3.2.1 设计复核复算

（1）基本概念

设计复核复算是为验证设计输出是否满足设计输入的要求，由独立于设计系统之外的同行专家，依据设计输入对设计输出（含设计图样、研试文件、软件源程序与文档等）进行独立的核对和计算，并对原设计提出意见和建议的活动，是从源头抓起的重要措施之一。

（2）适用范围

设计复核复算在设计输出确定（完成）后进行。设计复核复算工作的开展能够确保设计技术指标合理、正确，从而满足航天装备研制任务要求或合同规定。

（3）主要内容

设计复核复算的主要内容包括：

——工程设计是否满足《项目研制任务书》或上一级系统的要求，是否符合相关航天产品的设计准则、规范及有关标准；

——设计与计算的正确性、完整性；

——计算机软件设计的正确性和可靠性，是否符合软件工程化要求；

——大型试验方案的合理性、可行性，试验验证工作是否充分，对于无法试验验证的项目是否进行了全面深入的分析或仿真。

——可靠性模型建立与可靠性设计措施的合理性、有效性，可靠性、维修性指标的分配是否满足要求并留有一定的余量；

——安全系数是否满足要求，降额设计，冗余、裕度和容错设计，优化设计等设计的正确性、合理性；

——可靠性、安全性、维修性、保障性大纲和可靠性、安全性设计准则是否得到正确贯彻；

——FMEA、最坏情况分析及危险分析是否正确合理，Ⅰ、Ⅱ类故障模式和单点故障模式在设计上采取的预防措施是否正确、有效；

——环境及系统间接口对安全性、可靠性的影响；

——测试覆盖性分析情况；

——元器件、材料的选用及控制；

——设计的工艺可实现及对生产工艺实现过程中可能引入的降低安全性、可靠性的因素从设计上采取的控制措施是否正确合理。

2.3.2.2　三级审签

（1）基本概念

三级审签指设计文件的校对、审核和批准 3 个环节。

（2）适用范围

适用于航天装备技术文件的签署。

（3）程序与内容

技术文件按照设计（编写）、校对、审核、工艺会签、标审、批准的顺序进行签署，由设计（编写）者负责征集。

根据技术文件所表达的产品层次，确定技术文件的签署人员。根据其权限和职责一人只能签署一栏，每一个签署栏一般不允许多人签署。

涉及单位内外技术协调和接口关系的技术文件应进行技术会签。与最终产品质量直接有关的技术文件，应经质量部门会签。

技术文件的签署过程应形成记录，并归档。签署记录包括：审签人员提出的修改意见或批注，技术文件签署跟踪卡，意见、批注处理结果。

2.3.3　技术状态与技术评审

2.3.3.1　技术状态管理

（1）基本概念

技术状态是指在技术文件中规定的且在产品（硬件、软件）中达到的功能特性和物理特性。

技术状态管理是指用技术和行政的方法对产品的技术状态实施指导、控制和监督，其主要内容有技术状态标识、控制、纪实和审核。

（2）适用范围

适用于航天装备研制、生产和使用等全寿命周期内的技术状态项目的管理。

（3）主要内容

技术状态标识是指在确定产品分解结构的基础上所进行的以下活动：选择技术状态项目；确定所需的技术文件；指定技术状态项目及相应文件的标识符；发放技术状态文件，建立技术状态基线。技术状态标识的目的是为产品寿命周期内进行技术状态控制、纪实和审核建立并保持一个确定的文件依据。

技术状态控制是指技术状态基线建立后，为控制技术状态项目的更改对提出的更改建议进行的论证、评定、协调、审批和实施的活动，包括工程更改、偏离和超差。工程更改指对已正式确认的现行技术文件所做的更改以及对相应实物的更改。偏离是指设计文件的临时变动、补充和说明，不构成对原设计文件的正式更改；一般是在技术状态项目制造之前，对该项目的某些方面在指定的数量或时间范围内，可以不按其已被批准的现行技术文件要求进行制造的一种书面认可。超差是发现某些方面不符合已被批准的现行技术状态文件要求，但不需修理或用经过批准的方法修理后仍可使用；是对使用或放行不符合规定要求的产品的许可，通常是限于在商定的时间或数量内，对含有不合格特性的产品的交付。

技术状态纪实是指对已确定的技术状态文件、提出的更改状况和已批准更改的执行情况所作的正式记录和报告。技术状态纪实为技术状态演变进行有效管理提供可见性和可追溯性。

技术状态审核是为确定技术状态项目是否符合其技术状态文件所进行的检查。技术状态审核包括功能技术状态审核和物理技术状态审核。技术状态审核应在承制方的现场进行，按照自下而上分级进行；审核中发现的问题要指定责任单位限期解决；审核结论应形成文件，审核活动要有记录并归档保存。

2.3.3.2　技术评审

（1）基本概念

技术评审是指航天装备在研制过程中邀请同行专家对产品设计、生产、试验工作和结果进行的评议审查活动。航天装备研制单位应结合装备特点，确定各阶段须进行的技术评审类型和要求，并列入型号研制计划，按规定要求完成评审，作为转入下一阶段工作的前提条件。

（2）适用范围

技术评审适用于航天装备研制、生产过程中的阶段评审、关键点评审和专项评审。

（3）主要内容

技术评审是为航天装备技术决策和行政管理决策提供咨询意见的一项必须进行的工作，未按规定完成评审项目不得转入下一阶段工作。评审不改变装备原有的技术责任和管理责任。技术评审的类型包括阶段评审、关键点评审和专项评审。

阶段评审是在装备研制不同阶段处对前一阶段工作完成情况和存在问题进行的评审，并给出是否可以转入下一阶段工作的结论，主要有方案设计评审、工程研制设计评审和设计定型（或鉴定）评审。

关键点评审是在航天装备研制过程中的关键时刻对关键工作的评审，主要有总体方案评审、分系统评审、整机评审、产品质量评审、型号出厂评审、型号转场评审等。

专项评审是为降低风险，对产品质量、研制进度和经费有重大影响的专业技术问题进行的评审，主要有工艺评审、软件评审、可靠性与安全性评审、元器件评审、质量问题归零评审等。专项评审可独立进行，也可与关键点评审结合进行。

2.3.4　验证试验与独立评估

2.3.4.1　试验验证

（1）基本概念

验证试验包括研制试验、鉴定试验和验收试验。

研制试验是以暴露产品设计缺陷、改进设计方案和验证设计正确性为重点而开展的全部试验的统称，目的是通过"试验—分析—改进"过程，检测和消除产品设计方案和工艺方案缺陷，完善设计模型，验证设计裕度，暴露新故障模式，确保产品设计正确、验证充分、不存在设计缺陷。

鉴定试验是以证明产品性能满足设计要求，产品能够承受其遇到的环境载荷，而且有足够的裕度或余量，包括性能裕度、环境设计裕度、寿命余量等为目的而开展的全部试验的统称。

验收试验是根据批准的试验方案和规定的试验程序进行的试验项目，用于证实待交付的产品满足用户要求，同时通过环境应力筛选试验，剔除产品中元器件、材料和工艺缺陷，预防早期失效，确保产品可靠。

（2）适用范围

研制试验最早可出现在方案设计阶段，但更多的应该是在初样研制阶段，而且是初样研制阶段的前期。

鉴定试验适用于初样研制阶段的后期，且研制试验与鉴定试验两者的前后次序不能颠倒。研制试验瞄准的是鉴定件，研制试验件的最终状态就是鉴定件的初始状态。鉴定试验瞄准的是正样件，鉴定试验通过后就可以按鉴定件状态最终确定正样产品的生产基线。

验收试验适用于正样产品出厂检验和航天装备的验收工作。

（3）程序与内容

研制试验一般包括新元器件、新材料、新工艺研制试验，组件级研制试验（包括功能/性能试验、设计验证试验、环境适应性试验、寿命试验和拉偏试验等），分系统级研制试验和系统级研制试验，一般按照以下程序开展：制定研制试验总要求，策划研制试验工作项目和进度安排，设计、制造研制试验件，编制试验文件，试验迭代过程，验证与评价，试验总结。

鉴定试验一般分为系统级鉴定试验和单机级鉴定试验。系统级鉴定试验分别针对结构、压力、热控和电性等方面开展相应的试验；单机级鉴定试验根据产品种类的不同而有所区别，通常包括冲击、振动、加速度、热循环、热真空、耐压、电磁兼容和寿命等。鉴定试验一般按照以下程序开展：确定产品鉴定件状态，明确鉴定条件和要求，进行鉴定试验分析与预示，制定鉴定试验方案，鉴定试验实施，试验数据分析和结果评审。

验收试验的内容是按照验收试验相关规范与要求开展的，并且与环境应力筛选试验结合进行。验收试验一般分为系统级验收试验、组件级验收试验和环境应力筛选试验。除需要明确验收试验的条件和要求外，验收试验程序与鉴定试验程序基本相同。验收试验不得破坏产品的实物状态，不得对产品产生潜在的安全风险，不得影响试验结果的真实性和有效性，验收过程中发现的所有问题都必须归零，验收试验数据应纳入产品质量证明文件，验收试验相关文件和过程记录应纳入产品数据包。

2.3.4.2　独立评估

（1）基本概念

型号独立评估是在型号的特定研制阶段，由独立型号的专家团队对被评估型号的重大技术风险进行识别、分析与评价的活动。

（2）适用范围

型号独立评估适用于航天领域国家专项工程、重点型号首飞任务以及质量、技术风险较大的在研型号。

（3）主要内容

评估内容包括：方案可行性、合理性和正确性；技术指标满足任务要求情况；关键技术成熟度情况；新技术、新工艺、新材料等情况；可靠性、安全性、环境适应性设计、分析、试验、评估的正确性及有效性；系统接口的协调性和匹配性；试验验证、仿真分析的全面性、充分性以及测试覆盖性情况；关键软件研制、关键元器件保证等情况；技术状态控制、生产过程质量控制和质量问题归零等情况；其他薄弱环节和潜在技术风险。

评估方式一般是通过听取汇报、查阅资料、实物考证、分析研究、交流质询、复核复算、试验验证等方式开展。

评估程序分为评估策划、实施、总结、闭环 4 个步骤，输出至少包括独立评估报告和闭环报告。

2.3.5　关重件与强制检验

2.3.5.1　关键件、重要件、关键工序质量控制

（1）基本概念

关键特性是指如果达不到设计要求或发生故障，可能导致产品功能丧失或装备主要系统失效或对人身财产安全造成严重危害的特性。

重要特性是指如果达不到设计要求或发生故障，可能导致产品不能够完成预定的功能，但不会引起装备主要系统失效的特性。

关键件是指具有关键特性的产品（一般指零件、部组件）。

重要件是指具有重要特性的产品（一般指零件、部组件）。

关键工序是指产品生产过程中，对产品质量起决定性作用并需要进行严密控制的工序。

（2）使用范围

适用于产品研制、生产过程的质量控制。

（3）主要内容

关键工序确定原则是具备下列条件之一：

——设计文件规定的某些关键特性或重要特性所构成的工序；

——加工或装配难度大，质量不稳定的工序；

——原材料昂贵或加工周期长，出废品后经济损失大的工序；

——对人身、财产的安全造成严重危害的工序；

——关键外购器材或外协件入厂验收工序等。

关键件、重要件、关键工序控制流程：

M1 关键特性识别，识别出产品关键特性和重要特性，并分析到部、组件或电路等，细化到零、部件或元器件，确定关键件和重要件。

M2 制定控制方案，确定关键检验点和关键工序，形成《关键件和重要件明细表》。

M3 制定控制措施，将关键件、重要件的关键检验点和关键工序操作的详细要求编写在相应的工艺文件中，包括量化的检验要求、检验工具、环境条件、特殊岗位以及判定准则等，形成《关键件和重要件过程控制结果检查表》。

M4 评审，组织关键件、重要件、关键工序工艺评审工作。

M5 实施，按照工艺文件要求进行操作、检验和确认，并将过程记录作为生产过程数据包的重要内容之一。

M6 总结，形成《关键件、重要件控制措施落实情况汇总表》。

设计控制要求：对关键件、重要件设计方案进行仿真试验或安排专项试验。

工艺控制要求：对关键工序的人员、设备、工艺方法和参数提出明确要求，对关键、重要参数设置关键检验点，提出明确的检验要求。

生产过程控制要求：关键件、重要件和关键工序的操作与检验人员必须持证上岗；落

实《关键工序工艺规程》中对工装、设备和仪器的要求；操作前进行预操作试验；原材料代料执行"以优代劣"原则，并进行必要的试验验证；关键工序实施工步检验；一般不允许超差使用和让步接收。

试验验证控制要求：关键件、重要件和关键工序不能直接获得检测结果时，应安排试验件进行破坏性检测或按设计文件规定采用事后试验的方法判断特性的符合性。

外协控制要求：关键件、重要件和关键工序的外协必须签订外协合同，提出外协加工质量保证措施（含应交付的过程记录及客观凭证）。应对关键工序实施现场监控，按规定的技术和质量条款进行验收。

质量记录、数据包控制要求：实施表格化管理，保证各项记录具有可追溯性；对于特殊过程，可采用照相、录像等措施进行记录；应收集、汇总形成数据包归档，随产品交付时可交付复印件，并由质量部门盖章。

2.3.5.2 强制检验点

（1）基本概念

强制检验点是在航天装备研制生产过程中，由用户或上级技术抓总单位提出的对产品关键过程或关键特性进行检验的检验点。强化对产品关键过程和关键特性指标的检验，确保产品的性能指标满足要求。

（2）适用范围

适用于研制、生产和发射过程的质量控制。

（3）内容与要求

明确实施强制检验时的具体节点、设置原则、检验项目或指标、检验方法、记录、确认等方面要求，并下发产品承制单位作为执行依据。

设置强制检验点只需满足以下原则之一：

——实施关键工序（或关键过程）时；

——下步工序不可逆；

——产品一旦装配到更高一级的组件上，可能由于失效而损坏高一级组件时；

——过去的故障或失效记录表明必须进行检查时；

——可能对最终产品的质量和性能等构成潜在的危害时；

——分承制方无法进行的试验或关键性能的检验，分承制方承担复杂设备或分系统的制造、装配或总装，或分承制方过去的工程成绩或质量历史记录不令人满意；

——验证试验是破坏的，且产品质量不完全由供方进行的检验或试验得到验证；

——项目进行最终检验时。

2.3.6 双想与防错技术

2.3.6.1 双想

（1）基本概念

双想是前期工作回想和后期工作预想的总称。"回想"是围绕任务目标，从设计质量、产品质量、操作质量等方面，对已完成的工作是否满足要求、是否存在薄弱环节和需要进一步确认环节等进行分析和重新审视的过程。"预想"是围绕任务流程，从后续操作的要求、步骤、设备、环境、人员等方面，对即将开展工作中可能出现的问题和隐患及故障处理预案等进行预先分析的过程。对回想发现的问题和隐患要及时排除，对预想提出的问题和隐患，要及时制定预防措施和解决办法。

（2）适用范围

适用于航天装备飞行试验或其他大型试验的全过程，做到"火箭不点火、双想不停止"。对于任务后的撤收工作要一并纳入双想工作范畴。

（3）主要内容

岗位人员或工作班组的"双想"工作可参考以下内容确定每个阶段的重点：

——对当日（或前一阶段）的状态检查、操作、测试等各环节进行回想，反思是否存在疑点、不放心环节；对次日（或后一阶段）的工作项目从状态准备、过程关注点、故障模式、故障影响等多方面进行预想；

——加强产品转运、加注、转场、发射等环节中"难操作、易出错"项目和安全风险等级较高操作项目的"双想"；

——出厂前遗留工作项目和出厂前不覆盖测试项目在发射场的检查测试是否充分？

——负责产品技术状态是否清晰，产品状态最终确认环节是否明确，产品过程记录是否能充分、真实反映产品最终状态？产品技术状态变化项目是否清晰，是否已全部落实？

——负责产品在飞行过程中经历的环境和执行的动作是否明确？是否还存在地面没有充分验证的地方？

——负责产品与其他产品的接口是否清晰，接口参数是否明确，是否还有不协调的地方？

——负责产品曾出现的质量问题的归零措施是否有效落实？其他型号相同或类似产品出现质量问题是否需要在本产品上进行举一反三，举一反三的措施是否得到落实？

——负责产品是否为技术风险高、中项目？风险控制措施是否清楚，是否已得到落实？是否存在涉及Ⅰ、Ⅱ类单点故障模式，产品三类关键特性及控制措施是否明确、量化，控制措施是否落实？

——负责产品在发射场的操作项目、流程是否清楚？操作文件是否齐全？人员是否落实？保证措施是否到位？结果确认是否到位？

——工作要点和测试注意事项是否在工作前进行了讨论、交流并达成一致意见？

——按发射场工作流程和飞行任务剖面，是否还存在工作漏项？

——制定的相关预案考虑是否全面充分，流程、职责是否明确，是否与相关方进行了充分协调？预案是否具有可操作性，演练是否充分？预案提出的相关保证措施是否已得到落实？

——是否还存在其他不放心的问题、对其他岗位不放心的问题或部位？

2.3.6.2　防错技术

（1）基本概念

防错装置是指满足特定用途的简单装置，用于在质量控制过程中，检测操作的异常并立即采取纠正措施，消除加工差错所造成的产品缺陷，它是防错技术的物化形式。

防错技术是利用防错装置，防止人、材料和机器产生产品（或零件）缺陷，实现零缺陷的一种质量工程技术。防错技术强调对过程和产品进行设计，使得差错不会发生或至少及早地发现并纠正，使工作地点和日常工作程序（甚至产品本身）从设计上就能防止差错，建立一个零缺陷的工作环境，从而避免在生产、装配、测试和使用等过程中发生由疏忽造成的人为差错。

（2）适用范围

防错技术适用于航天装备的生产、试验、维护和使用等过程的各环节，主要用于以下方面：

——依靠人员注意力、技能或经验的过程；

——转移到下一工序的交接环节；

——过程早期一个微小的错误导致后期一个重大问题；

——过失的后果代价很大或很危险。

（3）主要内容

防错设备的基本种类有限位开关、计数器、导向销和报警器等。

防错方法通常分为检验、功能设定和功能调整3种类型。检验包括在过程发生前检查条件是否合适的来源检验，员工刚做完后进行的自我检验和工序中下一员工所做的连续检验。功能设定包括使用传感器检验产品特性或环境参数超标的接触设定和使用节点确认检验过程未按规定路径实施的节点设定。功能调整包括当员工发生操作错误时发出告警信号的警示调节和通过联动装置阻止操作继续进行的联锁调节。

防错技术应用应注意的事项：一是在审视可能犯错的过程中应寻找交接环节、原料和信息的传递过程或数据登记项；二是寻找那些身份匹配具有关键性或者条件必须恰到好处的环节；三是使错误发生和反馈的时间间隔最小化。

防错技术的实施步骤：

M1，获得或制作过程流程图，审视每个步骤，考虑人为过失可能发生的地点和时间。

M2，对每个可能的过失，通过流程寻找过失的源头。

M3，对每个过失考虑使之免于发生的可能途径，即消除（消除引起过失的步骤）、替代（用防错步骤替换原步骤）、简易（使正确的行为比错误的更容易产生）。

M4，如果不能使过失免于发生，考虑检测出错误或减少影响的方法，考虑检查方法、功能设定和功能调节。

M5，对每个过失选择最好的防错方法或设备，检验，然后实施。

2.3.7　质量问题归零

质量问题归零是指对出现的质量问题从技术、管理上运用适当方法，分析问题产生的原因、机理，并采取纠正和预防措施解决已发生的质量问题，同时开展举一反三，避免问题重复发生的闭环管理活动。适用于航天装备从初样阶段开始的各阶段、各过程。

2.3.7.1　技术归零

技术归零五条标准：定位准确、机理清楚、问题复现、措施有效、举一反三。

（1）问题控制与报告

质量问题发生后，应立即采取措施防止问题扩散。在不影响产品、设备和人员安全的情况下，岗位人员应保护好现场，并做好记录，填写《质量问题报告单》，或口头方式（情况特别紧急时）按要求逐级上报质量问题信息。

报告内容一般包括：问题发生时间、地点等；发生质量问题的产品所处的工作状态、环境条件；产品质量变化过程和现象的详细描述。

（2）故障定位和机理分析

项目负责人应立即组织技术人员确认质量问题的现象和部位，进行初步的问题定位，并确定技术归零的责任单位（部门）。

质量问题定位后，要通过试验和理论分析等手段，弄清问题发生的基本过程，搞清故障模式，从而确定质量问题发生的根本原因。只有彻底查清问题的原因机理，才能解释问题发生的过程，提出针对性的纠正措施。

针对某一特定的质量问题，特别是重大的质量事故应成立问题分析小组，其成员包括：参与产品设计、生产、试验和使用等有关的单位和部门代表、专业失效分析机构和质量可靠性部门的代表。其任务是负责问题调查、分析工作，做出分析结论。

（3）问题复现试验

复现试验是确认定位和机理分析的正确性，只有通过复现确认机理已经分析清楚，方能进入下一步，制定具体的措施进行问题的纠正和预防。复现试验不能复现发生的故障，则认为故障未能准确定位，机理可能不清楚，需要重新进行故障定位和机理分析。

对显而易见的失误造成的产品损伤等问题无须进行复现试验。除大型破坏性试验可以用理论分析和数字模拟外，一般均要求进行实物仿真试验，以保证以前各个环节的正确性。

（4）制定并落实纠正措施

根据质量问题的原因采取相应的改进措施。应通过必要的试验验证确认改进措施的有效性，并将措施固化到相应的设计文件或工艺文件中。措施通常分为应急处理和防止再发生两类。

应急处理即更换有质量问题的零部件，把系统恢复到正常状态。防止再发生是采取纠正和预防措施，改进产品的设计、工艺、试验程序，消除产生质量问题的根本原因，从而提高产品质量。

（5）开展举一反三、编写归零报告

上级质量管理部门根据问题的性质和影响范围，明确举一反三要求。一方面是在本型号装备范围内开展举一反三，检查相同产品范围内，特别是本批次产品范围内是否存在类似的质量隐患；另一方面是对本单位和其他单位同原理设计生产的其他产品进行检查改进，防止同类问题在其他产品上再次发生。

编写归零报告，通过归零报告提炼的研制警示，为今后产品研制工作提供有益借鉴，为后续研制人员提供学习材料。归零报告的主要内容包括问题描述、问题定位、机理分析、问题复现、采取措施及验证、举一反三情况和结论。

（6）归零评审与归档

归零评审重点评审以下内容：

——故障定位和机理分析是否正确有效；

——纠正措施是否落实，纠正措施的效果必须经过充分验证，并将纠正措施落实到设计、工艺文件和产品实物上。

归零评审完成后，应及时将归零报告、故障信息等归档，更新质量问题归零信息库。

2.3.7.2　管理归零

管理归零五条标准：过程清楚、责任明确、措施落实、严肃处理、完善规章。

（1）查明问题发生过程和责任

管理原因导致的质量问题，由责任单位组织管理归零，查明质量问题发生过程，分析确认相关的过程管理和结果控制文件规定、执行方面的原因，确认管理上的薄弱环节和漏洞。

（2）制定改进措施，完善规章制度

针对管理上的薄弱环节和漏洞采取纠正措施。归零措施应通过完善质量管理体系文件、规章制度、标准等形式固化。凡属于规章制度不健全的问题，须明确完成规章制度修订时间和具体内容要求。措施中每一项工作应明确责任部门和责任人，对于中长期措施应有明确的计划和节点。

（3）问题处理

依据过程管理和结果控制文件规定、执行和记录情况，确定相关组织和相关人员应承担责任的主次和大小等。对重复性和人为责任质量问题的责任单位和责任人，以及弄虚作假、隐瞒不报的有关责任人，应按照责任和影响大小，给予相应的处分或处罚。

（4）编写归零报告

归零报告应经过批准，主要内容包括：过程概述，原因分析，采取措施和落实情况，处理情况，完善规章，归零结论，管理归零的证明清单等。

（5）管理归零评审

质量问题管理归零完成后应进行评审，双归零的质量问题其管理归零评审可与技术归零评审结合进行。评审的内容主要包括：问题发生过程是否清楚；主要原因和问题性质是否明确；主要责任单位和责任人是否清楚，是否按规定对责任单位和责任人进行处罚；属无章可循或规章制度不健全的是否完善。

参 考 文 献

［1］ 中国航天科技集团公司 . 航天质量管理基础［M］. 北京：中国宇航出版社，2017.

［2］ 中国航天科技集团公司 . 通用质量特性［M］. 北京：中国宇航出版社，2017.

［3］ 中国航天科技集团公司 . 产品保证［M］. 北京：中国宇航出版社，2017.

［4］ 中国航天科技集团公司 . 航天质量管理方法与工具［M］. 北京：中国宇航出版社，2017.

［5］ 余后满 . 航天器产品保证［M］. 北京：北京理工大学出版社，2018.

［6］ 张洪太，余后满 . 航天器项目管理［M］. 北京：北京理工大学出版社，2018.

［7］ 徐建强 . 火箭卫星产品试验［M］. 北京：中国宇航出版社，2012.

［8］ 宋征宇 . 运载火箭地面测试与发射控制技术［M］. 北京：国防工业出版社，2016.

［9］ 《中国航天事业发展哲学的思想》编委会 . 中国航天事业发展哲学的思想（第二版）［M］. 北京：北京大学出版社，2016.

［10］ 《中国航天文化的发展与创新》编委会 . 中国航天文化的发展与创新［M］. 北京：北京大学出版社，2016.

第 3 章
航天器类装备质量工程技术

　　航天器属一次性使用且非批量建造的复杂系统，需要使用特殊的质量保证技术。本章阐述了航天器类装备的质量特性，论述了航天器类装备的方案与立项、样机研制、飞行产品研制、定型鉴定和在役考核等工程阶段中的质量工程技术。

3.1 质量特性

几乎所有的航天器在运载器点火发射后都不具有可修复性，即便是可返回的航天器，也几乎都是一次性的；航天器在轨运行期间，也几乎没有任何维护保养措施，因此，航天器类装备的质量保证重点在工程建造阶段。同时，同类或同型号的航天器数量非常有限，给基于经典数理统计理论的概率可靠度指标体系的工程应用带来了极大困难，对整星实施标准化设计和管理也难以实现。为此，质量保证需要针对航天器类装备的具体特点使用特定的质量工程技术。

3.1.1 任务特点

航天器按是否载人分为载人航天器和无人航天器；按应用领域分为遥感、通信、导航、科学试验、深空探测和载人等。

在任务要求方面，航天器多数服务于重大工程任务和特殊的国家任务，其功能衰减或失效可能产生重大损失；在运行环境方面，由于航天器系统运行在不同于地面和大气环境的特殊空间环境中，环境因素的综合作用对航天器功能性能的影响难以在地面准确模拟和验证；在工作模式方面，由于航天器在轨工作基本是采用系统自主管理、能源自主供给的方式运行，后期的维护维修手段非常有限；在建造规模方面，由于同类同型航天器的数量很少，产品高性能、高可靠等任务要求与工程建造小子样异总体等特点形成鲜明的对比。上述特点使航天器系统建造呈现出典型的探索性、先进性、复杂性和高风险性。

1）探索性。从任务要求、运行环境到工作模式、建造规模，航天器系统与一般工程系统的显著区别首先在于工程的探索性。为满足特定要求，航天器系统在建造过程中，不仅需要解决工程建造过程中的实际操作问题，同时还需要创新性研究和探索活动，以解决相当数量的基础科学和工程技术问题。科学、技术与工程问题的耦合，大幅增强了研制工作的探索性。

2）先进性。作为最新科技成果集大成的产物，以空间站、载人飞船、月球及火星探测器为代表的航天器类装备成为当前技术先进性非常突出的大型复杂工程系统，其建造和运行过程必须广泛应用各类新技术、新方法、新材料、新工艺等，并基于工程整体目标，对这些高新技术要素进行综合优化和集成创新。

3）复杂性。航天器类装备涵盖了众多基础学科，在研制中应用了大量工程技术和方法；同时，为保证航天器在特殊环境中自主运行并完成规定任务，实现高性能、高可靠的要求，需要建立并运行有效的多学科、跨专业的协同研制模式。这些因素大幅增加了航天器类装备建造的复杂程度。

4）高风险性。航天器建造的严苛要求、独特的自主运行模式、高度的技术特性关联耦合关系，以及巨大的资金投入和广泛的工程协作等因素，决定了某个局部的细微问题或异常，均可能导致系统整体的功能衰退甚至系统失效，进而产生严重的或巨大的影响。

3.1.2　核心指标

　　航天器关键质量特性通常会转化成核心技术指标，以便于生成和鉴定。核心技术指标的确定一般应在方案确定之后，设计和研制开始之前，并随着研制和鉴定工作的深入，逐步细化和完善。核心技术指标的确定过程一般是：汇总来源不同的任务要求，收集主要和不同用户需求，与国外对标并结合专业发展趋势，由主要相关方一起确定，尤其是核心技术指标须满足任务和/或用户要求。

　　航天器由不同功能的若干分系统组成，以无人航天器中的人造地球卫星为例，通常包括有效载荷和平台两大部分。有效载荷是航天器上直接完成特定任务的仪器、设备或系统，不同用途的航天器装载着不同功能的有效载荷，如侦察卫星装载的有效载荷有可见光和/或红外相机、合成孔径雷达、微波装置等。平台是支持有效载荷工作的组合体，为有效载荷的正常工作提供支持、控制、指令和保障服务，一般包括结构与机构分系统、热控分系统、数据管理分系统、测控分系统、姿态与轨道控制分系统、推进分系统、供配电分系统等。由此，航天器装备的核心技术指标可分成总体参数、轨道参数、姿态控制参数、测控和数传参数、功能参数和使用参数等。

　　（1）总体参数类型

　　主要总体参数类型示意见表 3-1。

表 3-1　总体参数类型示意

参数		数值	参数	数值
尺寸	发射状态包络尺寸	$--$mm×$--$mm×$--$mm	入轨质量	≤$--$kg
	对接环尺寸	φ$--$mm×$--$mm	长期功耗	<$--$W
卫星寿命		≥$--$年	可靠性	≥$--$

　　（2）轨道参数类型

　　主要轨道参数类型示意见表 3-2。

表 3-2　轨道参数类型示意

参数	数值	参数	数值
轨道类型	$--$轨道	轨道高度或半长轴	$--$km
轨道倾角（地固系）	$--$°	降交点地方时	降交点地方时：$--$:$--$；寿命末期降交点地方时漂移±X min
交点周期	$--$s	每天运行的圈数	$--$
回归周期	$--$天	回归周期内相邻轨迹间隔（赤道）	$--$km

　　（3）姿态控制参数

　　主要姿态参数类型示意见表 3-3。

表 3 - 3　姿态参数类型示意

参数	数值	参数	数值
三轴姿态确定精度	≤－－°(3σ)	三轴姿态指向精度	≤－－°(3σ)
姿态稳定度	≤－－°/s(3σ)	惯性空间姿态测量精度	≤－－°(三轴,3σ)
侧摆能力(滚动)	±－－°	机动并稳定时间	≤－－s
具有应急侧摆(滚动)	±－－°的能力		

(4) 测控和数传参数类型

主要测控和数传参数类型示意见表 3 - 4。

表 3 - 4　测控和数传参数类型示意

参数		数值	参数	数值
测控	测控体制	－－＋－－辅助定轨	遥控码速率	－－bps
	遥控 G/T	≥－－dB/K	遥测码速率	－－bps
	遥测 EIRP	≥－－dBm	定位精度	－－m(三轴,－σ)
数传与存储	数据压缩	全色≤－:－;多光谱≤－:－;或无损压缩;可选	EIRP	≥－－dBW
	下行码速率	－－Mbps	存储容量	≥－－Tbit
	每天数据传输	≥－－min		

(5) 功能参数类型

此项内容因航天器承担任务及其功能的不同而不同,表 3 - 5 是某高分辨率对地观测卫星的功能参数类型示意。

表 3 - 5　功能参数类型示意

参数	数值
星下点地面像元分辨率	全色:≤－－m(@－－km);多光谱:≤－－m(@－－km)
幅宽	≥－－km
光谱范围	全色:－－μm～－－μm,带宽及允差－－±－－nm 多光谱(μm):－－μm～－－μm,带宽及允差－－±－－nm
静态 MTF	≥.－－(全视场平均)
信噪比	全色:太阳高度角－－°、地面反射率－－条件下,≥－－dB 多光谱:太阳高度角－－°、地面反射率－－条件下,≥－－dB
量化位数	－－bit
噪声等效反射率差	<－－%(太阳高度角－－°,地面反射率－－)
焦面全线阵探测器拼接精度	共面精度(Z):±－－mm;搭接精度(Y):±－－mm;共线精度(X):±－－mm
实验室辐射定标不确定度	绝对定标:－－%;相对定标:－－%
图像输出灰度范围	太阳高度角－－°,地面反射率－－,图像输出灰度≥－－DN 值
积分级数、增益调整功能	在轨可调

续表

参数	数值
每天最多可成像	――次
每天最多累计成像	―――min

（6）使用参数

此项内容因航天器承担任务及其功能的不同而不同，以下是某提供遥感数据服务卫星的使用参数示意：

——按照指令进行星下点、侧摆成像；

——具有实时指令和延时指令控制工作方式；

——具有一定的轨道保持能力，满足卫星不侧摆或小侧摆情况下对地面目标的覆盖，寿命末期可主动离轨；

——具有压缩数传能力，最大压缩比不低于――：――；

——具有分组成像能力，可对单组或多组成像单元进行独立成像，满足应急成像任务的快速获取需求；

——具有实时数传能力，提升卫星应用效能；

——具有任务关联能力，可实现不同任务的组合，包括：数传＋成像，成像＋数传，数传＋数传，成像＋成像等模式；

——具有分通道下传图像数据的能力，保证对应下传辅助数据的正确性；

——具有星敏感器安装矩阵在轨自主标校功能；

——具有灵活的文件擦除和任务取消能力，支持一次多文件的擦除，能够灵活地取消已上注的任务。

3.2　方案与立项

本阶段的输入是用户需求，输出是产品开发设计方案和产品规范等。

3.2.1　工作流程

该阶段的工作流程如图 3－1 所示，主要工作有：

——详细分析用户需求，重点是航天装备的用途需求；

——设计航天器开发方案，编写产品规范；

——制定航天器开发计划。

3.2.2　质量控制要点

此阶段的质量控制要点包括：

——任务和/或用户使用要求是否得到充分识别；

——技术方案满足任务和/或用户使用要求和相关技术指标的程度；

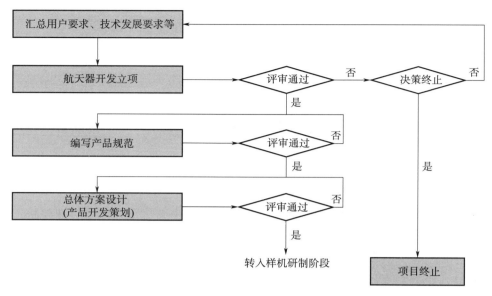

图 3-1　航天器立项工作流程

——整体方案的系统可行性；

——成熟技术集成程度；

——新技术实现可能性；

——可靠性、安全性、维修性、保障性、测试性和环境适应性等通用质量特性的考虑；

——项目风险识别与评价；

——工艺可行性；

——元器件可获得性；

——产品可生产性；

——特殊要求和特殊技术实施的可行性评价；

——必要的专题评审；

——其他针对该装备所必需的评审活动。

3.2.3　质量保证活动

此阶段的主要质量保证活动包括：

——对航天器全寿命周期的质量风险进行分析；

——对质量保证工作进行策划：提出质量保证工作要求，制定质量保证工作计划；

——对项目团队内部需开展的质量保证工作进行策划并实施：建立项目内部的程序文件，明确项目内部人员质量职责，制定需要开展的针对性培训计划（包括项目、内容、时机等）；

——策划和建设专项试验设施设备；

——组织研制特殊工艺工装和工具；

——编制配套的计量与校准规范；

——做好新材料、新器件的研制鉴定；

——做好专用特殊材料的采购准备工作；

——研究制定配套的质量检测程序和方法。

3.3　样机研制

航天器样机研制包括原理样机研制和工程样机研制，也可将二者结合进行。对于技术比较成熟的航天器研发，也可直接跳过该阶段的工作，立项与方案通过评审后，直接进入飞行产品研制阶段。

3.3.1　原理样机研制

本阶段的主要工作是根据产品规范的要求、单位资源和技术储备，梳理产品技术树，确定关键技术，完成原理样机的研制。

（1）工作流程

该阶段侧重于技术开发，主要是为掌握某项关键技术而专门开发可对工作原理进行验证的样机。工作重点是进行任务分析，制定实现方案，开展原理机设计、调试、试验等。工作流程如图 3-2 所示。

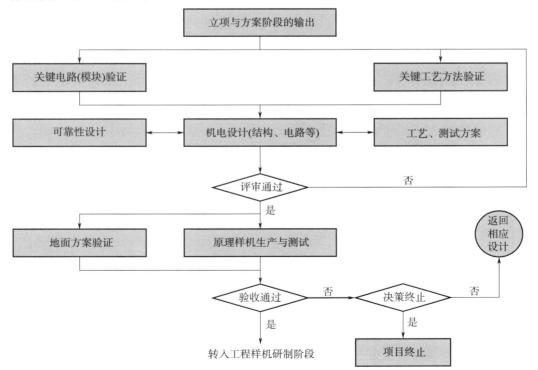

图 3-2　原理样机阶段工作流程

（2）原理样机的评价要素与完成标准

主要包括：

——产品组成与设计方案一致；设计的主要内容包括产品组成和指标分解、尺寸、质量、功能、外观、结构及机械接口、电气及其接口、热及其接口、产品外部接口、工艺设计、软件设计等；

——通过原理性能测试，性能指标满足产品规范要求；

——通过功能测试，功能指标满足产品规范要求；

——对其质量、功耗、体积等可适当放宽要求；

——机械、电性能等接口满足产品规范要求；

——地面考核试验一般不作要求；

——元器件、原材料设计与选用一般不作具体要求，可采用商用产品；需要时，选用的原材料、元器件等要考虑空间环境下可替代性和可实现性；

——可靠性一般不作要求。

（3）质量控制要点

此阶段质量控制的要点包括：

——进行多个方案比较并确定最终方案，方案设计正确、合理、可行；

——技术方案满足技术指标（包括可靠性、维修性、安全性、电磁兼容性等）要求的程度及其依据的分析、计算以及试验（或演示）等工作；

——可靠性预计的合理性；

——技术状态基线确定情况，成熟的模块和技术是否得到充分应用，新研产品与产品型谱的符合情况；

——拟采用的新技术、新工艺、新设备的必要性、可行性；

——所进行的关键技术分析论证充分，关键技术和攻关项目的解决途径合理、可行；

——测试试验方案的合理性、可行性；

——进行风险识别和分析，提出的预防措施可以将风险控制在可接受范围内。

此阶段质量控制的主要活动是设计评审和原理样机验收。针对原理样机研制阶段的质量控制，甲方可以通过以下活动确认上述 8 条质量控制要点得到落实：跟踪原理样机测试与验证过程；参加设计评审和原理样机验收。

（4）原理样机测试与验证

原理样机测试与验证主要包括性能测试和功能测试。原理样机要根据设计方案和技术指标要求制定测试和验证方案，测试项目要具有覆盖性，对原理样机的原理性能、功能实现等进行指标测量、功能测试，必要时，通过参与系统的联试，验证原理的可行性和研制的可实现性。

3.3.2　工程样机研制

本阶段是在原理样机产品的基础上，按飞行条件进行地面考核，使功能性能满足产品规范的要求。

（1）工作流程

这一阶段是设计的关键阶段，是航天器产品真正实现阶段，设计工作要完整地考虑产品的功能、性能、质量、加工、装配、检验、测试及维修等全部要素，最大限度地保证产品质量，缩短研制周期。

工程样机的研制过程是一个模块化、组合化的研制过程，工程样机产品完成的标志是关键技术完全解决，通过鉴定级地面环境模拟试验。本阶段的重点工作是组合化（模块化）设计、全面可靠性设计与验证。该阶段工作流程如图 3-3 所示。

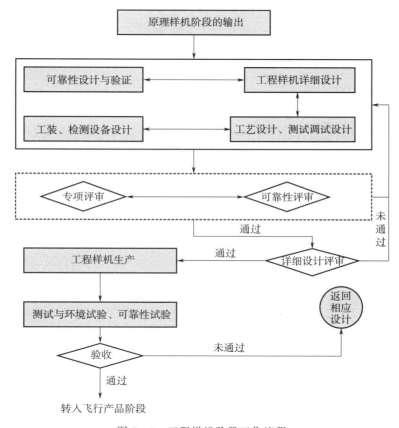

图 3-3　工程样机阶段工作流程

在研发流程设计时，应把需要考虑的因素增加进去，以确保：

——设计师在设计阶段完成全部设计内容；

——充分考虑产品生命周期内的需求；

——完成详细工艺设计、测试细则编写；

——完成工装设备包括测试设备的设计与制造。

（2）评价要素与完成标准

评价要素主要包括：

——产品组成和指标分解；

——外观、尺寸、质量；

——功能；

——结构及机械接口、电气及其接口、热及其接口、产品外部接口；

——工艺设计；

——软件设计；

——其他所需的设计。

完成标准主要包括：

——通过性能测试，性能指标满足产品规范要求；

——通过功能测试，功能指标满足产品规范要求；

——质量、功耗、体积等满足产品规范要求；

——机械、电、热等性能接口满足产品规范要求；

——地面考核试验，根据需要，通过规定的力学、热真空、热平衡、电性能测试等地面环境模拟的鉴定级试验；

——元器件、原材料设计与选用：一般要求选择不低于军品级产品，选用的原材料、元器件要求通过相应的环境试验考核；

——可靠性：产品通过相关的可靠性、寿命分析与试验考核验收，满足产品规范要求。

（3）质量控制要点

此阶段质量控制的要点包括：

——产品组成合理、原理正确；

——设计中考虑了以往同类产品暴露的技术问题，并采取了有效的纠正和预防措施；

——采用的设计准则、规范和标准正确、完整。

——产品的功能和性能指标满足产品规范要求；

——分析、计算依据的输入完整有效，建立的模型合理；

——计算方法和计算结果正确，分析全面；

——产品的技术接口关系、产品内部模块之间的接口关系明确、协调；

——进行了可靠性、安全性设计与分析；

——可靠性模型和可靠性预计正确，预计结果满足任务书要求；

——可靠性设计验证充分，仿真及设计的试验矩阵合理；

——单点失效点和关键件识别充分，控制措施合理、可行；

——确定的测试项目全面，测试时机和条件合理、可行；

——不可测项目分类正确，过程控制措施明确、合理可行；

——选用的工艺合理可行，新工艺制定了详细的工艺检定计划；

——所选元器件、原材料的品种和供货方情况、质量和可靠性情况、采购风险等满足项目要求；

——所选目录外元器件/原材料履行了审批手续；

——产品数据包完整、正确。

此阶段质量控制活动主要有：详细设计评审、可靠性验证、地面环境模拟试验和工程样机验收。针对工程样机研制阶段的质量控制，用户可通过以下活动确认上述 17 条质量控制要点是否得到落实：跟踪可靠性验证和地面环境模拟试验；参加详细设计评审和工程样机验收。

3.3.3　可靠性设计与验证

可靠性设计与验证是保证航天器研制质量最重要的环节之一。根据在轨和在研的航天器产品发生故障的统计分析，超过 60% 的故障涉及电子产品的固有可靠性。

可靠性设计主要包括以下内容：

——电磁兼容设计（印制板、机壳、电缆、屏蔽、滤波等）；

——结构设计；

——热设计；

——元器件降额分析；

——容差设计和最坏情况分析；

——抗辐射设计，对个别裕度不够或不满足要求的元器件开展详细分析，并采取必要的措施；

——详细的完善产品故障模式与影响分析；

——可靠性预计（使用应力法）。

可靠性验证是质量控制最重要的内容之一，工程样机可靠性验证是根据不同的验证对象，选取下述一种或几种方法进行验证。

1）检查验证。通过目视检查或简单的测量，对照工程图、流程图或清单来确定产品是否符合规定要求的方法。通常用来验证产品的物理设计特性或辨识特定制造者。

2）演示验证。采用"通过"或"不通过"的准则来验证产品是否以所期望的方式运行。它是一种试验性的验证方法，用来确定产品使用是否达到所规定的要求，但因缺乏详细数据的收集而有别于试验。演示可能涉及物理样机或模型的使用。

3）分析验证。基于计算数据或系统结构低层次目标产品验证所得数据，应用数学模型、分析技术、数据比对等预测评估产品是否满足要求。在没有产品原型、工程模型或制作/组装/集成的产品时，通常使用分析方法。分析通常将建模与仿真分开作为分析工具。模型是现实的数据描述，而仿真是对模型进行的运行操作。

4）试验验证。用仪器设备测量具体参数的验证方法，通过对试验数据的分析确定所测定的结果是否满足规定的要求。这类试验又可细分为实验室（或地面）试验、飞行试验和模拟试验 3 种验证方法。试验在受控条件下在离散时刻点上针对特定需求产生数据，并且是资源最密集的验证方式。

3.3.4 地面环境模拟试验

工程样机产品功能和性能检验与验证的最主要方式是地面环境模拟试验。在地面对产品未来应用所遇到的各种空间环境进行模拟，让产品在模拟的空间环境下工作，对其功能、性能等进行测试，以判断该产品对空间环境的适应性和功能性能的满足度。

典型的空间环境模拟试验包括力学实验、空间热环境试验、电磁兼容性试验、空间抗辐照试验等。工程样机的试验矩阵一般根据产品特性的不同，选取对其功能和性能会产生影响的试验内容进行，试验的量级也需根据样机的研制状态进行选定，一般有摸底试验、鉴定级试验等。即将进入工程应用的样机必须进行鉴定级试验，必要时开展可靠性、寿命验证等。部件级鉴定试验矩阵见表3-6。

3.3.5 产品数据包

工程样机产品数据包是对工程样机研制过程和实现结果的客观记录，也是验收和评价工程样机符合性的重要依据。

工程样机产品数据包主要包括：

（1）设计类

——产品规范；

——产品设计全套图样；

——产品设计报告；

——测试覆盖性分析；

——测试细则（装配技术要求）；

——特性分析报告；

——关键件清单、重要件清单；

——试验大纲；

——产品试验/测试报告；

——使用说明书；

——电子元器件配套表及原材料清单；

——目录外元器件清单；

——其他需要形成的成文信息。

（2）过程类

——各类评审证明书，包括设计、工艺、产品规范和可靠性、安全性等通用质量特性的各种评审证明。

——其他需要保留的证明过程实施满足要求的成文信息。

（3）工艺类文件

——工艺总方案；

——工艺流程图；

表 3 - 6　部件级鉴定试验矩阵

试验类型	建议试验顺序	电工电子组件	天线	机械活动组件	太阳电池阵	蓄电池	阀门或推进组件	压力容器或部件	推力器	热学组件	光学组件	结构组件
检查4)	1	R1)	R	R	R	R	R	R	R	R	R	R
功能4)	2	R	R	R	R	R	R	R	R	R	R	R
检漏5)	3,6,12	ER2)	—3)	R	—	R	R	R	R	R	—	R
冲击	4	R	ER7)	ER7)	ER7)	ER7)	ER7)	ER	ER7)	ER7)	ER7)	ER10)
振动	5	R	R8)	R	R8)	R	R	R	R	R	R8)	R
声	5	ER	R8)	—	R8)	—	—	—	—	—	R8)	R
加速度	7	ER	ER	ER	ER	ER	—	ER	ER	—	ER	R
热循环	8	ER	ER	ER	ER	ER	ER	ER	ER	ER	ER	ER
热真空	9	R	R	R	R	R	R	R	R	R	R	—
气候	10	ER	ER	ER	ER	ER	ER	ER	ER	ER	ER	ER
检验压力6)	11	ER	R	R	ER	R	R	ER	R	ER	ER	—
电磁兼容	13	R	R	ER	ER	R	ER	ER	ER	ER	ER	—
磁	14	ER	—	R	ER	—	—	—	—	R	—	—
寿命	15	ER	ER	R	R	R	R	ER9)	R	ER	ER	ER11)
爆破压力6)	16	ER	—	—	—	R	ER	R	ER	ER	—	—

注:1)"R"表示"要求"的试验,是要求必做的试验,因为试验是有效的而且做的概率很高。

2)"ER"表示"经评价要求的"试验,是根据产品的具体研制情况来选择做的试验,因为试验一般不是很有效,而且做的概率较低。如果经过评估证明一项"经评价要求的"试验是有效的,"经评价要求的"试验就成为"要求的"试验。

3)"—"表示"不要求"的试验,是不需要做的试验,因为试验是不起作用的。因此,做的概率极低。

4)如可行,每次试验前后都要进行,包括需要的特殊试验。

5)对密封或承压组件要求做。

6)组件是承压的,要求做。

7)当组件最大期望冲击响应谱以 g 值表示超过 0.8 倍的频率值(Hz),要求做。

8)声或振动要求做一项,另一项任选。

9)对压力部件,除波纹管和其他柔性流体装置或管路,寿命试验是选的。

10)对冲压结构,要求做静力循环试验。

11)如结构件有低的疲劳余量,或不做静强度鉴定试验,寿命试验是选的。

——工艺文件目录；

——测试细则；

——工艺文件，包括零件加工工艺、部件组装工艺、试验工艺、整机装配工艺、非标设备设计文件及工装文件、特种工艺文件、关键工序目录/工艺规程/控制卡等；

——工装设计文件及其制造规模；

——工艺明细表；

——材料消耗工艺定额明细表；

——外协件明细表；

——元器件及材料汇总表；

——工艺清单；

——其他需要形成的成文信息。

（4）管理类、产品保证类

——产品技术流程；

——产品计划流程；

——产品保证大纲；

——产品外协保证要求；

——外购件质量证明；

——元器件、原材料采购规范要求；

——外协、外购件合格供方清单；

——验收细则；

——生产过程质量跟踪文件数据包，含机械加工质量跟踪卡、调试质量跟踪卡、喷涂质量跟踪卡、产品出所检验记录、关键工序控制卡等；

——评审证明书，含设计、工艺、试验、产品质量、质量问题归零、技术状态更改等；

——其他需要证明满足要求的成文信息。

3.4　飞行产品研制

本阶段是在工程样机研制的基础上，固化设计技术状态、工艺文件等，并按固化的技术要求和状态进行生产加工，完成系统测试和地面试验验证。质量保证的重点是技术状态固化、产品的检查测试与验收、研制过程质量问题归零。

3.4.1　研制过程控制

这一阶段的工作流程如图 3-4 所示。质量工程技术工作主要是技术状态固化、技术状态控制、产品生产控制、系统测试覆盖性和地面环境试验验证。

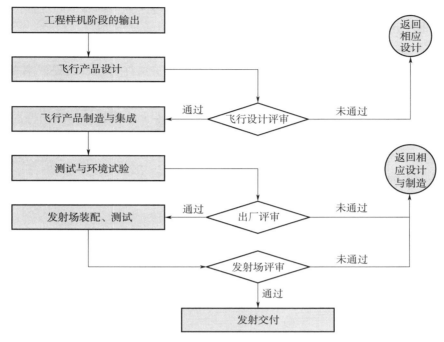

图 3 - 4　飞行产品阶段工作流程

（1）技术状态固化

在工程样机技术状态基础上，根据实际飞行应用条件，调整、补充、完善产品研制要求、产品规范，细化包括功能性能指标、接口、可靠性、安全性、电磁兼容性、产品功能特性验证测试和试验等在内的要求，确定飞行产品研制基线。

固化的飞行产品技术状态要在后续的生产、测试和试验过程中严格控制。同时，根据实际应用、测试和试验验证，完善产品工艺设计，形成全面配套、满足设计要求的工艺文件，为后续的加工生产与控制提供依据。

用户应参加航天器飞行设计评审，通过评审后，航天器飞行设计技术状态即固化。固化后的飞行设计技术状态应报工程主管部门备案，其后的任何更改均须报工程主管部门批准。

（2）技术状态控制

飞行产品的研制是以研制基线为基准，技术状态控制要保证产品的加工生产按照设计和产品规范进行，产品生产全过程的技术状态要基本保持不变，并保证在生产、装配、集成和测试的各阶段，其技术状态得到连续的文件控制。

必要的技术状态更改要遵循"论证充分、各方认可、试验验证、审批完备、落实到位"的控制原则，所有更改都要经过充分论证和评审，都要按照技术状态更改控制的规定进行申请和批准。

所有技术状态的偏离或超差都要经过产品技术状态控制委员会的审查和批准。

技术状态更改必须进行影响域分析、影响结果评审确认和用户方认可，并保留更改不影响产品功能性能达成预期目的的证据和有权批准更改的委员会或人员的批准记录。

（3）产品生产控制

飞行产品研制是基于工程样机研制过程、结果并经过改进和完善而进行的。飞行产品的生产过程严格按照工艺流程进行，确保工作状态受控、文件受控、过程记录真实反映生产状态，产品质量满足要求。主要控制内容包括：

——工艺选用控制，新工艺、关键工艺控制。新工艺、关键工艺的选用应经过评审。

——关键项目、不可测项目、关键件、重要件、关键工序工艺评审及实施过程控制。上述相关的生产过程在开工前必须对人员、设备、原材料、工作环境、工艺方法、测试方法和设备等进行确认，生产过程中对上述要素进行持续监测。

——强制检验点、关键检验点控制。必须确保手续完备、检验记录完备并保持可追溯性；用户应适时组织审查强制检验点、关键检验点控制情况。

——不合格品（项）控制。必须建立不合格品控制委员会，属关重件的不合格品原则上不得让步接收；任何不合格品的让步接收都必须报告用户，并经用户代表确认同意。

——外协产品关键过程质量控制。需要对关键过程生产能力进行评审确认，涉及特殊过程的，应对过程进行确认。

——产品调试、测试和试验过程控制。

（4）系统测试覆盖性

产品系统测试是检验产品与产品规范和技术要求的符合度、找出缺陷、指导改进的基本手段。产品测试覆盖性要求飞行产品的测试系统全面、准确，要确保所有可测试项目均进行了充分有效的测试，不可测项目在研制过程中质量控制措施落实到位。对于不可测项目应有旁证检查手段确认其能满足要求，不可测的关重件必须有充分的证据证明其处于良好状态，且各项指标满足要求。

产品的测试时机包括生产、装配、调试以及试验过程中的测试，测试内容包括接口测试、功能测试、性能测试等。必要时，一些测试内容需要在参加分系统、系统联试时进行。

用户要参与测试方案的评审，确保测试覆盖性达到要求。用户应结合产品部件验收、分系统和系统联试等工作节点，对测试结果进行审查。

（5）地面环境试验验证

飞行产品功能和性能检验与验证的最主要方式是进行产品地面环境模拟试验。典型的空间环境模拟试验包括力学实验、空间热环境试验、电磁兼容性试验、空间抗辐照试验等。飞行产品试验矩阵一般按照验收级的试验内容和量级进行试验验证，试验内容和量级也可根据产品的研制状态进行选定。大型地面环境试验验证的选定应经过用户的同意。部件级验收试验矩阵见表 3-7。

表 3 - 7　部件级验收试验矩阵

试验类型	建议试验顺序	电工电子组件	天线	机械活动组件	太阳电池阵	蓄电池	阀门或推进组件	压力容器或部件	推力器	热学组件	光学组件	结构组件
检查[4]	1	R[1]	R	R	R	R	R	R	R	R	R	R
磨合[4]	2	—	—	R	—	—	R	—	R	—	—	—
功能[4]	3	R	R	R	R	R	R	R	R	R	R	R
检漏[6]	4,7,12	ER[2]	—[3]	R	—	R	R	R	R	ER	—	—
冲击	5	ER[7]	ER	ER	—	ER	ER	—	ER	—	ER	—
振动	6	R	R[8]	R	R[8]	R[10]	R	R	R	R	R[9]	—
声	6	ER	R[8]	—	R[8]	—	—	—	—	—	—	—
热循环	8	R	ER	ER	ER	ER	ER	—	ER	ER	ER	—
热真空	9	R[5]	R	R	R	R[10]	R	ER	R	R	R	—
检验压力	10	—	—	ER	—	—	R	R	ER	—	—	—
检验载荷	11	ER	ER	ER	—	—	ER	ER	ER	ER	ER	ER[9]
电磁兼容	13	ER	ER	—	ER	ER	ER	—	—	—	—	—
磁	14	ER	—	—	—	—	—	—	—	—	—	—

注:1)"R"表示"要求的"试验,是要求必做的试验,因为试验是有效的而且做的概率很高。

2)"ER"表示"经评价要求的"试验,是根据产品的具体研制情况来选择做的试验,因为试验一般不是很有效,而且做的概率较低。如果经过评估证明一项"经评价要求的"试验是有效的,"经评价要求的"试验就成为"要求的"试验。

3)"—"表示"不要求"的试验,是不需要做的试验,因为试验是不起作用的,因此,做的概率极低。

4)如可行,每次试验前后都要进行,包括需要做的特殊试验。

5)对密封的或低功率件选做。

6)只对密封的或充压组件要求做。

7)冲压值高时要求做。

8)声或振动要求做一项,视何者更合适,另一项任选。

9)如使用粘接结构或复合材料结构,要求做此试验。

10)试验后不能再充电的蓄电池不要求做。

3.4.2　单机产品控制

3.4.2.1　质量控制要点

此阶段质量控制的要点包括：

——对单机工程样机阶段的超差项进行了分析，需要在飞行设计中进行调整或优化的指标已经得到确认，产品功能性能满足产品规范要求。

——产品技术接口关系、产品内模块之间的接口关系正确、协调，并得到验证。

——前一阶段评审待办事项落实情况及评审后的设计更改情况。

——工程样机阶段所规定的各种试验验证情况，采用的新工艺、新器材鉴定结果满足要求。

——技术状态基线控制情况。根据工程样机阶段质量问题归零情况、技术问题处理情况和技术状态更改情况，将有效的解决措施落实到正样产品相关的文件和图纸上，更改验证充分有效，已经批准的更改落实到位。

——对工程样机阶段中其他同类型单机或电路模块暴露的技术问题进行了举一反三。

——进行了可靠性、维修性、安全性设计与分析。

——单点失效点和关键件识别充分，控制措施合理、可行。

——确定的测试项目全面、合理，测试时机和条件合理、可行；不可测项目分类正确，过程控制措施明确、合理、可行。

——所选目录外元器件/原材料经过审批。是否存在原材料、元器件的变更情况，对代用和新补充的元器件履行了相关审批手续。

——对由于飞行元器件使用状态变化引起产品在降额、抗力学、耐辐射、热分析、防静电环节方面的相应变化进行了仔细的分析和验证。

3.4.2.2　完成标准

单机产品完成标准主要包括：

——产品设计内容齐全，组成与设计方案完全一致。设计的主要内容一般包括产品组成和指标分解、尺寸、质量、功能、外观、结构及机械接口、电气及其接口、热及其接口、产品外部接口、工艺设计、软件设计等。

——通过性能测试，性能指标满足产品规范要求。

——通过功能测试，功能指标满足产品规范要求。

——质量、功耗、体积等满足产品规范要求。

——机械、电、热等性能接口满足产品规范要求。

——地面考核试验，根据需要，通过规定的力学、热真空、热平衡、电性能测试等地面环境模拟的验收级试验。

——元器件、原材料设计与选用：一般要求选择目录内的产品，所选产品应技术先进、工艺成熟、质量可靠、产品定型、批量生产、供货稳定；目录外产品的选择必须经过充分论证，选用的原材料、元器件要求通过相应的环境试验考核。

——可靠性：产品通过可靠性、寿命分析与试验考核验收，满足产品规范要求。

3.4.2.3　产品数据包

飞行产品数据包是对飞行产品研制过程和实现结果的客观记录，也是验收飞行产品、评价其符合性的重要依据。

飞行产品数据包主要包括：

（1）设计类

——产品规范；

——产品设计全套图样；

——产品设计报告；

——测试覆盖性分析；

——测试细则（装配技术要求）；

——特性分析报告；

——关键件清单、重要件清单；

——试验大纲；

——产品试验/测试报告；

——使用说明书；

——电子元器件配套表及原材料清单；

——目录外元器件清单；

——其他需要形成的成文信息。

（2）过程类

——产品复核复审过程记录；

——工作程序记录表，跟踪卡；

——各类评审证明书，包括设计、工艺、产品规范和可靠性、安全性等通用质量特性的各种评审证明；

——其他需要保留的证明过程实施满足要求的成文信息。

（3）工艺类

——工艺总方案；

——工艺流程图；

——工艺文件目录；

——测试细则；

——工艺文件，包括零件加工工艺、部件组装工艺、试验工艺、整机装配工艺、非标设备设计文件及工装文件、特种工艺文件、关键工序目录/工艺规程/控制卡等；

——工装设计文件及其制造规模；

——工艺装备明细表；

——材料消耗工艺定额明细表；

——外协件明细表；

——元器件及材料汇总表；

——工艺清单；

——其他需要形成的成文信息。

（4）管理类、产品保证类

——产品技术流程；

——产品计划流程；

——产品保证大纲；

——产品外协保证要求；

——外购件质量证明；

——元器件、原材料采购规范要求；

——外协、外购件合格供方清单；

——验收细则；

——生产过程质量跟踪文件数据包，含机械加工质量跟踪卡、调试质量跟踪卡、喷涂质量跟踪卡、产品出所检验记录、关键工序控制卡等；

——评审证明书，含设计、工艺、试验、产品质量、质量问题归零、技术状态更改等；

——其他需要证明满足要求的成文信息。

3.4.2.4 验收交付

飞行产品交付使用前，要进行产品的验收。单机产品的验收应按照产品规范和相关设计文件等进行。

验收内容包括：

——产品状态及接口检查：包括对产品的标识、外观、尺寸、质量、机械接口、热接口、电接口、人机接口等进行检查；

——产品性能指标检查：依据产品研制规范和测试大纲等要求，对产品功能指标、性能指标、电磁兼容性、光学性能、机械性能、减振器、密封件有效期，以及通电测试的安全性、热接口、电接口及其他应检项目的符合性进行检查；

——产品数据包及符合性检查：对验收产品的完整性、有效性和提交文件的完整性、协调性、正确性，产品质量与可靠性过程管理的充分性和符合性等进行检查；

——其他项目：工艺及各种保护罩、保护插头、产品多余物、测试的覆盖性、试验的正确性和试验结果的符合性等。

必要时，可以通过分系统或系统联试，对单机产品无法测试或考核的项目进行综合分析和考核确认。验收合格的产品方能参与后续的系统集成研制和飞行应用。

3.4.3 产品集成控制

3.4.3.1 开工前确认

产品集成装配前对以下条件进行确认，满足后才能开工：

1）所需成文信息完整、有效、正确，包括总体、分系统、装配、工艺等文件和多媒体记录。

2）获得适宜的监视和测量设备，包括监视和测量设备的计量特性与监视和测量的要求相适应，计量特性是指影响测量结果的特性，如测量范围、测量不确定度、最大允许误差、灵敏度等。

3）测量设备应按照有关规定进行校准或检定合格，并保留记录；其中：

——用于监视和测量的计算机软件，初次使用前应经过验证和确认合格，需要时再次验证和确认合格；

——生产和检验共用的测量设备，用作检验前应加以校准或验证合格；

——对于一次性使用的测量设备，使用前应进行校准或检定合格。

4）配置的设施设备满足工作要求。

5）配置的人员胜任工作，包括所要求的资格。

6）环境条件（包括温度、湿度、洁净度、静电防护等）满足要求。

7）预防、探测和排除多余物的规定。

8）所有相关的单机部件经验收合格。

9）所有原材料和辅助材料满足要求。

10）确认和审批使用的计算机软件。

11）当使用代用器材时需要经过审批，影响关键或重要特性的器材代用应征得用户的同意。

12）按照工艺要求进行了技术安全检查，结果合格。

13）对关键过程进行标识。

14）设置控制点，明确监视和控制的关键特性和重要特性。

15）若输出结果不能由后续的监视或测量加以验证，应对集成过程实现预期结果的能力进行确认，确认内容包括：

——过程评审和批准的准则；

——设备认可和人员资格鉴定；

——特定方法和程序的使用。

16）保留满足可追溯性要求的成文信息。

3.4.3.2 实施过程控制

产品集成实施过程中，对以下因素进行有效控制：

1）测量设备应予以保护，防止由于调整、损坏或衰减所导致的校准状态和随后的测量结果失效。

2）对环境条件（包括温度、湿度、洁净度、静电防护等）进行持续监测。

3）落实防护措施，包括标识、处置、污染控制、静电控制、包装、储存、传输或运输以及保护。

4）落实防差错措施，必要时，实行双岗。

5）在控制点处对过程参数、产品特性进行有效监视和控制，对关键和重要特性实施

100％检验，不能实施 100％检验的，应征得用户同意。

6）技术状态更改满足“五条”标准，即"充分论证、各方认可、试验验证、审批完备、落实到位"。

7）建立集成过程的记录，详细记录投料、加工、装配、调试、检验、交付数量、质量、操作者和检验者，并按规定保存。

8）对产品进行唯一性标识，并保留所需的成文信息以实现可追溯。

3.4.3.3 交付与验收

集成产品在向系统或总体交付前，应进行检验、试验，确认其符合接收准则后，方可向上级系统或总体交付。

交付时应提供按规定签署的产品合格证明、检验和试验结果文件，有关技术状态更改的执行情况。

交付的集成产品应经上级系统或总体验收合格，并按要求提供有效技术文件、配套备附件、测量设备和其他保障资源。

未完成所有要求的检验活动需要紧急放行的，应按规定履行审批手续，并征得用户同意。应保留紧急放行的可追溯性的成文信息。

3.4.3.4 航天器整器数据包

航天器整器数据包包括：

（1）设计类

——与运载器接口控制文件；

——与发射场接口控制文件；

——与测控系统接口文件；

——对运载器技术要求；

——对发射场技术要求；

——对地面测控系统技术要求；

——风险分析与控制报告；

——技术风险分析与控制工作策划；

——各类故障应急预案；

——计算机病毒防护措施及应急预案。

（2）过程类

——各类综合测试工作程序记录表；

——检查、测试、验证和确认活动多媒体记录。

（3）工艺类

——技术工艺流程；

——产品质量保证流程；

——技术安全流程；

——组织计划流程；

——运输工艺规程；

——综合测试方案；

——各阶段综合测试大纲；

——各阶段测试程序；

——各阶段测试细则；

——推进剂加注组织实施方案；

——推进剂加注演练细则；

——推进子系统加注任务书；

——推进剂加注任务分析报告；

——推进剂加注大纲；

——推进剂加注细则；

——推进剂加注防护要求；

——推进剂加注安全措施与故障对策。

（4）管理类、产品保证类

——各阶段工作实施大纲；

——数据判读及测试总结；

——出厂研制与质量总结报告；

——发射场工作总结报告；

——"四查""双想""两比"工作的通知；

——"四查""双想""两比"及质量专项复查报告；

——技术风险与控制工作总结；

——各阶段工作总结报告；

——其他成文信息。

3.4.4　综合测试

航天器在乘载运载器升空前，为确认其质量特性需要进行各种综合测试，一般包括总装厂测试、力学环境测试、热环境测试、紧缩场测试、出厂前测试以及发射场测试。综合测试的内容、项目依据具体航天器的质量特性选定，并经用户同意。

（1）总装厂测试

总装厂测试内容及其主要目的：

——检查验证常温常压下航天器各分系统仪器设备之间、星地设备之间电性能接口的正确性、匹配性和兼容性；

——检查验证常温常压下航天器各分系统在整星工作状态下电性能的技术指标是否满足设计要求和功能是否正确；

——检查验证整星工作状态下软件是否满足设计要求和功能是否正确；

——检查整星总装和测试技术流程的正确性和匹配性；

——检查验证地面测试系统软硬件功能的正确性；

——检查确认航天器上各种电子设备能在所经受的电磁环境中正常工作，不会因其他设备产生的电磁而受到不利的影响；

——检查航天器与运载器之间的电磁兼容能力；

——验证航天器在轨正常工作模式下，测控和有效载荷等无线设备间的兼容性；

——验证航天器在最恶劣的电磁环境下的状态，星表安装的敏感设备与卫星的兼容性。

（2）力学环境试验

力学环境试验的主要目的是验证航天器在主动段飞行，以及地面运输等振动环境中的承受能力，检验卫星结构设计的安全性，暴露卫星工艺、质量缺陷；同时检查验证航天器振动、噪声试验和分离冲击试验前后航天器各分系统功能性能的一致性和符合性。测试内容包括：

——力学试验前健康检查；

——振动试验；

——噪声试验；

——分离冲击试验；

——力学试验后健康检查。

（3）热环境试验

热环境试验分热平衡试验和热真空试验。

热平衡试验是获取在规定的环境条件下航天器温度的分布数据，以：

——验证航天器热设计及热控实施的正确性；

——验证航天器热控实施的效果，考核热控系统维持航天器上各分系统、仪器设备在规定的工作温度范围内的能力，评价热设计的正确性；

——验证整器热分析计算，并根据试验结果对热数学模型进行修正，根据修正后的热数学模型预示航天器的飞行温度；

——根据试验中所获得的高温工况和低温工况的试验数据，确定仪器设备在轨运行时的温度范围，从而进一步确定热真空试验的考核范围；

——在模拟的轨道工况条件下考核航天器的工作性能，特别是热控产品的性能。

热真空试验是检验航天器上各分系统经受热真空环境的工作能力，以：

——验证仪器设备在规定温度循环和真空下的功能；

——获取航天器在热真空条件下的完整性能数据；

——检验航天器制造和组装工艺；

——发现和暴露航天器潜在的元器件、加工工艺和材料等制造质量的缺陷；

——作为筛选提高航天器可靠性的一种重要手段。

（4）紧缩场测试

紧缩场是研制大型复杂航天器的必备设施，对大型天线、整器测试和性能评价起重要的作用。紧缩场测试可以实现整器的系统无线测试，验证复杂航天器系统的在轨辐射特性。航天器紧缩场测试的主要目的是验证航天器有效载荷的性能，检验天线分系统各副天线的极化正确性，检查有效载荷内部及载荷与测控之间的兼容性，检查天线方向图等。

（5）发射场测试

在完成总装厂电测、各种环境测试和出厂测试评审后，航天器运至发射场开展相关工作。发射场测试习惯上分为技术区测试和发射区测试，两部分测试的分界面是以卫星转场为标志。

技术区测试是航天器发射前最后一次功能、性能的全面测试，测试项目与航天器出厂前测试项目一致，包括：

——服务系统的健康检查，主要有遥测遥控通道检查、数管分系统健康检查、供配电分系统健康检查等；

——控制推进分系统功能测试、热控分系统功能测试、跟踪子系统功能测试等；

——天线展开转动功能检查、太阳帆板展开及光照试验、起飞状态演练等；

——航天器状态全面复查，测试结果与卫星以往各阶段数据进行比较，确认航天器经过运输后功能和性能是否正常；

——确认航天器具备燃料加注条件，在完成加注评审后开始进行航天器加注工作，加注完毕后，航天器在加电状态下对气瓶进行加气补气；

——航天器与运载器的支架对接，并进行对接后检查。

航天器技术区测试结束后，由专用运输车运至发射区（或运载器总装厂房）与运载器对接，并进行系统测试和与运载器匹配测试。发射区测试主要包括：

——星箭脐带电缆供电检查；

——射频无线链路检查；

——其他各分系统健康检查等；

——参加器箭联合检查等活动；

——发射当天进行航天器起飞状态设置，等待运载器点火起飞。

（6）测试覆盖性控制

综合测试项目覆盖性控制是对卫星综合测试项目从设计、实施到总结的全过程控制。不可测项目划分为三级，对于不能采用测试方法获得的项目称之为Ⅰ类不可测项目，对于只能在下级可测的项目称之为Ⅱ类不可测项目，对于只能在上级可测的项目称之为Ⅲ类不可测项目。

依据航天器测试覆盖性分析报告，设计各阶段电测应覆盖的测试项目，对测试覆盖性要求一般遵循可测试硬件接口通路完全覆盖，上下行遥测遥控指令和通道完全覆盖，正常及故障模式完全覆盖，冗余设计完全覆盖，同时要求航天器服务系统（遥测、遥控、数管和供配电等）主备机测试加电时间均衡。

综合测试覆盖性检查工作采用逐级负责制，各分系统测试人员对相应分系统测试的完整性、正确性、充分性和不可测项目控制措施的有效性以及测试结果检查到位情况负责。

在阶段放行时要对测试覆盖性检查。阶段测试的测试覆盖性检查是以各阶段测试大纲中规定的内容作为检查依据，即测试项目的覆盖性情况、遥控指令的覆盖性情况、遥测参数的覆盖性情况、冗余交叉测试的覆盖性情况、未覆盖的具体原因及补充测试时机。

3.4.5　阶段放行

航天器阶段放行是指项目进入下一阶段的许可。一般将航天器出厂、加注（或转场）、发射作为航天器飞行试验（任务）的转阶段工作标志，须按照放行准则要求组织评审，通过后，报飞行试验（任务）指挥部（或领导小组）决定是否转入下一阶段工作。

3.4.5.1　出厂放行准则

1）技术状态控制符合规定，出厂产品技术状态符合要求。

2）选用的元器件、原材料、火工品等外购器材的管理严格执行了相关规定，质量符合要求。

3）软件研制和管理贯彻了软件工程化要求。

4）有贮存期、校验期要求的参试产品（含地面设备），其贮存期、校验期符合要求。

5）有使用寿命要求的产品，其寿命（或剩余寿命）满足进发射场后各项检测、试验，直至完成飞行试验（任务）全过程的使用寿命要求。

6）按设计文件、工艺文件要求完成了航天器总装、测试、试验，结果符合要求，并有明确结论。

7）完成了测试覆盖性检查、评审，不可测项目有旁证，并采取了有效措施。

8）质量问题已按规定完成了"归零"和举一反三；暂时不能"归零"的个别质量问题，经专家审查有不影响飞行成功和不会造成安全问题的结论。

9）对成败性、灾难性故障模式进行了分析，并有应对措施。

10）完成了航天器出厂前全型号的质量检查确认，检查确认发现的问题已处理完毕。

11）完成了规定的出厂专项评审和型号出厂评审，有同意出厂的结论；评审中提出的问题已处理完毕；个别未处理完毕的问题，经专家审查有不影响飞行成功和不会造成安全问题的结论。

12）产品配套件及备件、附件、工具配套齐全，质量合格，符合设计文件及有关文件的规定。

13）地面设备配套表中规定的地面设备配套齐全、质量合格，并配置了有效的准用证。

14）产品证明书，产品质量履历书填写签署完整，配套齐全。

15）发射场使用文件的签署完整，配套、分发满足发射场使用资料配套表及有关规定。

16）完成了与飞行试验（任务）相关的各系统、各单位之间的技术协调和工作任务协调，有明确结论。

17）飞行试验（任务）大纲已按规定审查批准。

18）拟制了发射预案和最低发射条件。

19）技术安全工作准备完毕，满足飞行试验（任务）需要。

20）进发射场的产品包装、安全运输等各项准备工作就绪，符合要求。

21）飞行试验（任务）工作队组建完毕，各岗位人员职责明确，进场技术人员技能满足技术岗位要求。

3.4.5.2　加注前放行准则

1）按试验大纲、测试文件等有关文件规定和要求，完成了加注前的产品装配、测试、试验等各项工作，结果符合要求，产品技术状态符合要求。

2）完成了"四查"工作，发现问题已处置完毕，个别问题不影响下一阶段工作。

"四查"指文件复查、岗位复查、设备复查和状态复查。

文件复查，即清查发射场各阶段工作依据性文件（包括卫星总体、各分系统、总装、测试、加注等文件和表格化记录）的完备性、有效性，确认：

——所有依据性文件均完备、有效；

——细化后文件经过各级审签，签署完整；

——满足发射场测试、总装和加注等活动要求；

——各分系统测试操作/总装操作开展和自身产品安全保证条件明确。

岗位复查，即清查岗位职责及其相关人员技能，确认：

——电测指挥、总控、测控、供配电、遥控遥测前端、星上操作等岗位职责明确，责任到人；

——涉及星上操作的各岗位熟练掌握岗位工作程序和要求，技能经考核确认满足要求；

——航天器上操作风险可控。

设备复查，即对发射场所用仪器设备的"计量标识"与"进场准用标识"、检定有效期等进行复查，确认全部满足要求。

状态复查，通过技术状态复查，确认：

——航天器系统内部接口协调、匹配，无遗漏项目；

——大系统接口及发射场待实施的总装状态正确；

——出厂前完成的及发射场已经实施的总装状态正确。

3）完成了"双想"工作，发现问题已处置完毕，个别问题不影响下一阶段工作。

"双想"指"回想"和"预想"。航天器在发射场工作期间，结合航天器异常情况应急预案梳理工作，针对航天器关键点、薄弱环节，从"总装相关工作""电测相关工作""加注相关工作"和"发射当天异常处置"4个方面开展"双想"工作。确认：

——航天器总装状态满足发射要求，加注后操作岗位内容和控制措施明确；

——航天器测试记录完整、有效，测试设备状态良好、预案充分，细则中无影响航天器安全的指令内容；

——加注依据性文件完备、安全性措施有效；

——发射当天异常处置预案和最低发射条件经过审查确认。

4）完成了发射场"两比"工作，发现问题已处置完毕，个别问题不影响下一阶段工作。

"两比"是对航天器在研制过程中各阶段数据进行纵向比对，对航天器产品与其他同类产品测试数据进行横向比对，对测试数据包络线进行分析，确认测试数据稳定性与一致性好。

5）完成了发射场风险分析与控制复查，发现问题已处置完毕，个别问题不影响下一阶段工作。

开展了"十新"（新技术、新材料、新工艺、新状态、新环境、新流程、新单位、新岗位、新人员、新设备）分析工作，所有风险项目均有严格的风险控制措施，可预知风险处于受控状态。

6）航天器上产品安装紧固，防松、接地状态、电缆走向、热控状态、敏感器视场、星上工艺保护盖拆除状态等均满足设计要求。

7）对飞控预案的合理性和充分性进行分析，按照顶层、事件层和底事件3个层次进行分解、梳理和逐项落实，建立涵盖射前准备至在轨长期运行的全过程飞行子事件操作表，飞控准备工作已经就绪。

8）加注前发生的质量问题已按规定完成了"归零"和举一反三；暂时不能"归零"的个别质量问题，经专家审查有不影响下一阶段工作和不影响飞行成功、不会造成安全问题的结论。

9）技术状态更改手续完备，更改后经确认满足飞行试验（任务）要求。

10）地面加注、泄出、供气等设备经检测合格，处于良好状态。

11）加注环境条件、人员安全保障措施符合要求。

12）防护检测设备齐全，处于良好工作状态。

13）各类推进剂、气体等介质，经化验参数指标合格，数量满足要求。

14）加注各岗位人员熟悉操作规程，制定了应急情况处置预案。

15）按有关加注文件完成了加注操作演练，结果符合要求。

16）通过了规定的加注前技术安全、质量评审，有同意加注的结论。

在发射场不实施加注的航天器，须组织航天器转场评审，放行准则除去没有的工作项目外，等同采用加注放行准则。

3.4.5.3　发射放行准则

1）按飞行试验（任务）大纲、测试文件等文件规定和要求，完成了航天器发射前的所有工作项目，检查测试结果和产品状态符合要求。

2）发射前发生的质量问题已按规定完成了"归零"和举一反三；暂时不能"归零"的个别质量问题，经结果分析，确认不影响飞行成功和不会造成安全问题，可按发射预案处理。

3）飞行诸元参数正确、装订无误。

4）完成了临射前状态、参数检查，状态、参数符合技术文件要求。

5）发射用地面设备功能、状态符合要求。

6）各发射岗位人员职能明确，操作技能满足要求。

7）发射应急预案经演练检验，满足要求。

8）点火前，经各系统确认满足最低发射条件要求。

3.5 定型鉴定

3.5.1 成熟度评价

（1）评价要素

依据航天器类装备工程研制所涉及的工程活动领域和具体工作内容，参考成熟度理论（见1.2节），从技术成熟度、制造成熟度、应用成熟度3个方面，归纳出航天器类装备成熟度评价的8个部分19个要素，并进一步细化为50个子要素，作为评价航天器类装备成熟度的基本度量内容，见表3-8。

表 3-8 航天器装备成熟度评价要素

类别		序号	要素	子要素
技术成熟度	技术要求	1	1. 要求的识别与分析	1-1 功能性能要求
		2		1-2 环境适应性要求
		3		1-3 接口要求
		4		1-4 寿命、可靠性、维修性、安全性要求及其他要求
		5		1-5 执行产品和技术的相关规范
		6	2. 要求的确认与记录	2-1 要求的验证方法
		7		2-2 要求的规范性和稳定性
	设计过程	8	3. 设计过程管理	3-1 设计过程策划
		9		3-2 设计过程执行
		10		3-3 设计辅助工具和信息化手段的构建和使用情况
		11		3-4 设计关键特性识别和控制情况
		12	4. 可靠性设计	4-1 可靠性工作要求及计划
		13		4-2 可靠性设计与分析
		14		4-3 可靠性试验验证
		15		4-4 可靠性工作标准与工具
技术成熟度	设计结果	16	5. 设计结果验证	5-1 验证环境的真实程度和验证结果的符合程度
		17		5-2 不可测试（试验）项目的识别与控制
		18	6. 设计结果管理	6-1 设计文档的齐套性和规范性
		19		6-2 设计工艺
		20		6-3 设计稳定性及技术状态管理

续表

类别		序号	要素	子要素
制造成熟度	方法	21	7. 工艺	7－1 工艺正确性
		22		7－2 工艺稳定性
	制造基础资源	23	8. 人员	8－1 人员技能水平要求识别及其满足程度
		24		8－2 人员培训考核机制
		25	9. 设备	9－1 设备(含工装)配置
		26		9－2 配套资源
		27	10. 物料	10－1 物料配制
		28		10－2 物料供应保障
		29	11. 环境	11－1 生产环境条件
		30		11－2 环境条件配套资源设施
	制造过程管理	31	12. 自主可控	12－1 外协管理
		32		12－2 外购管理
		33	13. 质量管理	13－1 工艺和过程关键性识别
		34		13－2 检验点的设置
		35		13－3 检验检测方法
		36		13－4 生产过程数据包
		37	14. 生产管理	14－1 生产管理的文档化及信息化
		38		14－2 生产成本
		39		14－3 产能及效率
		40		14－4 生产合格率
应用成熟度	应用前期准备过程	41	15. 交付验收过程控制	15－1 交付验收要求规范
		42		15－2 交付验收结果
		43	16. 储存运输过程控制	16－1 储存运输要求/规范
		44		16－2 保证措施
	应用过程控制	45	17. 使用操作过程控制	17－1 地面总装、总测阶段操作规范
		46		17－2 发射及应用控制阶段操作规范
		47	18. 异常情况识别及处置	18－1 使用异常情况的识别和分析
		48		18－2 异常情况应急措施
		49	19. 应用验证情况	19－1 应用验证时间、次数及质量问题
		50		19－2 在轨数据采集、比对分析及数据包完善

（2）评价时机

实施航天器产品成熟度评价的时机应在各阶段研制工作基本结束后，重大节点决策前。产品成熟度评价结果可作为里程碑决策的基本输入信息之一，如图 3－5 所示。

（3）评价准则

按照产品成熟度等级，给出各要素在不同等级上的细化评价标准。依据所划分的产品

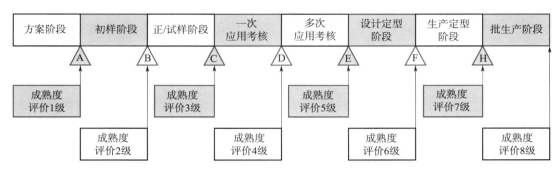

图 3-5　航天器产品成熟度评价要素

成熟度等级，逐一描述产品成熟度评价要素及其子要素的基本定级准则，即形成以等级划分横坐标、以评价要素（及子要素）为纵坐标的产品成熟度评价矩阵，见表 3-9。

表 3-9　航天器产品成熟度评价矩阵

要素			1 级	2 级	3 级	4 级	5 级	6 级	7 级	8 级
技术成熟度	技术要求	要求的识别与分析	4	5	6	7	7	7	8	8
		要求的确认与记录	4	5	6	7	7	7	8	8
	设计过程	设计过程管理	3	4	5	6	7	7	8	8
		可靠性设计	3	4	5	6	7	7	8	8
	设计结果	设计结果验证	2	3	4	5	6	7	8	8
		设计结果管理	2	3	4	5	6	7	8	8
制造成熟度	方法	工艺	2	3	4	5	6	7	7	7
	制造基础资源	人员	2	3	4	5	6	7	7	7
		设备	2	3	4	5	6	7	7	7
		物料	2	3	4	5	6	7	7	7
		环境	2	3	4	5	6	7	7	7
	制造过程管理	自主可控	2	3	4	5	6	7	7	7
		质量管理	2	3	4	5	6	7	7	7
		生产管理	2	3	4	5	6	7	7	7
应用成熟度	应用前期准备过程	交付验收过程控制	1	2	3	4	5	6		7
		储存运输过程控制	1	2	3	4	5	6		7
	应用过程控制	使用操作过程控制	1	2	3	4	5	6		7
		异常情况的识别及处置预案	1	1	3	4	5	6		7
		应用验证情况	1	1	1	3	4	5	6	7
等级名称			原理样机产品	工程样机产品	应用产品	一次应用考核产品	多次应用考核产品	设计定型产品	生产定型产品	健壮产品

注：表中 1~7 表明相关要素逐步细化完善的程度，7 表示达到完善的程度；8 表示仅在发生技术更改时需要考虑相关要求。

3.5.2　定型考核

3.5.2.1　概述

　　航天器类装备定型对象包括单机、平台和整器 3 个类别。单机包括配套控制系统重要设备、配套电源系统重要设备、配套推进系统重要设备、配套结构设备、配套热控设备、配套天线设备、配套数据管理设备、配套数据传输设备、配套火工品装置、配套通信类有效载荷重要设备、配套光学遥感类有效载荷重要设备、配套微波遥感类有效载荷重要设备、配套导航类有效载荷重要设备、配套中继类有效载荷重要设备、配套测控类有效载荷重要设备、操控维修载荷重要设备等。平台包括航天器公用平台、航天器非标准化平台和航天器任务载荷系统等。

　　航天器类装备定型原则：借鉴常规装备定型的相关经验；突出航天器定型需求和技术特点；定型重点对象依次为单机、平台、整器；重点完善产品数据包，必要时补充开展试验验证；设计定型、工艺定型和过程控制定型同时启动、先后完成。

　　航天器类装备定型目的：固化技术状态，稳定产品质量；缩短研制周期，提高研制效益；促进研制向应用的转型；为改进研制管理模式奠定基础。

　　航天器类装备考核方式：依据面向未来应用需求的航天器定型标准，采用飞行考核、地面模拟试验、仿真、分析、评估等活动相结合的方式进行，考核的重点是产品寿命和可靠性等。

　　航天装备定型依据其定型度分为 3 个级别，即三级定型、二级定型和一级定型。航天器装备定型由用户方组织。

3.5.2.2　三级定型条件

　　对于拟定型的航天器类产品，产品研制单位应确认其满足以下基本条件，方可开展三级定型（成熟度 6 级）相关工作。

　　1）满足产品成熟度 5 级定级条件。

　　2）产品技术文件完善齐套，工艺和过程控制文件能保证产品重复生产，满足定型要求。

　　3）产品经过质量分析，对在研、飞行相关质量问题的归零工作进行了复查。

　　4）产品已通过环境适应性、极限能力、性能拉偏、寿命与可靠性等试验考核。

　　5）确定了要建立成功数据包络线参数，形成信息化数据库，开始积累各种数据。

　　6）利用已开展的地面和飞行考核数据，进行了产品可靠性评估且可靠性满足要求。

　　7）产品数据包中补充完善了相关内容。

　　补充完善的内容包括：

　　——对多次飞行的产品基础数据进行了分析和要求值的固化；

　　——对产品关键参数的多次实测数据进行了分析，对要求值和检验方法进行了固化；

　　——固化了功能性能指标；

　　——补充了定型过程中进一步开展的试验验证形成的数据，形成最大环境适应性数据和极限能力数据；

　　——补充了产品研制、成熟度提升过程中所有更改、增加及验证结果数据；

　　——固化了产品生产及飞行数据记录项、比对要求及表格格式。

　　8）按规定履行了相关定型程序，并由主管部门批准三级定型。

3.5.2.3　二级定型条件

　　对于拟定型的航天器类产品，产品研制单位应确认其满足以下基本条件，方可开展二级定型（成熟度 7 级）相关工作。

　　1）满足产品成熟度 6 级定级条件。

　　2）定型文件经小批量生产，能够保证产品一致、质量稳定。

　　3）在三级定型产品基础上，又经过了 3 次成功飞行试验考核，其中单机单次飞行考核时间应不低于两年（设计寿命低于两年的按照实际设计寿命考核），考核期间工作正常。

　　4）至少经历 1 次实际飞行全寿命考核。

　　5）地面考核和飞行工作期间，产品未发生重大质量问题或严重质量问题，出现的质量问题已经验证确认归零。

　　6）作为质量问题归零措施，针对 6 级成熟度定级后出现的质量问题，补充、修改、完善了产品数据包中的相关数据。

　　7）根据重复生产和多次飞行考核数据记录、比对的实际情况，对固化的产品生产及飞行数据记录项、比对要求及表格格式进行了持续改进。

　　8）统计历次成功飞行产品的关键特性参数实测值，并结合成功地面试验结果形成成功数据包络线，对于与飞行环境密切相关的产品，还要形成环境条件参数成功数据包络线。

　　9）根据增加的地面和飞行考核数据，更新了产品可靠性评估结果且可靠性满足要求。

　　10）产品数据包中进一步补充了 3 次飞行产品的基础数据、关键特性实测数据、功能和性能地面及飞行实测数据。

　　11）按规定履行了相关定型程序，并由主管部门批准二级定型。

3.5.2.4　一级定型条件

　　对于拟定型的航天器类产品，产品研制单位应确认其满足以下基本条件，方可开展一级定型（成熟度 8 级）相关工作。

　　1）满足产品成熟度 7 级定级条件。

　　2）在二级定型产品基础上，又经过了两次以上成功飞行试验考核，其中单机单次飞行考核时间应不低于两年（设计寿命低于两年的按照实际设计寿命考核），考核期间工作正常；

　　3）作为质量问题归零措施，针对 7 级成熟度定级后出现的质量问题，补充、修改、完善了产品数据包中的相关数据。

　　4）根据积累的地面和飞行实测数据，进一步修订了成功数据包络线。

5）细化完善产品数据包中的关键特性参数，偏差控制在 6σ 以内，达到精细化要求。

6）根据应用情况，进一步对产品数据包中生产及飞行数据记录项、比对要求及表格格式进行改进。

7）根据增加的地面和飞行考核数据，修订了产品可靠性评估结果且可靠性满足要求，其中单机产品可靠度评估值在 0.7 置信度条件下不小于 0.999。

8）产品数据包中进一步补充了两次飞行产品的基础数据、关键特性实测数据、功能和性能地面及飞行实测数据。

9）按规定履行了相关定型程序，并由主管部门批准一级定型。

3.5.3 定型数据包

航天器类产品定型须准备的数据包主要包括以下内容：

1）产品数据包清单。

2）定型申请报告。

3）研制或应用工作总结。

4）功能性能指标。

5）研制总要求。

6）研制合同和技术协议。

7）重大技术问题攻关报告。

8）研制大纲和试验报告。

9）定型试验大纲和试验报告。

10）设计和各种试验报告。

11）软件文件（含计算机程序、框图及说明）。

12）产品全套设计图样。

13）新产品标准化大纲和标准化审查报告。

14）可靠性、环境适应性设计与分析报告。

15）关键检验点、强制检验点的设置。

16）试验充分性分析报告。

17）设计、工艺等关键特性识别、确定及其验证充分性报告。

18）工艺过程可操作、可量化、可检测、可重复等验证分析报告。

19）历史问题清理和质量问题归零报告。

20）工艺文件固化情况。

21）产品检验、超差处理、不合格审查等过程控制要求、表格。

22）生产过程控制要求表格。

23）固化过程控制的产品保证要求。

24）产品质量控制点设置，控制要求的有效性和精细化程度报告。

25）技术状态更改落实情况。

26）经济分析报告。

27）产品规范（技术条件）和验收技术条件。

28）技术说明书。

29）使用维护说明书。

30）各种配套表、明细表、汇总表和目录。

31）产品相册（片）和其他类多媒体记录。

32）适用时，与各系统（运载器、发射场、测控通信等）的接口。

33）适用时，对各系统（运载器、发射场、测控通信等）的要求。

34）产品定型要求的其他类成文信息。

3.6　在役考核

鉴于航天器类装备质量特性的特殊性和数量少、品种多的特点，从航天器进入预定轨道开始起，即可看作进入在役考核阶段，航天器在轨所做的任何动作和试验均可认为是在役考核的内容。

在航天器发射之前，用户方应组织航天器研制单位、管理单位和装备配属单位一起依据航天器研制总要求、性能要求和各项质量特性指标，编制在役考核大纲、在役考核实施方案和细则，适用时，单独编制航天器鉴定试验总案、作战试验总案、鉴定试验实施方案和细则、作战试验实施方案和细则等。

（1）考核依据与时机

在役考核依据包括：试验鉴定有关法规，研制总要求或研制任务书、研制合同，鉴定定型试验总案，装备在役考核计划或任务批复，训练与考核大纲，装备性能底数、效能底数报告与运用参考（如有），其他依据性文件。

在役考核时机和时间。自航天器入轨便视为在役考核的开始，一般应持续到航天器退役。特殊需要时，可指定考核任务阶段和持续时间。

（2）考核内容

在役考核内容包括在役适用性考核、技术指标考核、运用效能和适用性验证、装备体系适用性验证等内容。

1）在役适用性考核。考核航天器在役适用性，主要是航天器适编性、适配性和服役期经济性等，提出航天器运用的意见建议，优化完善相关规章制度。

2）技术指标考核。考核航天器在地面试验、测试中难以全面考核的指标。

3）运用效能和适用性验证。验证航天器效能和适用性，发现航天器运用问题和缺陷。

4）装备体系适用性验证。验证装备体系适用性，发现装备体系的短板和弱项。

（3）数据采集

在役考核数据采集的内容包括：

——航天器基础数据，包括种类、编配、状态、功能性能指标等；

——执行任务数据，包括航天器完成预定任务、紧急任务和训练任务的内容，任务完成情况等；

——测试测量数据，包括航天器在考核（如飞行程序、工作模式测试、在轨试验、状态鉴定试验、作战试验等）过程中产生的测试数据和地面测量设备产生的测量数据；

——装备故障数据，包括故障现象、时间、地点、部位、周期、频率等；因管理、人因等差错而导致的问题，不作为装备故障的记录或判据；

——装备维护数据，包括维护等级、维护时间，保障设备使用情况等；

——人员训练数据，包括训练内容、时间、器材、教材等；

——装备管理数据，包括装备完好率统计等；

——其他可为在役考核评估提供支撑的数据。

（4）考核评估

在役考核评估工作须坚持独立客观、系统全面和准确规范的原则。对照考核大纲和装备质量特性指标，比对、评价、分析获得的数据，在此基础上给出考核评估结论和建议，包括：

——在役考核数据采集情况、数据有效性和充分性、评估模型、评估方法、单项指标评估情况和综合评估情况；

——被考核装备达到或实现的功能（指标）、考核任务完成情况等，对未按照在役考核大纲完成的考核科目，应说明具体原因及处置措施情况；

——在役考核过程中发现的装备技术质量问题、使用保障问题和运用问题，以及问题反馈与处理情况，通常包括问题描述、分类、原因、影响、处理情况等；

——试验单位（航天器使用单位、管理单位等）总体评价，说明在役考核试验单位对被试装备的总体评价，包括：对被试装备效能、运用适用性、体系适用性和在役适用性的总体评价，装备存在的主要缺陷和不足，体系构建、战场部署建议等；

——试验单位对被试装备在役考核的综合评估结论，内容包括：被试装备效能，运用适用性，在役适用性，体系适用性，其他定量或定性的评估结论；

——意见建议，主要包括：尚未解决的问题及后续处理意见，重点是装备使用保障、运用领域短期内难以解决的装备缺陷，以及未解决问题的改进建议；装备改进意见建议，包括装备设计、技术指标、产品质量、改进改型等方面的意见建议。

参 考 文 献

［1］ 中国航天科技集团公司．航天质量管理基础［M］．北京：中国宇航出版社，2017．

［2］ 中国航天科技集团公司．通用质量特性［M］．北京：中国宇航出版社，2017．

［3］ 中国航天科技集团公司．产品保证［M］．北京：中国宇航出版社，2017．

［4］ 中国航天科技集团公司．航天质量管理方法与工具［M］．北京：中国宇航出版社，2017．

［5］ 余后满．航天器产品保证［M］．北京：北京理工大学出版社，2018．

［6］ 张洪太，余后满．航天器项目管理［M］．北京：北京理工大学出版社，2018．

［7］ 袁家军．航天产品工程［M］．北京：中国宇航出版社，2011．

［8］ 徐建强．火箭卫星产品试验［M］．北京：中国宇航出版社，2012．

［9］ 袁家军．神舟飞船系统工程管理［M］．北京：机械工业出版社，2005．

［10］ 栾恩杰．航天系统工程运行［M］．北京：中国宇航出版社，2010．

［11］ 刘小方，谢义．装备全寿命质量管理［M］．北京：国防工业出版社，2014．

［12］ 孙家栋，杨长风．北斗二号卫星工程系统工程管理［M］．北京：国防工业出版社，2017．

［13］ 胡莘．天绘一号卫星工程及应用［M］．北京：测绘出版社，2014．

［14］《中国航天文化的发展与创新》编委会．中国航天文化的发展与创新［M］．北京：北京大学出版社，2016．

［15］ 张庆军，郭坚．空间数据系统［M］．北京：中国科学技术出版社，2016．

第 4 章
运载器类装备质量工程技术

　　航天运载器属不可修复、点火发射后程序不可逆且非大批量建造的复杂系统，其质量保证技术具有其独特性。本章阐述了运载器类装备的质量特性，论述了运载器类装备的方案与立项、样机研制、飞行产品研制、定型鉴定和在役考核等工程阶段中的质量工程技术。

4.1　质量特性

常规运载器是指其研制和发射流程都遵循传统程序，相关工作在正常状态下开展，比如不须为特定的目的而赶进度、减流程或被迫冒险发射等。由于技术状态完全相同或基本一致的常规运载器很少，因此，无论是产品的通用化、标准化管理还是统计意义上的质量保证技术，在常规运载器整箭质量保证方面都受到很大的限制。同时，单个常规运载器寿命周期中，真正使用的时间非常短（从点火发射到将航天器送入预定轨道通常不过 10 分钟左右），即便可重复使用运载器，其累计使用时间也非常短。因此其可靠性、安全性等质量特性有别于常规装备系统，为此，质量保证需要针对其独特的质量属性提出适宜的技术手段和方法。

4.1.1　任务特点

运载器按其所用的推进剂来分，可分为固体火箭、液体火箭和固液混合火箭 3 种类型。按级数来分，可分为单级火箭和多级火箭，其中多级火箭按级与级之间的连接形式来分，可分为串联型、并联型和串并联混合型 3 种。

在任务要求方面，运载器用于将航天器送入预定轨道，由于大多数航天器是服务于重大工程任务和特殊的国家任务，因此，运载器一旦发生故障可能会产生重大损失。在运行环境方面，由于运载器系统从地面点火起飞、穿越大气层到达预定的太空轨道，环境因素的综合作用对运载器功能性能的影响难以在地面进行准确全面的模拟和验证。在工作模式方面，由于运载器基本是采用系统自主管理、能源自主供给的方式飞行，点火起飞后的人为干预、故障修复手段极为有限。在建造规模方面，由于每发运载器几乎都是"独一无二"的，产品高性能、高可靠等任务要求与工程建造小子样异总体等特点形成鲜明的对比。上述特点使运载器系统建造与航天器系统一样呈现出典型的探索性、先进性、复杂性和高风险性。

1）探索性。从任务要求、运行环境到工作模式、建造规模，运载器系统与一般工程系统的显著区别首先在于工程的探索性。为满足特定要求，运载器系统在建造过程中，不仅解决工程建造过程中的实施操作问题，同时还要进行创新性研究和探索活动，以解决相当数量的基础科学和工程技术问题。科学、技术与工程问题的耦合，大幅增强了研制工作的探索性。

2）先进性。作为最新科技成果集大成的产物，以各种大推力运载火箭、灵活机动的固体运载火箭、新能源运载火箭、可重复使用运载火箭等为代表的运载器类装备成为当前技术先进性非常突出的大型复杂工程系统，其建造和飞行过程广泛采用世界上最新的高科技，是当今世界上的最新科学与高新技术的综合结晶，主要体现在技术性能指标的先进性、技术参数的相关性、专业技术的多学科性、研制过程的阶段性、产品组合的配套性等。

3）复杂性。运载器类装备涵盖了众多基础学科，在研制中应用了大量工程技术和方法；同时，为保证运载器在特殊环境中自主运行并完成规定任务，实现高性能、高可靠的要求，需要建立并运行有效的多学科、跨专业的协同研制模式。这些因素大幅增加了运载器类装备建造的复杂程度。

4）高风险性。运载器建造的严苛要求、独特的自主运行模式、高度的技术特性关联耦合关系，以及大量的人力、设备、财务、物资等的组织指挥、协调调度和广泛的工程协作等因素，决定了某个局部的细微的问题或异常，均可能导致系统整体的功能衰退甚至失效，进而产生严重的经济损失和巨大的社会影响。

4.1.2　核心指标

常规运载器类装备的核心质量特性通常表现为核心技术指标，一般在应用构想或用户需求明确之后，设计和研制开始之前确定，并随着研制和鉴定工作的深入，逐步细化和完善。核心技术指标通常包括航天器对运载器的要求指标、运载器总体参数和发射轨道等，也包括隐含的可靠性、安全性、测试性、维修性、环境适应性和保障性等通用性指标要求。

常规运载器核心技术指标的确定程序一般是在收集用户需求或要求、汇总来源不同的任务要求和与国外对标并结合专业发展的基础之上，由总承方组织主要相关方一起确定，尤其是核心技术指标须满足用户要求。

（1）航天器要求参数类型（见表 4-1）

表 4-1　航天器对运载器要求的主要技术指标（示意）

指标 ＼ 航天器		航天器 A	其他航天器
卫星质量（含分离释放机构）		————±——kg	——
平均轨道		半长轴：————km；偏心率：——；轨道倾角：——.————°等	——
入轨精度要求（3σ）	半长轴偏差	≤—km	——
	轨道倾角偏差	≤—.——°	——
	偏心率偏差	≤—.————	——
降交点地方时（平太阳时）		—:——AM	——
卫星入轨段测量时间		≥———s	——
星箭分离形式		—————	——
星箭分离速度		—.—～—.—m/s	——
分离姿态（运载器轨道坐标系）	分离时刻当地俯仰角	—°	——
	俯仰角偏差	≤—.—°	——
	偏航角偏差	≤—.—°	——
	滚动角偏差	≤—.—°	——
	俯仰角速度偏差	≤—.—°/s	——
	偏航角速度偏差	≤—.—°/s	——
	滚动角速度偏差	≤—.—°/s	——

续表

指标　　　　航天器	航天器 A	其他航天器
航天器分离相对速度	−.−～−.− m/s	——
整流罩分离高度要求	>———km	——
机械接口	———型包带和适配器连接	——
电接口	卫星脱插射前———分钟 X 脱落，飞行过程中使用 XX 接口	——

（2）运载器总体参数类型（见表 4 - 2）

表 4 - 2　运载器主要总体技术参数（示意）

序号	项目名称	单位	第一级	第二级	
				主机	游机
1	加注后总质量(起飞质量)	t	———		
2	起飞推力	kN	————.—		
3	卫星质量	kg	———		
4	运载器全长	m	——.——		
5	直径	m	—.——		
6	卫星整流罩直径	m	—.——		
7	理论长度	m	——.——	——.——	
8	实际长度	m	——.——	——.——	
9	名义直径	m	—.——	—.——	
10	额定推力	kN	————.—	———.——	——.——
11	额定比冲	m/s	————.—	———.——	
12	运载能力	kg	低轨道————，太阳同步轨道————，地球同步过渡轨道————，行星探测器轨道————		

（3）发射轨道

运载器发射轨道的典型陈述方式示例如下：

——运载器从————中心————号工位起飞，瞄准方位角———.——°；

——火箭垂直起飞后——s 实施程序转弯，同时空中滚转约—.—————°实施定向；

——一级飞行约———s 关机，关机后—.—s 一、二级分离；

——一、二级分离后二级飞行约———s 主机关机，其后游机单独工作约———s 关机；

——游机关机后——s 时航天器 A 与运载器分离，之后搭载星依次分离，时间间隔为——s、——s、———s、———s；

——运载器航区境内经过——、——、——、——，从——出境，境外经过——，在————上空入轨；

——运载器—子级理论落点约为东经——.———°、北纬——.———°，位于——省——县境内；

——航天器整流罩理论落点约为东经——.———°、北纬——.———°，位于——省——县境内，可以满足安全性要求；

——运载器发射窗口前沿为北京时间——时——分，窗口宽度为——min，瞄准窗口前沿发射。

运载器飞行时序特征点主要弹道参数见表 4-3。

表 4-3　特征点主要弹道参数（样表）

名称	符号	单位	起飞点	程序转弯	一级关机	一、二级分离	整流罩分离	二级主机关机	二级游机关机	航天器分离
总时间	t	s								
分时间	t^*	s								
切向加速度	$\dot{V}$	m/s^2								
攻角	α	(°)								
海拔高度	h	m								
大地距离	L	m								
当地俯仰角	φ_d	(°)								
相对速度	V	m/s								
斜距	r^*	m								
马赫数	Ma	—								
动压头	q	Pa								
质量	m	kg								
大地纬度	B	(°)								
大地经度	λ	(°)								
地心角	f	(°)								
俯仰程序角	φ_{cx}	(°)								
偏航程序角	ψ_{cx}	(°)								

4.2　方案与立项

4.2.1　工作流程

本阶段的输入是用户需求和运用设定，输出是产品设计开发方案、产品规范等。主要工作如下。

1）汇总并详细分析用户需求和技术发展要求，重点是运载器的用途需求。

2）设计运载器开发方案，确定攻关难点。

3）制定运载器开发计划，包括可靠性、安全性和设计准则等纲领性文件。工作流程如图 4-1 所示。

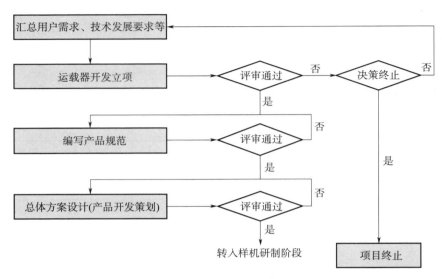

图 4-1　运载器立项工作流程

4.2.2　方案设计

方案设计采用系统工程理念，进行可靠性工作、安全性工作、设计准则等总体策划，制定可靠性、安全性和设计准则等纲领性文件，规定和提出工作项目和实施要求。

（1）可靠性大纲

可靠性大纲是针对运载器可靠性工作的实体策划，是各系统单机研制工作的指导性文件之一，规定了运载器和各分系统应进行的可靠性工作项目及要求。全箭、各分系统和单机设计须严格落实大纲要求。

可靠性大纲系统地规范了可靠性工作的项目和要求，使可靠性工作有章可循、有法可依，分系统根据本系统的特点，在可靠性大纲的基础上进一步制定本系统的可靠性设计准则，作为分系统和单机产品必须遵守的可靠性设计依据。按照可靠性大纲的要求，全箭和各分系统均须进行可靠性分析工作，建立主要故障树，确定关键件、重要件清单等。

（2）安全性大纲

安全性大纲对安全性设计要求、安全性定性分析、安全性功能通路潜通分析、安全性评价、安全性关键项目、安全性管理的各项工作及基本要求进行规范。同时，各分系统还应制定安全设计准则，对危险性故障的后果和发生的概率进行分析。在此基础上，全箭进行Ⅰ、Ⅱ类故障树分析，确定全箭最小割集，制定安全控制点及安全控制措施、成败性及灾难性故障防治措施等文件。

（3）设计准则

设计准则用以确定全箭及各分系统可靠性与安全性工作重点，包括：

——充分考虑运载器及其承担任务的特点，在设计中将可靠性放在首位；

——新设计或做适应性修改的分系统和设备的可靠性工作重点是可靠性设计与分析，并通过可靠性试验发现设计和工艺的薄弱环节，验证可靠性措施的有效性，以及是否达到规定的可靠性要求；

——采用原有设计的分系统和设备的可靠性工作重点是可靠性分析，对存在的薄弱环节加以改进和控制，重点是解决防多余物、防静电、防虚焊、防锻压线、防松动、防电磁干扰、防过负荷、防不相容等问题并进行必要的可靠性试验；

——新设计分系统、单机或部件力求简单、可靠，尽量采用成熟技术；

——采用原有设计的分系统或部件，应严格进行可靠性复查；

——电器设备应进行降额设计、热设计及电磁兼容设计；

——各分系统、设备根据可靠性要求及环境条件，采取相应的冗余设计、裕度设计和环境防护设计；

——各分系统的软件要求采用可靠性设计技术，贯彻软件工程化要求；

——各分系统在设计时考虑维修性和人机工程学等要求。

4.2.3　质量控制要点

此阶段质量控制的要点是针对以下内容，确认是否满足相关规范要求：

——用户使用要求是否得到充分识别；

——技术方案满足用户使用要求和相关技术指标的程度；

——整体方案的系统可行性；

——成熟技术集成程度；

——新技术实现可能性；

——可靠性、安全性大纲是否满足用户要求；

——是否建立了设计准则，准则的完整性和充分性如何；

——维修性、保障性、测试性和环境适应性等通用质量特性的考虑；

——项目风险识别与评价；

——工艺可行性；

——元器件可获得性；

——产品可生产性；

——特殊要求和特殊技术实施的可行性评价；

——必要的专题评审；

——其他针对该装备所必需的评审活动。

此阶段质量控制的主要活动是产品规范和总体方案设计评审，须邀请用户代表参加产品规范和总体方案的审查和评审，并确认上述 15 条质量控制要点在方案和计划中得到落实。

4.3 初样阶段

初样阶段工作还可以进一步细分为原理样机研制和工程样机研制，也可将二者结合进行。

4.3.1 主要工作

对于新研运载器产品，初样阶段是研制过程中工作量最大，同时也是最重要、最关键的一环。

（1）总体

运载器总体在这一阶段的主要工作包括：

——完成总体设计；

——完成初样危险因素分析和可靠性分析；

——完成落区勘察；

——完成遥测参数表、结构设计要求和分系统试样（正样）设计任务书；

——确定初样各种大型试验项目并完成大型地面试验；

——软、硬件设计文件、图纸、文档按要求进行归档；

——完成总体初样设计报告；

——提出飞行试验方案；

——提交试样技术配套表、状态表和靶场发射流程等文件；

——完成与各系统技术协调，确定试样技术状态；

——完成设计评审并对评审中提出的问题有明确的处理意见和结论。

（2）分系统

运载器分系统在这一阶段的主要工作包括：

——完成分系统设计和分系统可靠性、安全性大纲规定的工作项目；

——完成分系统产品生产，生产工艺通过考核；

——完成分系统各类技术文件编写；

——软、硬件设计文件、图纸、文档按要求进行归档；

——完成分系统各项试验；

——完成分系统设计评审，提出单机或设备试样研制任务书。

（3）大型地面试验

初样阶段技术状态经地面试验验证要符合总体技术要求和系统间协调所确定的接口要求，主要试验包括：

——完成各电气系统综合匹配试验；

——完成电磁兼容试验；

——完成控制系统仿真实验；

——完成发动机和伺服机构等联合试车；

——完成全箭振动试验；

——完成箭体结构静力试验等多项目试验。

（4）关键技术攻关

完成全部关键技术攻关。

4.3.2 原理样机研制

本阶段的主要工作是根据产品规范的要求、资源需求和技术储备，梳理产品技术树，确定关键技术，完成原理样机的研制。

（1）工作流程

该阶段侧重于技术开发，主要是为掌握某项关键技术而专门开发可对工作原理进行验证的样机。工作重点是进行任务分析，制定实现方案，开展原理机设计、调试、试验等。该阶段工作流程如图 4-2 所示。

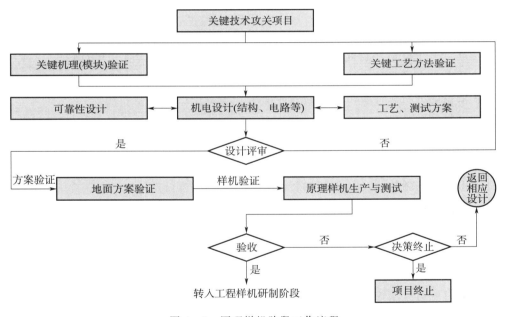

图 4-2 原理样机阶段工作流程

（2）评价要素与完成标准

主要包括：

——产品组成与设计方案一致；

设计的主要内容包括产品组成、指标分解、尺寸、质量、功能、外观、结构及机械接口、电气及其接口、热及其接口、产品外部接口、工艺设计和软件设计等；

——通过原理性能测试，性能指标满足产品规范要求；

——通过功能测试，功能指标满足产品规范要求；

——对其质量、功耗、体积等可适当放宽要求；

——机械、电性能等接口满足产品规范要求；

——地面考核试验一般不作要求；

——元器件、原材料设计与选用一般不作具体要求，可采用商用产品；需要时，选用的原材料、元器件等要考虑空间环境下可替代性和可实现性；

——可靠性一般不作要求。

（3）原理样机测试与验证

原理样机测试与验证主要包括性能测试和功能测试。原理样机要根据设计方案和技术指标要求制定测试和验证方案，测试项目要具有覆盖性，对原理样机的原理性能、功能实现等进行指标测量、功能测试，必要时，通过参与系统的联试，验证原理的可行性和研制的可实现性。

用户在原理样机研制阶段需要参加必要的阶段性工作总结和评审，适时跟踪掌握关键技术攻关的情况和工程的实际进度，确认与规划、计划之间的偏差，包括工程费用情况。

（4）质量控制要点

此阶段质量控制的要点包括：

——进行多个方案比较并确定最终方案，方案设计正确、合理、可行；

——技术方案满足技术指标（包括可靠性、维修性、安全性、电磁兼容性等）要求的程度及其依据的分析、计算以及试验（或演示）等工作；

——可靠性预计的合理性；

——技术状态基线确定情况，成熟的模块和技术是否得到充分应用，新研产品与产品型谱的符合情况；

——拟采用的新技术、新工艺、新设备的必要性、可行性；

——所进行的关键技术分析论证充分，关键技术和攻关项目的解决途径合理、可行；

——测试试验方案的合理性、可行性；

——进行风险识别和分析，提出的预防措施可以将风险控制在可接受范围内。

此阶段质量控制的主要活动是设计评审和原理样机验收。针对原理样机研制阶段的质量控制，用户可通过跟踪原理样机测试与验证过程和参加设计评审、原理样机验收等活动确认上述 8 条质量控制要点得到落实。

4.3.3 工程样机研制

本阶段是在原理样机产品的基础上，按飞行条件进行地面考核，使功能性能满足产品规范的要求。

（1）工作流程

这一阶段是设计的关键阶段，是运载器产品真正实现阶段，设计工作要完整地考虑产品的功能、性能、质量、加工、装配、检验、测试及维修等全部要素，最大限度地保证产品质量，缩短研制周期。

工程样机的研制过程是一个模块化、组合化的研制过程，工程样机产品完成的标志是关键技术完全解决，通过鉴定级地面试验。本阶段的重点工作是组合化（模块化）设计、全面可靠性设计与验证。工作流程如图 4-3 所示。

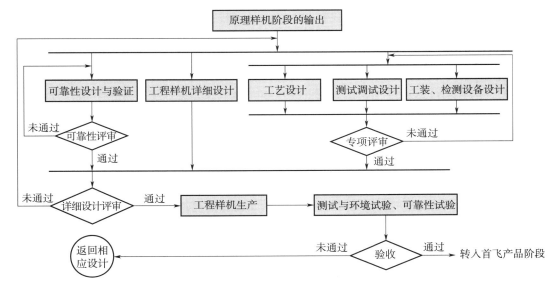

图 4-3　工程样机阶段工作流程

在研发流程设计时，应把需要考虑的因素增加进去，以确保：

——设计师在设计阶段完成全部设计内容；

——充分考虑产品生命周期内的需求；

——完成详细工艺设计、测试细则编写；

——完成工装设备包括测试设备的设计与制造。

（2）评价要素与完成标准

工程样机通过评审是初样阶段结束的标志，完成标志主要包括：

——完成箭上产品初样（工程样机）设计、生产和规定的试验；

——完成地面设备初样（工程样机）设计、生产和规定的试验；

——各项关键技术及工艺攻关均已突破，并达到预期技术要求；个别尚未突破的技术，在试样（正样）投产前可以解决；

——产品设计内容齐全，组成与设计方案一致，差异处已得到协调处理；

设计的主要内容一般包括：产品组成和指标分解、尺寸、质量、功能、外观、结构及机械接口、电气及其接口、热及其接口、产品外部接口、工艺设计和软件设计等；

——通过性能测试，性能指标满足产品规范要求；

——通过功能测试，功能指标满足产品规范要求；

——产品质量、功耗、体积等满足产品规范要求；

——机械、电、热等性能接口满足产品规范要求；

——元器件、原材料设计与选用一般要求选择不低于航天级产品，选用的原材料、元器件要求通过相应的环境试验考核；

——完成初样阶段规定的地面考核试验，试验结果满足试验大纲的要求；

——完成可靠性大纲、安全性大纲和电磁兼容性大纲规定的初样阶段工作项目，完成初样阶段可靠性、安全性分析报告；

——按软件工程化大纲要求，完成初样阶段软件分析、设计、编码实现和文档编制等大纲规定的工作，软件完成综合测试和系统联试；

——试样状态已经明确，总体提出试样研制任务书并开始协调，完成全箭试样产品技术配套表；

——完成总体初样报告，并通过转试样阶段评审。

（3）质量控制要点

此阶段质量控制的要点包括：

——产品组成合理、原理正确；设计中考虑了以往同类产品暴露的技术问题，并采取了有效的纠正和预防措施；

——采用的设计准则、规范和标准正确、完整；

——产品的功能和性能指标满足产品规范要求；

——分析、计算依据的输入完整有效，建立的模型合理；计算方法和计算结果正确，分析全面；

——产品的技术接口关系、产品内部模块之间的接口关系明确、协调；

——进行了可靠性、安全性设计与分析；可靠性模型和可靠性预计正确，预计结果满足任务书要求；可靠性设计验证充分，仿真及设计的试验合理；

——单点失效点和关键件识别充分，控制措施合理、可行；

——成败性、灾难性等严重故障模式识别分析完备，相应的控制措施可行、有效；

——确定的测试项目全面，测试时机和条件合理、可行；不可测项目分类正确，过程控制措施明确、合理可行；

——选用的工艺合理可行，新工艺经试制检验可行；

——所选元器件、原材料的品种和供货方情况、质量和可靠性情况、采购风险等满足项目要求；所选目录外元器件/原材料履行了审批手续；

——对照关键技术攻关列表，确认所有关键技术均已突破，个别未突破项目在试样投产前可以解决；

——产品数据包完整、正确。

此阶段质量控制的主要活动是详细设计评审、可靠性验证、地面环境模拟试验和工程样机验收等。

针对初样（工程样机）研制阶段的质量控制，用户通过以下活动确认上述 13 条质量控制要点得到落实：跟踪大型地面试验，参加大型地面试验结果评审；参加详细设计评审和工程样机验收；必要时，聘请权威机构或专家针对关键技术攻关、初样产品、质量安全控制、质量问题等开展第三方评审。

4.4　飞行产品研制

本阶段是在工程样机研制的基础上，固化设计技术状态、工艺文件等，并按固化的技术要求和状态进行生产加工，完成系统测试和地面试验验证。

4.4.1　研制过程控制

这一阶段的主要工作是飞行件设计评审、飞行产品制造、测试与环境试验、产品验收等，工作流程如图 4-4 所示。

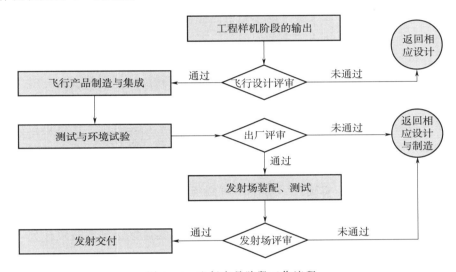

图 4-4　飞行产品阶段工作流程

（1）固化技术状态

在工程样机技术状态基础上，根据实际飞行应用条件，调整、补充、完善产品研制要求、产品规范，细化功能性能指标、接口要求，可靠性、安全性、电磁兼容性要求，产品功能特性验证的全部测试和试验（或分析）要求等，确定飞行产品研制基线。固化的飞行产品技术状态要在后续的生产、测试和试验过程中严格控制。同时，根据实际应用、测试和试验验证情况，完善产品工艺设计，形成全面配套、满足设计要求的工艺文件，为后续的加工生产与控制提供依据。

（2）产品生产控制

飞行产品研制是基于工程样机研制过程、结果并经过改进和完善而进行的。飞行产品的生产制造须全过程按照产品规范和工艺要求进行，技术和质量受控。重点是技术状态控制、生产过程控制以及测试覆盖性控制等。

1）技术状态控制。技术状态控制的工作重点：一是保证产品加工生产按照设计和产品规范进行，并保证生产、装配、集成和测试的各阶段，产品技术状态得到连续的文件控制；二是技术状态更改须遵循"论证充分、各方认可、试验验证、审批完备、落实到位"

的控制原则，所有更改都要经过充分论证和评审并按照技术状态更改控制的规定进行申请和批准；三是技术状态更改必须进行影响域分析和影响结果评审确认、用户认可，并保留更改不影响产品功能性能达成预期目的的证据和有权批准更改的委员会或人员的批准记录；四是所有技术状态的偏离或超差都要经过产品技术状态控制委员会的审查和批准。

2）生产过程控制。生产过程控制的主要内容：一是工艺选用控制，新工艺、关键工艺的选用应经过评审；二是关键项目、不可测项目、关键件、重要件、关键工序控制，上述相关的生产过程在开工前须对人员、设备、原材料、工作环境、工艺方法、测试方法和设备等进行确认，生产过程中对上述要素进行持续监测；三是强制检验点、关键检验点控制，必须确保手续完备，检验记录完备并保持可追溯性；四是不合格品（项）控制，必须建立不合格品控制委员会，属关重件的不合格品原则上不得让步接收，任何不合格品的让步接收都应报告用户，并经用户代表确认同意；五是外协产品关键过程质量控制，需要对关键过程生产能力进行评审确认，涉及特殊过程的，应对过程进行确认；六是产品调试、测试和试验过程控制，应针对上述活动要求制定并落实相应的测试或试验大纲。

3）测试覆盖性控制。产品系统测试是检验产品与产品规范和技术要求的符合度，找出缺陷，指导改进的基本手段。产品系统测试时机包括生产、装配、调试以及试验过程中的测试，测试内容包括接口测试、功能测试、性能测试等。产品测试覆盖性要求飞行产品的测试系统全面、准确，要确保所有可测试项目均进行了充分有效的测试，不可测项目在研制过程中质量控制措施落实到位。对于不可测项目应有旁证检查手段确认其能满足要求，不可测的关重件必须有充分的证据证明其处于良好状态，且各项指标满足要求。用户应参与测试方案的评审，结合产品部件验收、分系统和系统联试等节点工作处，对测试结果进行审查，确保测试覆盖性达到要求。

（3）地面环境试验验证

飞行产品功能和性能检验与验证的最主要方式是进行产品地面环境模拟试验，典型的地面环境试验验证有老练和环境应力筛选。

1）老练。老练是产品质量控制的一个重要工艺环节，通过模拟产品的使用条件，让产品工作一段时间，及早发现并剔除早期的失效，使交付的产品处于故障率较低的水平。老练一般采用整机老练的方式进行，但对于有使用寿命的机电产品，电子部分可以先按整件要求进行单板老练，然后装入整机再进行整机老练试验，整机老练时间根据产品寿命而定。一般在工程实践中采用高于使用环境的恶劣环境进行加速老练，但恶劣环境的应力不得超过产品的极限应力要求。老练试验应在工作周期内连续进行，应力水平按比例分配到各个试验周期。出现故障时，老练时间要重新计算。

老练试验的总时间一般不大于产品寿命的20%；工作寿命按通断次数计算的产品，按其产品规范和技术文件规定的通断次数和频率进行通电老练，通断次数一般不超过使用寿命次数的5%。对于高可靠的应用场合，箭上电子产品的老练时间一般选为1 000 h；而地面测发控的老练时间一般选在200 h。

2）环境应力筛选。环境应力筛选是为发现和排除产品中元器件和工艺缺陷而在环境应力下所做的试验。电子产品环境应力筛选按元器件级、单板机和整机级进行三级筛选，其主要试验项目包括温度循环和随机振动等。

4.4.2　单机产品控制

4.4.2.1　功能性能测试

航天领域有一条经验"测试你要飞行的，飞行你所测试的"（test what you fly，fly what you test）。第一句就是强调测试的等效性，也就是要缩小测试中天地之间的差异性，飞行中使用的功能，测试中一定要测试到。但是，进入系统测试阶段，由于许多测试用例难以在系统中开展，因此单机功能性能测试（有时也称单元测试）就成为确保测试有效性的重要环节。

在设计单机测试用例时须遵循以下原则：

——尽可能模拟真实环境。

——确保测试用例对任务书要求的覆盖性，并建立测试需求跟踪表（见表 4 - 4）；有些任务书的条目是概述性的，可能难以对应具体的测试需求，因此，测试需求表格须反馈到用户，双方共同确认是否确实难以提炼测试要求。

表 4 - 4　测试需求跟踪表（样表）

序号	任务书条目	测试需求	测试用例	旁证措施

——兼顾功能测试和性能测试。通常性能测试在调试阶段进行，采用手工方式测试，而在自动化的验收测试中，尤其是数字化的电子产品，往往忽略性能指标的验证，进而埋下隐患。很多性能指标是可测的，如实时性、时间精度、最大负载率、最大通信速率、抗干扰设计的信号门槛、中断响应时间等，没有性能测试，量化指标将难以考核。

——各种工况均要考核。包括：常态和边界情况测试；正常与故障条件下测试；稳态与动态（瞬态）条件下测试等。

——软件与硬件集成测试。对含有嵌入式软件的产品而言，最终状态的软件应与硬件集成测试，而且不能将这类工作留到系统试验中验证，即不能用系统试验代替单机测试。

4.4.2.2　验收交付

飞行产品交付使用前，要进行产品的验收。单机产品的验收应按照产品规范和相关设计文件等进行。验收内容包括：

——产品状态及接口检查：包括对产品的标识、外观、机械接口、热接口、电接口、人-机接口、质量等进行检查；

——产品性能指标检查：依据产品研制规范和测试大纲等要求，对产品功能指标、性能指标、电磁兼容性、光学性能、机械性能、减振性能、密封件有效期，以及通电测试的安全性、热接口、电接口及其他应检项目的符合性进行检查；

——产品数据包及符合性检查：对验收产品的完整性、有效性和提交文件的完整性、协调性、正确性，产品质量与可靠性过程管理的充分性和符合性等进行检查；

——其他项目：工艺及各种保护罩、保护插头、产品多余物、测试的覆盖性、试验的正确性和实验结果的符合性等。

必要时，可以通过分系统或系统联试，对单机产品无法测试或考核的项目进行综合分析和考核确认。

验收合格的产品方能参与后续的系统集成研制和飞行应用。

4.4.2.3　完成标准

单机产品完成标准主要包括：

——产品设计内容齐全，组成与设计方案完全一致；

设计的主要内容一般包括产品组成和指标分解、尺寸、质量、功能、外观、结构及机械接口、电气及其接口、热及其接口、产品外部接口、工艺设计、软件设计等；

——通过性能测试，性能指标满足产品规范要求；

——通过功能测试，功能指标满足产品规范要求；

——质量、功耗、体积等满足产品规范要求；

——机械、电、热等性能接口满足产品规范要求；

——通过地面考核试验，包括根据需要规定的力学、热真空、热平衡、电性能测试等地面环境模拟的验收级试验；

——元器件、原材料设计与选用满足规定要求；

一般要求选择选用目录内的产品，所选产品应技术先进、工艺成熟、质量可靠、产品定型、批量生产、供货稳定；目录外产品的选择必须经过充分论证，选用的原材料、元器件要求通过相应的环境试验考核；

——产品通过可靠性、寿命分析与试验考核验收，满足产品规范要求。

4.4.2.4　质量控制要点

单机产品质量控制的要点包括：

——对单机工程样机阶段的超差项进行了分析，需要在飞行设计中进行调整或优化的指标已经得到确认，产品功能性能满足产品规范要求；

——产品技术接口关系、产品内模块之间的接口关系正确、协调，并得到验证；

——前一阶段评审待办事项及评审后设计更改的落实情况；

——工程样机阶段所规定的各种试验验证情况，采用的新工艺、新器材鉴定结果满足要求；

——技术状态基线控制情况，根据工程样机阶段质量问题归零情况、技术问题处理情况和技术状态更改情况，将有效地解决措施落实到正样产品相关的文件和图纸上，更改验证充分有效，已经批准的更改落实到位；

——对工程样机阶段中其他同类型单机或电路模块暴露的技术问题进行了举一反三；

——进行了可靠性、维修性、安全性设计与分析；

——单点失效点和关键件识别充分，控制措施合理、可行；

——确定的测试项目全面、合理，测试时机和条件合理、可行；

——不可测项目分类正确，过程控制措施明确、合理、可行；

——所选目录外元器件/原材料审批情况，是否存在原材料、元器件的变更情况，对代用和新补充的元器件履行了相关审批手续；

——对由于飞行元器件使用状态变化引起产品在降额、抗力学、耐辐射、热分析、防静电环节方面的相应变化进行了仔细的分析和验证。

4.4.2.5　单机产品数据包

单机飞行产品数据包是对单机飞行产品研制过程和实现结果的客观记录，也是验收飞行产品、评价其符合性的重要依据。

飞行产品数据包主要包括：

（1）设计类文件

——产品规范；

——产品设计全套图样；

——产品设计报告；

——测试覆盖性分析；

——测试细则（装配技术要求）；

——特性分析报告；

——关键件清单、重要件清单；

——试验大纲；

——产品试验/测试报告；

——使用说明书；

——电子元器件配套表及原材料清单；

——目录外元器件清单；

——其他需要形成的成文信息。

（2）过程类

——产品复核复审过程记录；

——工作程序记录表，跟踪卡；

——各类评审证明书，包括设计、工艺、产品规范和可靠性、安全性等通用质量特性的各种评审证明；

——其他需要保留的证明过程实施满足要求的成文信息。

（3）工艺类文件

——工艺总方案；

——工艺流程图；

——工艺文件目录；

——测试细则；

——工艺文件，包括零件加工工艺、部件组装工艺、试验工艺、整机装配工艺、非标设备设计文件及工装文件、特种工艺文件、关键工序目录/工艺规程/控制卡等；

——工装设计文件及其制造规模；

——工艺装备明细表；

——材料消耗工艺定额明细表；

——外协件明细表；

——元器件及材料汇总表；

——工艺清单；

——其他需要形成的成文信息。

（4）管理类、产品保证类

——产品技术流程；

——产品计划流程；

——产品保证大纲；

——产品外协保证要求；

——外购件质量证明；

——元器件、原材料采购规范要求；

——外协、外购件合格供方清单；

——验收细则；

——生产过程质量跟踪文件数据包；

主要包括机械加工质量跟踪卡、调试质量跟踪卡、喷涂质量跟踪卡、产品出厂检验记录、关键工序控制卡等；

——评审证明书，含设计、工艺、试验、产品质量、质量问题归零、技术状态更改等；

——其他需要证明满足要求的成文信息。

4.4.3 产品集成控制

4.4.3.1 开工前确认

对以下条件进行确认，满足后才能开工：

——所需成文信息完整、有效、正确，包括总体、分系统、装配、工艺等文件和多媒体记录；

——获得适宜的监视和测量设备，确保监视和测量设备的计量特性与监视、测量的要求相适应；

计量特性是指影响测量结果的特性，如测量范围、测量不确定度、最大允许误差和灵敏度等；

　　——测量设备应按照有关规定进行校准或检定合格，并保留记录；

　　用于监视和测量的计算机软件，初次使用前应经过验证和确认合格，需要时再次验证和确认合格，并保留记录；生产和检验共用的测量设备，用作检验前应加以校准或验证合格，并保留记录；对于一次性使用的测量设备，使用前应进行校准或检定合格，并保留记录；

　　——配置的设施设备满足工作要求；

　　——配置的人员胜任工作，包括所要求的资格；

　　——环境条件（包括温度、湿度、洁净度、静电防护等）满足要求；

　　——预防、探测和排除多余物的规定；

　　——所有相关的单机部件经验收合格；

　　——所有原材料和辅助材料满足要求；

　　——确认和审批使用的计算机软件；

　　——当使用代用器材时需要经过审批，影响关键或重要特性的器材代用应征得用户的同意；

　　——按照工艺要求进行了技术安全检查，结果合格；

　　——对关键过程进行标识；

　　——设置控制点，明确监视和控制的关键特性和重要特性；

　　——若输出结果不能由后续的监视或测量加以验证，应对集成过程实现预期结果的能力进行确认；

　　过程能力确认内容包括：过程评审和批准的准则，设备认可和人员资格鉴定，特定方法和程序的使用，环境条件的确定等；

　　——保留满足可追溯性要求的成文信息。

4.4.3.2　实施过程控制

　　产品集成实施过程中，对以下因素进行有效控制：

　　——测量设备应予以保护，防止由于调整、损坏或衰减所导致的校准状态和随后的测量结果失效；

　　——对环境条件（包括温度、湿度、洁净度、静电防护等）进行持续监测；

　　——落实防护措施，包括标识、处置、污染控制、静电控制、包装、储存、传输或运输以及保护；

　　——落实防差错措施，必要时，实行双岗；

　　——在控制点处对过程参数、产品特性进行有效监视和控制，对关键和重要特性实施100％检验，不能实施检验的项目应征得用户的同意；

　　——技术状态更改满足"五条"标准，即"论证充分、各方认可、试验验证、审批完备、落实到位"；

　　——建立集成过程的记录，详细记录投料、加工、装配、调试、检验、交付数量、质量、操作者和检验者，并按规定保存；

——对产品进行唯一性标识，并保留所需的成文信息以实现可追溯。

4.4.3.3 交付与验收

集成产品在向系统或总体交付前，应进行检验、试验，确认其符合接收准则后，方可向上级系统或总体交付。

交付时应提供按规定签署的产品合格证明、检验和试验结果文件，有关技术状态更改的执行情况。

交付的集成产品应经上级系统或总体验收合格，并按要求提供有效技术文件、配套备附件、测量设备和其他保障资源。

未完成所有要求的检验活动需要紧急放行的，应按规定履行审批手续，并征得用户的同意，保留可追溯性的成文信息。

4.4.3.4 运载器整箭数据包

（1）设计类

——与航天器接口控制文件；

——与发射场接口控制文件；

——与测控系统接口文件；

——对发射场技术要求；

——对地面测控系统技术要求；

——综合测试方案；

——各阶段综合测试大纲；

——各阶段测试程序；

——推进剂加注组织实施方案；

——推进剂加注任务分析报告；

——推进剂加注大纲；

——推进剂加注防护要求；

——推进剂加注安全措施与故障对策；

——各类故障应急预案；

——具有不可测项目的Ⅰ、Ⅱ类单点产品风险防范措施汇总表；

——火工品配套表；

——软件配套表；

——其他须形成的设计类成文信息。

（2）过程类

——各类综合测试工作程序记录表；

——数据判读及测试总结；

——出厂研制与质量总结报告；

——发射场工作总结报告；

——风险分析与控制报告；

——各阶段工作总结报告；

——检查、测试、验证和确认活动多媒体记录；

——强制检验点设置及执行情况；

——涉及Ⅰ、Ⅱ类单点故障的易错项目及控制情况；

——元器件超期复验结果及处理情况汇总表；

——Ⅱ类以上技术状态更改汇总表；

——质量问题归零和处置情况汇总表；

——对本型号及其他型号质量问题举一反三情况汇总表；

——其他需要保留的证明过程实施满足要求的成文信息。

（3）工艺类

——各阶段测试细则；

——推进剂加注演练细则；

——推进剂加注细则；

——运输工艺规程；

——技术工艺流程；

——技术安全流程；

——出厂前测试不能覆盖发射场试验状态汇总表；

——地面测试不能覆盖飞行试验状态汇总表；

——其他需要形成的工艺成文信息。

（4）管理类、产品保证类

——产品质量保证流程；

——组织计划流程；

——各阶段工作实施大纲；

——推进系统加注任务书；

——技术风险分析与控制工作策划；

——计算机病毒防护措施及应急预案；

——评审证明书，含设计、工艺、试验、产品质量、质量问题归零、技术状态更改等；

——其他需要证明满足要求的成文信息。

4.4.4　综合测试

运载器交付发射前，为确认其质量特性需要进行各种综合测试，一般包括单项测试、分系统测试、总检查和射前测试；分系统测试包括箭体结构系统测试、增压输送系统测试、发动机系统测试、控制系统测试、推进剂利用系统测试、外测安全系统测试、遥测系统测试、附加系统测试和系统匹配测试。

（1）单项测试

单项测试是一些难以编入自动测试流程中的测试项目或自动测试前的准备工作。这些项目之间的关联性不大，主要包括：

——地面电源启、停检查；

——地面电源与箭上设备的匹配性测试；

——耗尽关机电路检查；

——箭、地连接插头的脱落检查；

——时序安全检查；

——复位电路检查；

——转台测试（包括空载测试）；

——惯性器件检查；

——时序电路检查；

——卫星组合导航接口检查；

——基于三重模块冗余（Triple Modular Redundancy，TMR）的表决机制检查；

——基于故障诊断的冗余管理检查；

——基于故障吸收的容错设计检查

——基于参数裕度的冗余设计检查；

——元器件/部件级冗余设计检查；

——其他单项检查项目。

（2）箭体结构系统测试

箭体结构各舱（部）段严格按照图纸和设计文件进行试验、检查和测试，确定箭体结构和设备电缆安装设计状态正确，产品实物与图纸相符，满足总体及有关分系统的要求。有关舱（部）段强度剩余系数示意见表4-5。

表 4-5　运载器舱（部）段强度剩余系数（示意）

序号	舱段名称	强度剩余系数	破坏形式
1	卫星整流罩	—	筒段纵向构件连接强度
2	包带	—	拉弯强度
3	适配器	—	轴压总体失稳
4	支承舱	—	轴压总体失稳
5	二级氧化剂箱	—	纵向焊缝内压强度
6	二级箱间段	—	轴压总体失稳
7	二级燃料箱	—	纵向焊缝内压强度
8	级间壳段	—	桁条拉伸强度
9	级间架	—	管子失稳
10	一级氧化剂箱	—	筒段轴压局部屈服
11	一级箱间段	—	舱段轴压总体失稳

续表

序号	舱段名称	强度剩余系数	破坏形式
12	一级燃料箱	—	轴压总体失稳
13	过渡段	—	简段轴压总体失稳
14	尾段	—	竖立满载下的总体稳定性
15	尾翼	—	后主梁耳片应力强度

（3）增压输送系统测试

增压输送系统阀门附件均按图纸和技术条件生产、试验，阀门附件按批生产，每批生产完后进行典型试验。装箭的关重件附件的关重特性、关重工序均须在工艺文件和实物上得到落实，并按照关键工序控制要求填写"关键工序检验卡片"。导管均按图纸和技术条件生产、试验，所有焊缝进行 100% X 光检查及液压强度试验，合格后才能装箭。

增压输送系统按照设计图纸、文件进行生产、总装和试验，生产过程中按工艺规程对多余物进行控制。总装后，按总装厂测试细则、增压输送系统总装及气密性检查技术条件的规定，进行系统保压试验、蓄压器气密性检查、装箭阀门气密性检查、安溢活门打开压力检查，各项检查和测试均符合技术文件要求。气密性检查结果示意见表 4-6 和表 4-7。

表 4-6　运载器增压输送系统气密性检查结果（示意）

级别	系统	稳定压力/MPa	保压时间/min	压降/MPa	
				要求值	实测值
一级	高压系统（Y 气瓶）	—	—	≤-.-	
	高压系统（R 气瓶）	—	—	≤-.-	
	Y_I 系统	—	—	≤-.----	
	R_I 系统	—	—	≤-.-	
二级	高压系统（Y 气瓶）	—	—	≤-.-	
	高压系统（姿控气瓶）	—	—	≤-.-	
	高压系统（排放气瓶）	—	—	≤-.-	
	Y_{II} 系统	—	—	≤-.-	
	R_{II} 系统	—	—	≤-.----	

表 4-7　增压管密封面装配力矩及气密测试结果（示意）

序号	对接密封面	密封形式	连接紧固件	数量	拧紧力矩	气密试验
1	————与发动机降温器	—	—	—	—	—
2	————与————	—	—	—	—	—
3	————与堵头	—	—	—	—	—

安溢活门装箭后，在总装厂须进行自动打开测试，以及在发射场进行自动打开测试，打开、关闭过程无颤振和卡滞现象，压力均符合设计要求，测试结果示意见表 4-8。

表 4 - 8　安溢活门测试表压（示意）

序号	名称	打开压力			关闭压力		
		要求值/MPa	实测值/MPa		要求值/MPa	实测值/MPa	
			第一次	第二次		第一次	第二次
1	Y$_I$ 安溢活门	—±二	—	—	≥—	—	—
2	R$_I$ 安溢活门	—±二	—	—	≥—	—	—
3	Y$_{II}$ 安溢活门	—±二	—	—	≥—	—	—
4	R$_{II}$ 安溢活门	—±二	—	—	≥—	—	—

（4）发动机系统测试

发动机按技术文件要求进行总装，无错装、漏装现象，生产及装配过程中严格执行多余物控制措施，装配前认真清理工作现场，装配间歇对敞口部位及时封堵，对所有工、量具按册清点。

在组件及发动机装配时，严格配套、定额发放零部件；对所有工具、量具、消耗器材等按册清点；在产品各装配环节均经过了操作、检验和设计的三方确认无多余物；阀门试验均满足要求，装配时开展的灵活性检查、阀芯密封面和配合面 X 倍放大镜检查、行程和打开压力检查、气密性检查和多余物防控措施等均满足要求。

根据防热要求，姿控发动机系统安装防护罩及电缆挡火板，并进行防热包覆；产品调整计算状态正确，发动机装配调试完成后，对其系统调整参数和调试数据进行了复核复算，正确无误。

所有消耗品专人保管、登记发放、以废换新、班后清点；所有对接焊缝的 X 光底片经确认，焊缝内表面无滴状焊漏等，透视范围未见多余物；无法 X 光检测的部位，通过量化控制过程参数，焊后进行液压和气压试验检查，均合格；发动机装配完成后进行滚动听响声检查，未听到异常声音，产品工作腔内无多余物。发动机配套阀门在生产过程中的试验情况示意见表 4 - 9。

表 4 - 9　发动机配套阀门在生产过程中的试验情况（示意）

序号	产品名称	产品图号	试验项目	试验条件及要求	结果
1	启动阀门	—	检查试验	——MPa 检查碟盘和所有接口，不许漏气	
			典型试验	——MPa 检查碟盘和所有接口，不许漏气	
2	R 主阀	—	检查试验	——MPa 检查密封圈，——、——、——MPa 检查接口，不许漏气	
			典型试验	经过低温（——~——℃）、高温（——~——℃）——分钟后，进行——MPa 检查密封圈，——MPa 检查接口，不许漏气	

续表

序号	产品名称	产品图号	试验项目	试验条件及要求	结果
3	Y 主阀	—	检查试验	——MPa 检查密封圈，——、——、——MPa 检查接口，不许漏气	
			典型试验	经过低温(——～——℃)、高温(——～——℃)——分钟后，进行——MPa 检查密封圈，——、——、——MPa 检查接口，不许漏气	
4	断流活门	—	检查试验	——MPa 检查密封圈，——MPa 检查塞子凸肩，不许漏气	
			典型试验	经过低温(——～——℃)、高温(——～——℃)和常温的——MPa 检查密封圈，——MPa 检查塞子凸肩，不许漏气	
5	单向阀	—	检查试验	——MPa 检查连接处，不许漏气	
				打开压力≮——MPa，——MPa 和 ——MPa 漏气量≯——泡/秒	
			典型试验	低温(——～——℃)——分钟、高温(——～——℃)——分钟和常温——MPa 检查连接处，不许漏气	
				打开压力≮——MPa，——MPa 和 ——MPa 漏气量≯——泡/秒	

发动机试车主要性能参数协调、稳定、正常，满足总体设计要求，测试内容示意见表 4－10 和表 4－11。

表 4－10　发动机同批次试车主要性能参数（示意）

性能参数	单位	要求值	换算值	偏差	结论
推力	kN	—	—	—	合格
比推力	m/s	—	—	—	合格
混合比	—	—	—	—	合格
起动加速性	s	≤—	—	—	合格

表 4－11　发动机同批次试车振动分频平均值（示意）

测点名称	前稳定段(10～30 s)		爬升段(100～120 s)		稳定段(180～200 s)		试车成功包络值	
	频率/Hz	幅值/g	频率/Hz	幅值/g	频率/Hz	幅值/g	频率/Hz	最大幅值/g
推力室轴向振动	—	—	—	—	—	—	—	—
			—					

（5）控制系统测试

针对运载器使用的导航系统，制导子系统利用实测参数和接收机测量信息的精度，仿真计算运载器的综合入轨精度，入轨精度仿真结果满足航天器指标要求。

姿态控制系统的设计裕度可以满足运载器稳定飞行与控制要求，仿真结果示意见

表 4 - 12。姿态控制系统经数字仿真试验验证，表明系统各种条件下均具有良好的稳定性，满足任务书要求。火箭起飞漂移量计算结果表明可确保安全出塔。

表 4 - 12 姿态控制系统设计裕度（示意）

项目		俯仰（偏航）波道					滚动波道		
		刚体			弹性		刚体		扭转
		相位裕度/(°)	低频幅裕度/dB	高频幅裕度/dB	一阶相位裕度/(°)	幅裕度/dB	相位裕度/(°)	高频幅裕度/dB	幅裕度/dB
一级	要求	≥—	≥—	≥—	≥—	≥—	≥—	≥—	≥—
	设计	—	—	—	—	—	—	—	—
二级	要求	≥—	≥—	≥—	/	≥—	≥—	≥—	≥—
	设计	—	—	—	/	—	—	—	—

控制系统箭上产品技术状态正确，在设计、生产、试验等过程中严格按照质量文件规定执行，质量受控。单机产品在交付系统之前均完成了各项试验，包括环境应力筛选试验、交付验收及例行试验，试验结果显示产品功能正常，各项性能满足技术条件要求。控制系统综合试验中系统工作协调，各单机工作正常、测试数据满足技术要求，一致性好。

（6）推进剂利用系统测试

推进剂利用系统设计状态正确，装箭和备份产品经过各项交付试验考核和验收评审，各项性能指标均满足要求。推进剂利用系统综合试验完成单项测试、综合测试以及与遥测系统对接等全部测试项目。在综合试验中，地面测试设备同箭上其他设备工作协调，箭上设备工作正常、稳定，与遥测系统接口匹配，测试数据经比对一致性好，满足技术文件要求。推进剂利用系统主要测试数据示意见表 4 - 13。

表 4 - 13 推进剂利用系统主要测试数据（示意）

序号	参数名称	代号	指标要求	测试数据
1	箭上电源 Ⅰ	—	————==V	——～——V
2	箭上电源 Ⅱ	—	————==V	——～——V
3	综合控制器电源 Ⅰ 电压	—	————±——V	——～——V
4	综合控制器电源 Ⅱ 电压	—	————±——V	——～——V
5	综合控制器电源 Ⅲ 电压	—	————±——V	——～——V
6	综合控制器正常信号	—	起飞前：$T = ——±——V_s$ Ⅰ级飞行：$T = ——±——V_s$ Ⅱ级飞行：$T = ——±——V_s$	起飞前：$T = ——V_s$ Ⅰ级飞行：$T = ——V_s$ Ⅱ级飞行：$T = ——V_s$

（7）遥测系统测试

遥测系统按照飞行产品设计图纸、文件进行生产和试验，从设计、产品验收至系统综合试验的过程中严格按照产品质量保证文件规定执行，质量受控。装箭和备份产品通过各项交付试验，产品性能指标均满足要求。

依据遥测系统综合试验大纲和遥测系统测试细则，遥测系统完成分系统综合试验，试验中系统工作协调，各单机工作正常、性能稳定，信号接收正常，所有测试数据均满足总体和系统要求，一致性好，遥测系统主要测试数据示意见表 4-14。

表 4-14　遥测系统主要测试数据（示意）

序号	项目		要求值	测试值
1	遥测发射机功率		＞----W	----W
2	系统供配电	箭上电压	----～----V	----V
			----～----V	----V
			----～- --V	----V
			----～----V	----V

（8）外测安全系统

系统技术状态正确，装箭和备份产品通过各项交付试验，产品质量受控，性能指标满足要求。外测安全系统完成分系统综合试验，试验中产品工作正常，测试数据稳定，箭上产品与地面设备工作协调，外测安全系统主要测试数据示意见表 4-15。

表 4-15　外测安全系统主要测试数据（示意）

产品名称	参数	状态	单位	指标	系统综合检查
GNSS 接收机	—	正常态	V	----±--	----
	—	正常态	V	----±--	----
	—	定位后	V	----±--	----
安全指令接收机	—	加电	V	----±--	----
		开发射	V	----±--	----
	—	加电	V	----±--	----
		允许引爆/解爆	V	----±--	----
		预令	V	----±--	----
		动令	V	----±--	----
二级控制器	—	/	V	----±--	----
	—	加电	V	----±--	----
		零秒	V	----±--	----
		允许引爆/解爆	V	----±--	----
		姿态失稳	V	----±--	----
		姿态引爆	V	----±--	----
		预令	V	----±--	----
		动令	V	----±--	----

（9）附加系统测试

附加系统用于完成对运载器的推进剂加注、测温、垂直度调整以及发射方位的瞄准等工作。附加系统箭上产品，包括推进剂加注液位传感器、测温传感器等，经检查确认，状态良好。

（10）系统匹配测试

系统匹配测试是运载器的重要测试项目，目的是检查各分系统之间的协调性，一般安排在运载火箭各分系统测试结束之后进行。其测试目的主要包括：

——检验总体对遥测系统提出的测量参数和要求的合理性；

——考核遥测系统测量方案及与各系统电气接口的正确性；

——检验箭上控制系统与其他分系统间程序指令和联动信号设计的正确性；

——检查火箭各系统间的电磁兼容性。

系统匹配测试项目主要有：

——控制与外安系统匹配检查；

——控制与遥测系统匹配检查；

——外安与遥测系统匹配检查；

——推进剂利用系统与遥测系统匹配检查。

（11）总检查测试

总检查测试是对运载器各系统进行综合检查测试的项目，目的是：

——考核各分系统在全系统对接状态下功能的正确性；

——考核各分系统按飞行程序工作的正确性；

——考核全箭火工品电路按程序工作的正确性；

——检查姿态控制系统极性的正确性；

——检查制导系统关机时间的准确性；

——检查供、配电系统参数及一二级点火、分离时序等的准确性；

——检查各分系统遥测参数是否符合技术要求；

——检查安全自毁系统的自毁控制功能；

——检查转电电路和脱落电路的功能；

——检查紧急关机电路的功能和关机程序的正确性。

要达成上述目的，需要运载火箭处于不同的测试状态，且不同测试状态下需要不同的地面设施设备参加，因此，总检查测试通常有 3 种状态，即总检 I 状态测试、总检 II 状态测试和总检 III 状态测试。

检查 I 状态，在箭地连接插头按时序脱落的情况下进行模拟飞行测试，实际真正的转电控制，即由地面供电转为箭上供电。箭上供电可以采用电池，也可以从地面电源端直连供电电缆，该电缆常称为模拟电缆。

检查 II 状态称为假转电测试，即由地面供电测试，箭地插头均保持连接状态。

检查 III 状态又称为紧急关机测试，较为严格地模拟发射流程。在发出点火指令后，由于火箭未起飞，脱拔插头一直保持连接状态，则在点火指令发出一段时间以后，地面测发控系统自动发出紧急关机指令，通过脱拔连接器将关机信号送到箭上，实现紧急关机过程。

当系统刚处于调试状态或考核还不够充分时，一般首先安排检查 II 状态的模飞测试，此时箭上各连接插头均连接好，直接测量的信号较多，能够比较全面地判断箭上产品状态，且紧急情况下断电等控制也比较容易操作。但随着箭测技术的广泛应用，大量测试信号通过箭地脱拔插头以数字量下传或者利用箭上外系统等效器收集测试数据，直接测试的需求降低，甚至取消了脱落插头，这种状态下检查Ⅱ状态测试可以取消。

检查Ⅰ状态如果采用模拟电缆供电，在转电后所有箭地连接插头均可以断开。如果采用电池供电，若所有箭地连接插头均断开，将无法给电池断电，这种情况下可以从箭上配电器处并联一个工艺插头至地面，从该插头处将地面断电指令送至配电器，从而实现断电。也可以仅完成转电功能，箭地脱拔插头并不断开，模飞结束后通过脱拔连接器发送断电指令。

检查Ⅲ更多地用于全箭发控流程的联试，往往从射前准备开始，严格按照射前的流程和各段预定的时间开展测试及准备工作，地面测发控系统处于发射状态（前两类总检查处于测试状态）。

（12）射前测试

射前测试是对控制系统在发射前的最后检测，包括一些单项测试项目和分系统测试项目，主要内容包括：

——火工品和电磁阀回路阻值测试，确认火工品回路连接正确，没有误连、漏连；

——耗尽关机电路检查；

——时序安全电路检查；

——总线设备点名自检；

——惯性器件检查；

——组合导航检查；

——姿控系统检查；

——瞄准检查；

——火箭垂直度调整。

4.4.5　测试覆盖性控制

测试覆盖性控制是对运载器综合测试项目从设计、实施到总结的全过程控制。依据运载器测试覆盖性分析报告，设计各阶段应覆盖的测试项目，对测试覆盖性要求一般遵循可测试硬件接口通路完全覆盖，上下行遥测遥控指令和通道完全覆盖，故障模式完全覆盖，冗余设计完全覆盖，同时要求运载器服务系统（遥测、遥控、数管和供配电等）主备机测试加电时间均衡。

测试覆盖性检查工作采用逐级负责制，各分系统测试人员对相应分系统测试的完整性、正确性、充分性和不可测试项目质量控制措施的有效性以及对测试结果检查是否到位负责。在阶段放行时要对测试覆盖性进行检查。阶段测试的测试覆盖性检查是以各阶段测试大纲中规定的内容作为检查依据，即测试项目的覆盖性情况、遥控指令的覆盖性情况、遥测参数的覆盖性情况、冗余交叉测试的覆盖性情况、未覆盖的具体原因及补充测试时机。不可测项目通常划分为 3 类，即不能采用测试方法获得的项目称之为 Ⅰ 类不可测项目，只能在下级可测的项目称之为 Ⅱ 类不可测项目，只能在上级可测的项目称之为 Ⅲ 类不可测项目。表 4-16 是某运载器地面测试不能覆盖飞行试验状态汇总表示意。

表 4-16 某运载器地面测试不能覆盖飞行试验状态汇总表（示意）

序号	不能覆盖的状态	所属系统	不能覆盖原因	保障措施
1	一级伺服机构主泵驱动无法与发动机连接进行真实考核		伺服机构主泵依靠一级发动机点火后涡轮泵经减速后驱动，在地面无法进行真实验证	主泵传动装置与伺服机构主泵接口按照发动机与伺服机构接口设计，保证装配没有问题；主泵传动装置转速按照发动机输出轴转速设计，保证飞行时性能
2	箭机飞行软件在地面测试中无法进行真实飞行状态考核	控制系统	地面发射测试状态为点火后紧急关机状态，无法考核上天飞行状态	在飞行控制软件确认测试和验收测试阶段，通过"双机对接"手段模拟上天状态各种弹道（理论、正负秒耗量、正负质心横移等）等措施加以保证
3	一级伺服机构低频段的幅频和相位动态特性		一级伺服机构地面测试采用试验台模拟负载，但无法覆盖低频段幅频和相位动态特性	相似型号在真实发动机上进行过低频段测试验证考核；经飞行箭试验表明动态特性满足使用要求

······

4.4.6 阶段放行

运载器阶段放行是指项目进入下一阶段的许可。一般将运载器出厂、加注（或转场）和发射定义为运载器飞行试验（任务）的转阶段工作，须按照放行准则要求组织评审通过后，报飞行试验（任务）指挥部（或领导小组）决定执行。

4.4.6.1 出厂放行准则

运载器出厂前应依据以下 21 项要求组织评审，评审通过后才能出厂：

——技术状态控制符合规定，出厂产品技术状态符合要求；

——选用的元器件、原材料、火工品等外购器材的管理、控制，严格执行了相关规定，质量符合要求；

——软件研制和管理贯彻了软件工程化要求；

——有贮存期、校验期要求的参试产品（含地面设备），其贮存期、校验期符合要求；

——有使用寿命要求的产品，其寿命（或剩余寿命）满足进发射场后各项检测、试验，直至完成飞行试验（任务）全过程的使用寿命要求；

——按设计文件、工艺文件要求完成了运载器总装、测试、试验，结果符合要求，并有明确结论；

——完成了测试覆盖性检查、评审，不可测项目有旁证，并采取了有效措施；

——质量问题已按规定完成了"归零"和举一反三；暂时不能"归零"的个别质量问题，经专家审查有不影响飞行成功和不会造成安全问题的结论；

——对成败性、灾难性故障模式进行了分析，并有应对措施；

——完成了运载器出厂前全型号的质量检查确认，检查确认发现的问题已处理完毕；

——完成了规定的出厂专项评审和型号出厂评审，有同意出厂的结论；评审中提出的问题已处理完毕；个别未处理完毕的问题，经专家审查有不影响飞行成功和不会造成安全问题的结论；

——产品配套件及备件、附件、工具配套齐全，质量合格，符合设计文件及有关文件的规定；

——地面设备配套表中规定的地面设备配套齐全、质量合格，并配置了有效的准用证；

——产品证明书，产品质量履历书填写签署完整，配套齐全；

——发射场使用文件的签署完整，配套、分发满足发射场使用资料配套表及有关规定；

——完成了与飞行试验（任务）相关的各系统、各单位之间的技术协调和工作任务协调，有明确结论；

——飞行试验（任务）大纲已按规定审查批准；

——拟制了发射预案和最低发射条件；

——技术安全工作准备完毕，满足飞行试验（任务）需要；

——进发射场的产品包装、安全运输等各项准备工作就绪，符合要求；

——飞行试验（任务）工作队组建完毕，各岗位人员职责明确，进场技术人员技能满足技术岗位要求。

4.4.6.2　加注前放行准则

运载器加注/转场前应依据以下 16 项要求组织评审，评审通过后才能加注/转场：

——按试验大纲、测试文件等有关文件规定和要求，完成了加注前的产品装配、测试、试验等各项工作，结果符合要求，产品技术状态符合要求；

——完成了"四查"（查文件、查岗位、查设备和查状态）工作，发现的问题已处置完毕，个别问题不影响下一阶段工作；

查文件：清查发射场各阶段工作依据性文件（包括运载器总体、各分系统、总装、测试、加注等文件和表格化记录）的完备性、有效性，确认：所有依据性文件均完备、有效；细化后文件经过各级审签，签署完整；满足发射场测试、总装和加注等活动要求；各分系统测试操作/总装操作开展和自身产品安全保证条件明确；

查岗位：明确岗位职责，责任到人。涉及箭上操作的各岗位熟练掌握岗位工作程序和要求，技能经考核确认满足要求，箭上操作风险可控；

查设备：对运载器测试发射用设施设备"准用标识"和运行检查结果进行复查，对计量器具的"计量标识"和检定有效期等进行复查，确认全部满足要求；

查状态：查运载器系统内部接口协调、匹配，无遗漏项目；查大系统接口及发射场待实施的总装状态正确性；出厂前完成的及发射场已经实施的总装状态正确；

——完成了"双想"（回想、预想）工作，发现问题已处置完毕，个别问题不影响下一阶段工作；

针对运载器关键点、薄弱环节，从"总装相关工作""电测相关工作""加注相关工作"和"发射当天异常处置"4个方面开展"双想"工作，确认：运载器总装状态满足发射要求，加注后操作岗位内容和控制措施明确；运载器测试记录完整、有效，测试设备状态良好、预案充分，细则中无影响航天器安全的指令内容；加注依据性文件完备，安全性措施有效；发射当天异常处置预案和最低发射条件经过审查确认；

——完成了发射场"两比"工作，发现问题已处置完毕，个别问题不影响下一阶段工作；

对运载器在研制过程中各阶段数据进行纵向比对，各项测试数据比对一致。对运载器产品与其他成功发射型号同类产品测试数据进行横向比对，对测试数据包络线分析，确认测试数据稳定性与一致性。两比结果表明：产品在各阶段性能稳定，数据一致性比对结果好，数据包络线符合性良好，发现的数据异常现象均已处置完毕，满足飞行任务要求；

——完成了发射场风险分析与控制复查，开展了"十新"（新技术、新材料、新工艺、新状态、新环境、新流程、新单位、新岗位、新人员、新设备）分析工作，所有风险项目均有严格的风险控制措施，发现问题已处置完毕，个别问题不影响下一阶段工作；

——运载器上产品安装紧固和防松、接地状态、电缆走向、热控状态、敏感器视场、箭上工艺保护盖拆除状态等均满足设计要求；测试数据与运载器历史各阶段数据进行比对，一致性好；

——对飞控预案的合理性和充分性进行分析，按照顶层、事件层和子事件3个层次进行分解、梳理和逐项落实，建立涵盖射前准备至释放航天器入轨的全过程飞行子事件操作表，飞控准备工作已经就绪；

——加注前发生的质量问题已按规定完成了"归零"和举一反三；暂时不能"归零"的个别质量问题，经专家审查有不影响下一阶段工作和不影响飞行成功、不会造成安全问题的结论；

——技术状态更改手续完备，更改后经确认满足飞行试验（任务）要求；

——地面加注、泄出、供气等设备经检测合格，处于良好状态；

——加注环境条件、人员安全保障措施符合要求；

——防护检测设备齐全，处于良好工作状态；

——各类推进剂、气体等介质数量满足要求，参数指标经化验确认合格；

——加注各岗位人员熟悉操作规程，制定了处置应急情况的预案；

——按有关加注文件要求完成了加注操作演练，结果符合要求；

——通过了规定的加注前技术安全和质量评审，有同意加注的结论。

在发射场不实施加注的运载器，须组织运载器转场评审，放行准则删去没有的工作项目后等同采用加注放行准则。

4.4.6.3　发射放行准则

运载器发射前应依据以下8项要求进行实时审查，审查通过后才能点火发射：

——按飞行试验（任务）大纲、测试文件等文件规定和要求，完成了运载器发射前的所有工作项目，检查测试结果和产品状态符合要求；

——发射前发生的质量问题已按规定完成了"归零"和举一反三；暂时不能"归零"的质量问题，经结果分析，确认不影响飞行成功和不会造成安全问题，可按发射预案处理；

——飞行诸元参数正确、装订无误；

——完成了临射前运载器、航天器、测控、通信、指挥、气象等各系统各项参数和状态检查，参数和状态符合技术文件要求；

——发射用地面设备功能、状态符合要求；

——各发射岗位人员职能明确，操作技能满足要求；

——发射应急预案经演练检验，满足要求；

——点火前，经各系统确认满足最低发射条件要求。

4.5　可靠性、安全性管理

运载器是一次性使用的装备，其可靠性和安全性不仅事关自身，还直接决定航天器能否进入预定轨道，研制单位务必将可靠性和安全性放在首位。

4.5.1　保证大纲

（1）可靠性保证大纲

可靠性保证大纲是指导运载器可靠性工作开展的纲领性文件，是对可靠性工作指导思想的细化和完善，反映了运载器全寿命周期可靠性工作的策划，是可靠性设计的依据。可靠性保证大纲规定了各研制阶段全箭和各分系统应进行的可靠性工作项目及要求，明确了可靠性工作的重点，主要包括：

——新设计或经过适应性改进的分系统、设备（或部件）的可靠性工作重点是可靠性设计和增长，通过可靠性分析和适当的可靠性试验验证所采取的可靠性措施的有效性，以及是否达到了规定的可靠性要求；

——采用原有设计的分系统、设备（或部件）的可靠性工作重点是可靠性增长，对现存的薄弱环节加以改进和控制，使产品达到规定的可靠性指标；

——运载器采用的原材料、元器件、外购件、生产工艺等均应制定质量保证措施；

——运载器研制的各项可靠性工作均应按可靠性保证大纲和可靠性工作计划进行，并把可靠性工作计划纳入运载器研制工作计划中去；

——全箭和各分系统应进行故障模式及影响分析、潜通分析和裕度分析，建立故障树，确定关键件、重要件清单等在内的可靠性分析。

表 4-17 显示了运载器可靠性工作实施的基本流程及阶段。

表 4 - 17　可靠性工作项目

序号	工作项目	应用阶段				完成形式
		方案	初样	正样	定型	
01	制定计划	√	√	√	√	计划
02	制定大纲	√	√	√	√	大纲
03	可靠性设计	√	√	√		报告
04	故障模式及影响分析	√	√	√	S	报告
05	可靠性关键项目	S	√	√	√	文件
06	最坏情况分析	×	S	√	×	报告
07	元器件和材料控制	S	√	√	√	优选目录
08	可靠性设计评审	√	√	√	×	结论报告
09	环境应力筛选	×	√	√	√	报告
10	可靠性预研与增长试验	S	√	√	√	计划与报告
11	可靠性验证	×	S	√	√	计划于报告
12	可靠性数据信息管理	×	√	√	√	可靠性数据库

说明:S 表示选做;×表示不需要;√表示必须做

（2）安全性保证大纲

承研单位必须建立全箭安全信息采集、处理和评估系统，制定全箭和各系统安全性保证大纲，以规范：

——安全性设计准则和要求；

——安全性定性与定量分析；

——安全性功能通路潜通分析；

——安全性评价；

——安全性关键项目；

——安全性管理工作内容及要求。

同时，全箭和各系统还须对危险性故障影响和发生概率进行分析，在此基础上，进行Ⅰ、Ⅱ类故障树分析，确定全箭最小割集。

为确保运载器在转运、测试和发射过程中的安全，还须针对上述工作制定：

——安全控制点；

——安全性措施；

——防止成败性及灾难性故障模式的措施；

——其他涉及安全性工作的法规性文件。

4.5.2　指标分配

（1）飞行可靠性指标分配

影响运载器飞行可靠性的分系统有控制系统、发动机、增压输送系统、箭体结构、分

离装置、推进剂利用系统、总体（接口、耗尽关机、诸元、载荷、气动）、外测安全系统
（不误炸好箭、不错过安控时机）、故障诊断系统（不误报故障）等，载人航天还涉及逃逸
系统，可靠性框图如图 4-5 所示。

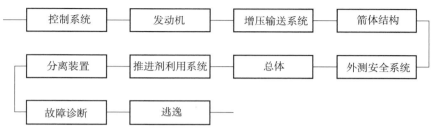

图 4-5　运载器飞行可靠性框图

飞行可靠性指标分配主要考虑以下因子：

——分系统的复杂程度 N_i；

——分系统研制生产的技术成熟度 h_i；

——分系统在飞行阶段所处的环境 K_i；

——分系统的继承性 M_i。

在测算出各分系统与上述各因子之间的关系之后，利用因子评价法计算出各分系统的
可靠性分配值，经过适当的调整得到分配结果 R_i，可靠性分配表示意见表 4-18。

表 4-18　飞行可靠性值分配表（示意）

分系统	影响因子				分配值 R_i
	N_i	h_i	K_i	M_i	
控制系统	—	—	—	—	—
发动机	—	—	—	—	—
增压输送系统	—	—	—	—	—
箭体结构	—	—	—	—	—
分离装置	—	—	—	—	—
推进剂利用系统	—	—	—	—	—
总体	—	—	—	—	—
外测安全系统	—	—	—	—	—
故障诊断系统	—	—	—	—	—
全箭飞行可靠性：$R_{飞} = \prod_{i=1}^{n} R_i$					

（2）发射可靠性指标分配

影响运载器发射可靠性的分系统有控制系统、发动机的火工品、增压输送系统、分离
装置、推进剂利用系统、遥测系统、外侧安全系统、故障诊断系统、总体、附加系统、地
面设备、逃逸系统等，可靠性框图如图 4-6 所示。

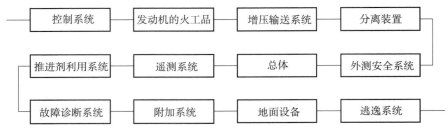

图 4-6　运载器发射可靠性框图

发射可靠性指标分配主要考虑以下因子：

——分系统的复杂程度 N_i；

——分系统研制生产的技术成熟度 h_i；

——分系统在飞行阶段所处的环境 K_i；

——分系统的继承性 M_i。

测算出各分系统与上述各因子之间的关系之后，利用因子评价法计算出各分系统的可靠性分配值，经过适当的调整得到分配结果 R_i，全箭发射可靠性：$R_发 = \prod_{i=1}^{n} R_i$。

（3）安全性指标分配

根据安全性与可靠性的关系，大部分安全性指标已经转化为可靠性指标来完成，但对于不影响全箭飞行任务完成，却影响乘员安全的分系统，需要另外确定可靠性指标。不影响全箭飞行任务完成，却影响乘员安全的分系统有箭上故障诊断系统（正常工作）、地面故障诊断系统（包括遥测）、地面和箭上遥测系统（用于地面故障诊断的参数）、地面和箭上外测安全系统、逃逸系统。

根据运载器的可靠性要求 R 及乘员安全性要求 S，有

$$S = R + (1-R) \cdot R_{箭故} \cdot R_{地故} \cdot R_{遥} \cdot R_{外} \cdot R_{逃}$$

上式未考虑航天器不可靠对乘员的影响。

根据各系统的复杂程度，考虑技术成熟度、所处环境、继承性及重要性等因素后，为相关分系统分配安全性指标。

4.5.3　设计

（1）设计准则

依据航天运载器的质量特性，该类装备可靠性安全性设计的一般性准则包括以下 8 项：

——新研分系统、单机等，在设计中应把可靠性设计放在首位，在功能性能可达的情况下，尽量利用国内外成熟技术；

——采用原有设计的系统或部件应在充分分析的基础上，按照相关规定对薄弱环节做适当的改进，确保产品的可靠性；

——电子、电器设备要进行降额设计及热设计；

——电子设备要进行电磁兼容设计；

——各分系统要对全寿命周期所经历的环境及应力进行全面分析，考虑哪些设备和部件采用裕度分析、环境防护设计及冗余设计；

——当单机的可靠性达不到规定的要求时，应采用冗余设计；

——软件的研制应采用规范化、工程化的方法，使软件在各个设计环节上得到监控；

——箭上、地面设备与部件的设计要考虑维修性设计，要有故障隔离能力。

（2）设计模型

常用设计模型包括串联系统模型、并联系统模型、混合系统模型、k/n（G）表决系统模型等。

（3）设计优化

设计优化的内容包括基础设计、冗余设计和裕度设计等。

基础设计是指对保证固有可靠性有直接作用的基础性的可靠性设计，主要包括元器件与原材料的选用、系统简化设计、耐环境设计等。元器件与原材料的选用要对其进行可用性、易得性、适应性、经济性和生产一致性等进行综合评价，在此基础上决定是否选用。系统简化设计的重点是减少元器件数量，提高产品互换性、可更改性和易检性，提高标准化程度，简化工艺设计、改善工艺性，简化使用操作方法等。耐环境设计是采取环境防护措施，改善和控制环境条件，提高产品对环境的适应性。主要有：热设计，抗振动、冲击设计，高低温防护设计、电磁兼容设计等。

冗余设计是两个或两个以上单机、部件同时执行同一任务，除非同时出现问题，否则系统就能可靠的工作。冗余设计一般包括并联冗余、串联冗余和裕度设计。并联冗余是将每个元件串联成一个单元，再将多个单元并联。串联冗余是每个元件先并联成一个单元，再将多个单元串联。

裕度设计可以通过降额实现，也可通过强度设计达到目的。降额设计是指产品在低于其额定应力的条件下工作，降额因子可表达为

$$S = \frac{F_S}{F_H}$$

式中，S、F_S、F_H 分别表示降额因子、使用应力和额定应力。结构强度设计是对重要结构受力部件展开概率设计，当应力与强度服从正态分布时，结构可靠性安全系数可通过下式计算

$$f_R = \frac{1 - 1.65\,C_{VS}}{1 + 2.33\,C_{VL}} \times \frac{1 + Z_R\,\sqrt{C_{VS}^2 + C_{VL}^2 - Z_R^2\,C_{VS}^2\,C_{VL}^2}}{1 - C_{VS}^2 Z_R^2}$$

式中　f_R，R ——结构可靠性安全系数和结构可靠性指标；

　　　Z_R ——相应于 R 的正态分布分位数；

　　　$C_{VL}\left(C_{VL} = \dfrac{\delta_L}{\mu_L}\right)$，$C_{VS}\left(C_{VS} = \dfrac{\delta_S}{\mu_S}\right)$ ——应力变差系数和强度变差系数；

　　　μ_L，μ_S，δ_L，δ_S ——应力、强度的均值及标准差。

4.5.4 评估

（1）分析

可靠性分析的主要内容包括电路和设备的应力分析、潜在通路分析、电路容差分析、电磁兼容分析和保障性分析。

安全性分析的主要内容包括初步危险分析（仅适用于原理样机或概要设计阶段）、分系统危险分析、系统危险分析、软件危险分析、潜通分析、操作危险分析、飞行任务危险分析和飞行安全性分析。

（2）评价

可靠性评价项目和内容见表 4 - 19，评价过程及结论需要在可靠性评估报告中说明。

表 4 - 19　可靠性评价项目与内容

项目		内容
基本依据		规定可靠性评定指标；确定可靠性特征量；建立可靠性框图
数据收集		参试产品的技术状态与生产质量状况
		参试产品所处的研制阶段
		试验条件与试验方式
		故障（失败）及纠正措施情况
		试验成、败数
		试验总时间、失效数及相应的失效时间
		应力、强度试验数据
		性能参数测试数据
故障分类		系统性故障、偶然性故障、相关故障、非相关故障
数据筛选原则	选取	数据应基本符合规定研制阶段的技术专题
		数据之间具备一致性
	剔除	凡发生系统性故障且改进有效的数据
		凡是本级的非相关故障数据
		相关故障若满足对出现的相关故障采取了改进措施，并有足够的试验数据说明改进措施有效的条件，此类故障的数据
确定统计评定模型		评定方法可参考单元可靠性评定方法及系统可靠性综合评定方法

安全性评价通过对火箭或人身安全构成潜在或可能造成危害的因素分析，确定安全性关键项目；通过对故障可能引发的后果进行分析，制订相关对策，采取有效的控制和预防措施，编制安全性评估报告，在研制全过程对确定的安全性关键项目进行状态、工艺等方面的严格控制，确保火箭和人员的安全。

运载器通用安全性分析表明，推进剂泄漏、火工品误点火、高压气瓶爆炸、安全系统产品故障等都可能造成意外灾难性后果，危险严重性等级为Ⅰ级，须采取相应安全性措施，且措施应覆盖研制、生产、发射场测试及火箭飞行试验各阶段，确保将危险事件概率控制在可接受范围。

为预防子级残骸落地后被非专业人员获取而引起爆炸或中毒事件，给当地居民带来人身或财产损失，运载器对子级残骸的高危零部件，诸如推进剂贮箱、爆炸器和引爆器、伺服机构蓄压器等均应设置警示标志，采用中英文对照，如图 4-7 所示。

严禁烟火　　　　　　　　当心中毒　　　　爆炸危险品，禁止触碰
No burning　　　　　Caution poisoning　　Caution，explosion

图 4-7　危险品警示标志示例

（3）主要方法

可靠性、安全性分析与评价方法可根据实际需要选择，常用的有故障模式及影响分析法（Failure Modes and Effects Analysis，FMEA）、故障树分析法（Failure Tree Analysis，FTA）、故障报告分析和纠正措施系统（Failure Reporting，Analysis and Corrective Action System，FRACAS）、概率风险分析（Probablistic Risk Analysis，PRA）、单元可靠性评定和系统可靠性综合评定方法等。其中，单元可靠性评定方法常用的有成败型单元和指数寿命型单元；系统可靠性综合评定方法常用的有横向综合和纵向综合等。

4.5.5　试验

可靠性试验是可靠性研究的重要内容，贯穿于运载器类装备研制、设计、制造和使用的各个阶段。通过可靠性试验了解掌握运载器类装备的各项可靠性指标，进行装备质量的鉴定和比较；当装备在试验中出现故障时，分析故障原因、找出改进措施，达到提高装备质量的目的。可靠性试验还为整机或系统的可靠性设计提供依据。可靠性试验的类型主要有可靠性增长试验、可靠性强化试验（环境安全余量试验）、环境应力试验和专项试验。

（1）可靠性试验准备

可靠性试验准备工作主要包括可靠性预计与分析、可靠性试验方案编制等。

可靠性预计方法可根据评估对象的质量特性和产品的不同研制阶段选择，常用方法有相似产品法、评分预计法、应力分析法、故障概率预计法和机械产品可靠性预计法。可靠性预计值从理论上不能低于规定值，否则，再好的试验设计和增长试验也无法使可靠性达到规定的要求。以预计的故障平均间隔时间（Mean Time Bweeen Failure，MTBF）为例，一般预计 MTBF 应不小于设计值的 1.25 倍。

可靠性试验前还应对被试产品进行故障模式、影响及危害性分析。故障模式、影响及危害性分析可以指出设计的薄弱部分，有助于对可靠性增长试验过程中可能发生的故障进行分析。

可靠性试验方案须遵守技术规范、有关标准和诸如合同、技术协议的约束；一般包括以下 10 方面内容：

    ——试验的目的和要求；

    ——试验产品的数量和技术状态；

    ——试验环境条件、性能合格范围、故障判断及接口限制；

    ——采用的可靠性增长模型；

    ——试验进度安排及试验程序；

    ——试验的基本规则、失效数据，接口关系；

    ——试验仪器及设备的说明和要求；

    ——数据收集和记录要求；

    ——由于分析故障及改进设计等所需的时间及资源要求；

    ——受试产品在试验过程中需要进行的保养、维护以及试验后对受试产品的处理。

（2）可靠性增长试验

可靠性增长试验是在装备研制阶段中，使装备处于模拟的或真实的使用条件下而进行的试验，以便诱导出由于设计不良或工艺不成熟而引起的潜在故障，进而通过分析和修正产品设计以提高产品可靠性。可靠性增长试验一般有 3 种方式，即试验—改进—再试验、试验—发现问题—再试验、带延缓改进的试验—改进—再试验。涉及的环境应力通常有温度应力、湿度应力、振动应力和电应力等。

电子产品中单个产品可靠性增长试验中通电工作时间一般按指数定时截尾方案确定

$$T_{通电} = \frac{1}{n}\left[-\frac{\chi^2_{\gamma,2f+2}}{2\ln R_L}t_{t0}\right]$$

式中　$T_{通电}$——单个产品通电工作总时间；

    R_L——可靠性增长目标值；

    γ——置信度；

    f——失效数，一般按 $f=0$ 考虑；

    $\chi^2_{\gamma,2f+2}$——置信度为 γ 的 χ^2 分布下侧分位点，如 $\chi^2_{0.7,2}=2.41$；

    t_{t0}——产品温度循环任务时间，箭上电子设备为飞行工作时间；

    n——参试产品数。

单个产品试验循环次数按以下确定

$$N = \frac{T_{通电}}{T_{0通电}}$$

式中　N——单个产品试验循环数；

    $T_{通电}$——单个产品通电工作总时间；

    $T_{0通电}$——单个温度循环中通电工作时间。

若电子产品安装部位随机振动总均方根加速度 $G_{rms}>10g$，则单个产品每方向随机振动总时间 T_V 按威布尔分布模型确定，即

$$T_V = \left(\frac{\ln(1-\gamma)}{n\ln R_L}\right)^{\frac{1}{m}}t_{t0}$$

若电子产品安装部位随机振动总均方根加速度 $G_{rms} \leqslant 10g$ ，则单个产品每方向随机振动总时间 T_V 按指数模型确定，即

$$T_V = \frac{1}{n} \left[-\frac{\chi^2_{\gamma, 2f+2}}{2\ln R_L} t_{t0} \right]$$

式中　T_V——单个产品每方向随机振动总时间；

　　　R_L——可靠性增长目标值；

　　　m——威布尔分布形状参数，控制系统电子产品一般按 $m = 1.2$ 考虑；

　　　γ——置信度；

　　　f——失效数，一般按 $f = 0$ 考虑；

　　　$\chi^2_{\gamma, 2f+2}$——置信度为 γ 的 χ^2 分布下侧分位点，$\chi^2_{0.7, 2} = 2.41$；

　　　t_{t0}——产品随机振动任务时间，箭上产品一般按 1 min 计算；

　　　n——参试产品数。

按威布尔分布模型确定 T_V，应在第 1 个循环内施加完毕，如有困难，也应相对集中在前面几个试验循环内平均分配施加完毕。按指数分布模型确定 T_V，可在第 1 个循环内施加完毕，也可在前面几个试验循环内平均分配施加完毕。

（3）可靠性强化试验

可靠性强化试验用于快速激发产品设计和工艺缺陷，暴露薄弱环节，并通过故障原因分析、失效模式分析和改进措施提高产品固有可靠性，缩短研制开发周期。完成该过程必须将产品置于恶劣的环境和功能状态，并逐步提高试验量级，直至发生故障。这些环境和功能并不一定是使用条件，仅仅是为了快速激发产品的薄弱环节而设定。常见的可靠性强化试验包括步进试验法和综合试验法。

1）步进试验法。按照装备正常使用状态，在带有减振器的情况下，通过步进试验找到装备的工作极限。该方法也称为高加速寿命试验（HALT），主要用于暴露设计的薄弱环节。试验分为温度步进应力试验、湿度循环步进应力试验、振动步进试验以及温度与振动的综合环境试验。在振动试验中，高加速寿命试验一般开展三轴六向自由度随机振动，当条件不具备时，也可用单轴向的随机振动试验代替。每种试验当完成预定的步长数或设备损坏后，试验可以终止。也可以在设备正常情况下继续试验直至设备损坏，从而找到装备能够承受的极限条件；或在设备损坏后进行针对性的改进或修复后继续摸底。当分析确实已经达到装备极限时，可以不再修复而终止试验。

关于降温/升温步进应力试验剖面如图 4 - 8 所示。

关于温度循环步进应力试验剖面如图 4 - 9 所示。

关于振动步进应力试验剖面如图 4 - 10 所示。

关于温度-振动综合环境试验剖面如图 4 - 11 所示。

2）综合试验法。综合试验法是在三轴六自由度宽带伪随机振动和大温变循环试验条件下，快速激发产品潜在缺陷，该方法也称高加速应力筛选（HASS）。通过 HALT 获得产品的耐极限环境能力，选择比极限环境条件稍低的应力作为设计 HASS 应力的依据，试验应力范围可能会超出产品的使用条件。作为每台产品均要开展的筛选试验，该应力不能

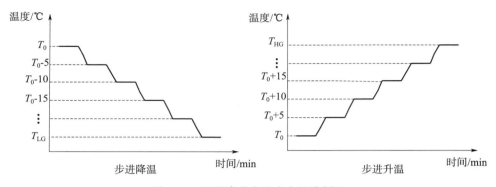

图 4-8 温度降升步进应力试验剖面

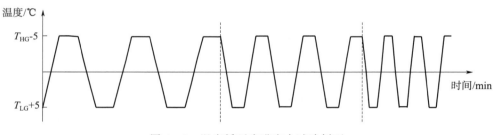

图 4-9 温度循环步进应力试验剖面

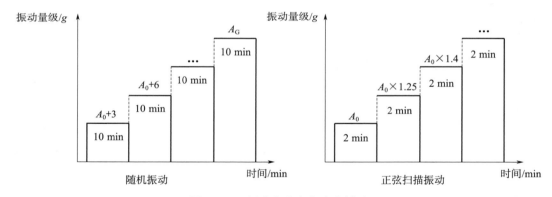

图 4-10 振动步进应力试验剖面

损坏好的产品或产生新的缺陷，也不能过量消耗产品的有效寿命。HASS 是专为消除生产过程中引入的产品缺陷而设计的最快、最有效的筛选过程，在故障后通过故障原因、失效模式分析和改进结构设计，达到提高产品固有可靠性的目的。

（4）环境应力筛选与专项试验

环境应力筛选试验通过在产品上施加一定的环境应力，以剔除由不良元器件、零部件或工艺缺陷引起的产品早期故障的一种工序或方法，环境应力不必准确模拟真实的环境条件，但不应超过设计的极限，其大小应根据产品总体要求确定。

箭体结构、管路、阀门、蓄压器、灭火装置、电爆阀、整流罩纵向解锁机构等结构产品应结合研制试验对产品的可靠性进行考核，并针对薄弱环节进行专项可靠性试验。

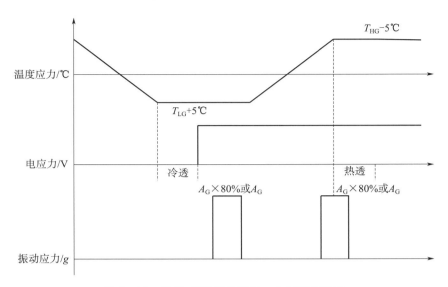

图 4 - 11　温度-振动综合试验一个循环的剖面

4.5.6　单点

（1）单点故障模式

单点故障（Single Point of Failure，SPF）是指系统中一点失效，就会让整个系统无法运行的部件或单元。根据运载器可靠性、安全性、维修性、保障性、测试性、环境适应性保证大纲和可靠性指标分配与评估要求，在研制过程中建立全箭可靠性模型。全箭各系统采用故障树或故障模式影响及危害性分析，从设计、生产、管理等方面采取有效纠正或补偿措施，在产品验收及出厂评审等重大节点，对各级产品单点故障模式识别的充分性、准确性及强制检验点设置的合理性和控制的有效性进行复查和确认。

（2）单点故障分析

单点故障分析通常以单机或组件为最低约定层次，经分析，建立影响运载器飞行成败的单机或组件统计表。通常，同一产品不同故障模式严酷度不同时，按严重的统计；电缆按系统按级按套计数。产品研制单位须针对Ⅰ、Ⅱ类单点故障模式采取设计改进措施、产品控制措施、使用补偿措施等一系列风险防范措施，从而确保故障模式发生的可能性处于可接受水平，通常为 E 级（极少发生），风险评价指数均在 10～20 的范围内（属可接受范围）。

（3）单点故障工作要求

单点故障工作须：根据产品功能、结构及任务剖面等建立系统可靠性框图，识别单点故障模式，建立单点故障模式清单，标识存在单点故障模式的单机、单元、部组件和物理接口等；根据单点故障模式清单，确定单机或单元、组件的关键特性，制定质量和风险控制措施，形成单点故障设备识别与控制计划；产品出厂前，组织对单点故障识别与控制措施落实进行专题审查。对于既是单点失效环节，又是不可检、不可测的项目按照"测试不到验收到，验收不到工序检验到，工序检验不到工艺保证到，工艺保证不到人员保障到"的原则，确定并落实相应的质量控制措施。

4.6 定型鉴定

4.6.1 成熟度评价

（1）评价要素

依据运载器产品工程研制所涉及的工程活动领域和具体工作内容，从技术成熟度、制造成熟度和应用成熟度 3 个方面，归纳出运载器成熟度评价的 8 个部分 20 个要素，并进一步细化为 54 项子要素，作为评价产品成熟度基本度量内容，见表 4-20。与航天器成熟度评价相比，常规运载器成熟度评价增加了安全性设计的内容。

表 4-20 运载器产品成熟度评价要素

类别		序号	要素	子要素
技术成熟度	技术要求	1	1. 要求的识别与分析	1-1 功能性能要求
		2		1-2 通用质量特性要求，包括安全性、可靠性、维修性、环境适应性、测试性、保障性和其他要求
		3		1-3 接口要求
		4		1-4 执行产品或技术的相关标准规范
		5	2. 要求的确认与记录	2-1 要求的验证方法
		6		2-2 要求的规范性和稳定性
	设计过程	7	3. 设计过程管理	3-1 设计过程策划
		8		3-2 设计过程执行
		9		3-3 设计辅助工具和信息化手段的构建和使用情况
		10		3-4 设计关键特性的识别和控制情况
		11		3-5 设计正确性保证
		12	4. 可靠性设计	4-1 可靠性工作要求及计划
		13		4-2 可靠性设计与分析
		14		4-3 可靠性试验验证
		15		4-4 可靠性工作标准与工具
		16	5. 安全性设计	5-1 安全性工作要求及计划
		17		5-2 安全性设计与评估
		18		5-3 安全性验证
		19		5-4 安全性工作标准与工具
	设计结果	20	6. 设计结果验证	6-1 验证环境的真实程度和验证结果的符合程度
		21		6-2 不可测试（试验）项目的识别与控制
		22	7. 设计结果管理	7-1 设计文档的齐套性和规范性
		23		7-2 设计工艺
		24		7-3 设计稳定性及技术状态管理

续表

类别		序号	要素	子要素
制造成熟度	方法	25	8. 工艺	8-1 工艺正确性
		26		8-2 工艺稳定性
	制造基础资源	27	9. 人员	9-1 人员技能水平要求的识别及其满足程度
		28		9-2 人员培训考核机制
		29	10. 设备	10-1 设备(含工装)配置
		30		10-2 配套资源
		31	11. 物料	11-1 物料配制
		32		11-2 物料供应保障
		33	12. 环境	12-1 生产环境条件
		34		12-2 环境条件配套资源设施
制造成熟度	制造过程管理	35	13. 自主可控	13-1 外协管理
		36		13-2 外购管理
		37	14. 质量管理	14-1 工艺和过程关键性识别
		38		14-2 检验点的设置
		39		14-3 检验检测方法
		40		14-4 生产过程数据包
		41	15. 生产/集成管理	15-1 生产/集成管理的文档化及信息化
		42		15-2 生产/集成成本
		43		15-3 产能及效率
		44		15-4 生产合格率
应用成熟度	应用前期准备过程	45	16. 交付验收过程控制	16-1 交付验收要求规范
		46		16-2 交付验收结果
		47	17. 储存运输过程控制	17-1 储存运输要求/规范
		48		17-2 保证措施
	应用过程控制	49	18. 使用操作过程控制	18-1 地面总装、总测阶段操作规范
		50		18-2 发射及飞行阶段操作规范
		51	19. 异常情况的识别及处置预案	19-1 异常情况的识别和分析
		52		19-2 异常情况应急措施
		53	20. 使用验证情况	20-1 验证时间、次数及质量问题
		54		20-2 数据采集、比对分析及数据包完善

（2）评价时机

实施运载器产品成熟度评价的时机与航天器产品成熟度评价的时机类似，应在各阶段研制工作基本结束后，重大节点决策前，如图 4-12 所示。产品成熟度评价结果可作为里程碑决策的基本输入信息之一。

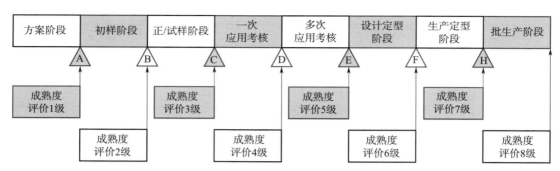

图 4 - 12   运载器产品成熟度评价要素

（3）评价准则

按照产品成熟度等级，给出各要素在不同等级上的细化评价标准。依据所划分的产品成熟度等级，逐一描述产品成熟度评价要素及其子要素的基本定级准则，形成以等级划分为横坐标，以评价要素（及子要素）为纵坐标的产品成熟度评价矩阵，见表 4 - 21。

表 4 - 21   运载器产品成熟度评价矩阵

要素		等级	1 级	2 级	3 级	4 级	5 级	6 级	7 级	8 级
技术成熟度	技术要求	要求的识别与分析	4	5	6	7	7	7	8	8
		要求的确认与记录	4	5	6	7	7	7	8	8
	设计过程	设计过程管理	3	4	5	6	7	7	8	8
		可靠性设计	3	4	5	6	7	7	8	8
		安全性设计	3	4	5	6	7	7	8	8
	设计结果	设计结果验证	2	3	4	5	6	7	8	8
		设计结果管理	2	3	4	5	6	7	8	8
制造成熟度	方法	工艺	2	3	4	5	6	7	7	7
	制造基础资源	人员	2	3	4	5	6	7	7	7
		设备	2	3	4	5	6	7	7	7
		物料	2	3	4	5	6	7	7	7
		环境	2	3	4	5	6	7	7	7
	制造过程管理	自主可控	2	3	4	5	6	7	7	7
		质量管理	2	3	4	5	6	7	7	7
		生产/集成管理	2	3	4	5	6	7	7	7
应用成熟度	应用前期准备过程	交付验收过程控制	1	2	3	4	5	6	7	7
		储存运输过程控制	1	2	3	4	5	6	7	7
	应用过程控制	使用操作过程控制	1	2	3	4	5	6	7	7
		异常情况的识别及处置预案	1	1	3	4	5	6	7	7
		应用验证情况	1	1	1	3	4	5	6	7

续表

要素 ＼ 等级	1 级	2 级	3 级	4 级	5 级	6 级	7 级	8 级
等级名称	原理样机产品	工程样机产品	正样产品	一次飞行考核产品	多次飞行考核产品	设计定型产品	生产定型产品	健壮产品

注：表中 1～7 表明相关要素逐步细化完善的程度，7 表示达到完善的程度；8 表示仅在发生技术更改时需要考虑相关要求。

4.6.2　定型考核

运载器类装备定型对象包括单机、系统或分系统、整箭等 3 个类别，依据其定型度分为 3 个级别，即三级定型、二级定型和一级定型。

运载器类装备定型的原则是借鉴常规装备定型的相关经验，突出运载器定型需求和技术特点；定型重点对象依次为单机、系统或分系统、整箭；重点完善产品数据包，必要时补充开展试验验证；设计定型、工艺定型和过程控制定型同时启动、先后完成。

运载器类装备定型的目的是固化技术状态，稳定产品质量；缩短研制周期，提高研制效益；促进研制向应用的转型；为改进研制管理模式奠定基础。

运载器类装备定型考核方式是依据面向未来应用需求的运载器定性标准，采用飞行考核、地面模拟试验、仿真、分析、评估等活动相结合的方式进行，考核的重点是能力、可靠性和安全性等。

（1）三级定型条件

对于拟定型的运载器类产品，应确认其满足以下基本条件方可开展三级定型（成熟度 6 级）相关工作：

——满足产品成熟度 5 级定级条件；

——产品技术文件完善齐套，工艺和过程控制文件能保证产品重复生产，满足定型要求；

——产品经过质量分析，对在研、飞行相关质量问题的归零工作进行了复查；

——产品已通过环境适应性、极限能力、性能拉偏、可靠性、安全性等试验考核；

——产品数据包中对多次飞行的产品基础数据进行了分析和要求值的固化；对产品关键参数的多次实测数据进行了分析，对要求值和检验方法进行了固化；固化了功能性能指标；

——产品数据包中补充了定型过程中进一步开展的试验验证形成的数据，形成最大环境适应性数据和极限能力数据；

——产品数据包中补充了产品研制、成熟度提升过程中所有更改、增加及验证结果数据；

——产品数据包中固化了产品生产及飞行数据记录项，比对要求及表格格式；

——确定了要建立成功数据包络线的参数，形成信息化数据库，开始积累各种数据；

——利用已开展的地面和飞行考核数据，进行了产品可靠性评估；

——按规定履行了相关定型程序，并由主管部门批准三级定型。

（2）二级定型条件

对于拟定型的运载器类产品，应确认其满足以下基本条件方可开展二级定型（成熟度7级）相关工作：

——满足产品成熟度6级定级条件；

——定型文件经小批量生产，能够保证产品一致、质量稳定；

——在三级定型产品基础上，又经过了3次成功飞行试验考核，其中单机在考核期间工作正常；

——地面考核和飞行工作期间，产品未发生描述的重大质量问题或严重质量问题，出现的质量问题已经验证确认归零；

——产品数据包中进一步补充了3次飞行产品的基础数据、关键特性实测数据、功能和性能地面及飞行实测数据；

——作为质量问题归零措施，针对6级成熟度定级后出现的质量问题，补充、修改、完善了产品数据包中的相关数据；

——根据重复生产和多次飞行考核数据记录、比对的实际情况，对固化的产品生产及飞行数据记录项、比对要求及表格格式进行了持续改进；

——统计历次成功飞行产品的关键特性参数实测值，并结合成功地面试验结果形成成功数据包络线，对于与飞行环境密切相关的产品，还要形成环境条件参数成功数据包络线；

——根据增加的地面和飞行考核数据，更新了产品可靠性评估结果；

——按规定履行了相关定型程序，并由主管部门批准二级定型。

（3）一级定型条件

对于拟定型的运载器类产品，应确认其满足以下基本条件方可开展一级定型（成熟度8级）相关工作：

——满足产品成熟度7级定级条件；

——在二级定型产品基础上，又经过了两次以上成功飞行试验考核，其中单机考核期间工作正常；

——产品数据包中进一步补充了两次飞行产品的基础数据、关键特性实测数据、功能和性能地面及飞行实测数据；

——作为质量问题归零措施，针对7级成熟度定级后出现的质量问题，补充、修改、完善了产品数据包中的相关数据；

——根据积累的地面和飞行实测数据，进一步修订了成功数据包络线；

——细化完善产品数据包中的关键特性参数，偏差控制在6σ以内，达到精细化要求；

——根据应用情况，进一步对产品数据包中生产及飞行数据记录项、比对要求及表格格式进行改进；

——根据增加的地面和飞行考核数据，修订了产品可靠性评估结果，单机产品可靠度评估值在 0.7 置信度条件下不小于 0.999；

——按规定履行了相关定型程序，并由主管部门批准一级定型。

4.6.3 定型数据包

运载器类产品定型须准备的数据包主要包括以下 34 项：

——产品数据包清单；

——定型申请报告；

——研制或应用工作总结；

——功能性能指标；

——研制总要求；

——研制合同和技术协议；

——重大技术问题攻关报告；

——研制大纲和试验报告；

——定型试验大纲和试验报告；

——设计和各种试验报告；

——软件文件（含计算机程序、框图及说明）；

——产品全套设计图样；

——新产品标准化大纲和标准化审查报告；

——可靠性、环境适应性设计与分析报告；

——关键检验点、强制检验点的设置；

——试验充分性分析报告；

——设计、工艺等关键特性识别、确定及其验证充分性报告；

——工艺过程可操作、可量化、可检测、可重复等验证分析报告；

——历史问题清理和质量问题归零报告；

——工艺文件固化情况；

——产品检验、超差处理、不合格审查等过程控制要求、表格；

——生产过程控制要求、表格；

——固化过程控制的产品保证要求；

——产品质量控制点设置，控制要求的有效性和精细化程度报告；

——技术状态更改落实情况；

——经济分析报告；

——产品规范（技术条件）和验收技术条件；

——技术说明书；

——使用维护说明书；

——各种配套表、明细表、汇总表和目录；

——产品相册（片）和其他类多媒体记录；

——适用时，与各系统（航天器、发射场、测控通信等）的接口；

——适用时，对各系统（航天器、发射场、测控通信等）的要求；

——产品定型要求的其他类成文信息。

4.7　在役考核

（1）考核组织

鉴于运载器类装备质量特性的特殊性和数量少、品种多的特点，从型号运载器首飞算起，即可看作进入在役考核阶段，此后，型号运载器所有发射和试验均可认为是在役考核的内容，一般应持续到型号运载器退役。特殊需要时，可指定考核任务阶段和持续时间。型号运载器改进后，应针对改进部分重新组织在役考核。

在型号运载器发射之前，组织运载器研制单位、发射中心、测控中心和使用单位等一起依据运载器研制总要求、应用性能要求和各项质量特性指标，编制在役考核大纲、在役考核实施方案和细则，适用时，单独编制运载器鉴定试验总案、应用试验总案、鉴定试验实施方案和细则、应用试验实施方案和细则等。

（2）考核依据

在役考核的依据包括：

——试验鉴定有关法规；

——研制总要求或研制任务书、研制合同；

——鉴定定型试验总案；

——装备在役考核计划或任务批复；

——训练与考核大纲；

——装备性能底数、效能底数报告与作战运用参考（如有）；

——其他依据性文件。

（3）考核内容

考核内容分为在役适用性考核、战术技术指标考核、效能与适用性验证、装备体系适用性验证等。

1）在役适用性考核重点是型号运载器适编性、适配性和服役期经济性等，提出运载器运用的意见建议，优化完善相关规章制度。

2）战术技术指标考核重点是在地面试验、测试中难以全面考核的指标。

3）效能与适用性验证重点是运载器效能、适用性，发现运载器运用问题和缺陷。

4）装备体系适用性验证重点是发现并改进装备体系的短板和弱项。

（4）数据采集

在役考核须采集的数据包括以下 8 个方面：

——运载器基础数据，包括种类、编配、状态、功能性能指标等；

——执行任务数据，包括运载器完成预定任务、紧急任务和训练任务的内容，任务完成情况等；

——测试测量数据，包括运载器在考核（如飞行程序、工作模式测试、在轨试验、状态鉴定试验、作战试验等）过程中产生的测试数据和地面测量设备产生的测量数据；

——装备故障数据，包括故障现象、时间、地点、部位、周期、频率等；因管理、人因等差错而导致的问题，不作为装备故障的记录或判据，但应考虑录入人因工程问题；

——装备维护数据，包括维护等级、维护时间，保障设备使用情况等；

——人员训练数据，包括训练内容、时间、器材、教材等；

——装备管理数据，包括装备完好率统计等；

——其他可为在役考核评估提供支撑的数据。

（5）考核评估

在役考核评估工作须坚持独立客观、系统全面和准确规范的原则。对照考核大纲和装备质量特性指标，比对、评价、分析获得的数据，在此基础上给出考核评估结论和建议，包括：

——在役考核数据采集情况，数据有效性和充分性、评估模型、评估方法、单项指标评估和综合评估情况；

——被考核装备达到或实现的功能（指标）、考核任务完成情况等；对未按照在役考核大纲完成的考核科目，应说明具体原因及处置措施情况；

——在役考核过程中发现的装备技术质量问题、使用保障问题和作战运用问题，以及问题反馈与处理情况，包括问题描述、分类、原因、影响、处理情况等；

——试验单位（运载器使用单位、航天发射中心、管理单位等）总体评价，包括对被试装备作战效能、作战适用性、体系适用性和在役适用性的总体评价，装备存在的主要缺陷和不足，体系构建、战场部署建议等。

——试验单位对被试装备在役考核的综合评估结论，内容包括被试装备作战效能、作战适用性、在役适用性、体系适用性等定量或定性的评估结论；

——意见建议，包括被试装备在役考核过程中尚未解决的问题及处理意见，重点是装备使用保障、作战运用领域短期内难以解决的装备缺陷，以及未解决问题的改进建议；装备改进意见建议，重点是装备设计、技术指标、产品质量、改进改型等方面的意见建议。

参 考 文 献

［1］ 中国航天科技集团公司 . 航天质量管理基础 ［M］. 北京：中国宇航出版社，2017.

［2］ 中国航天科技集团公司 . 通用质量特性 ［M］. 北京：中国宇航出版社，2017.

［3］ 中国航天科技集团公司 . 产品保证 ［M］. 北京：中国宇航出版社，2017.

［4］ 中国航天科技集团公司 . 航天质量管理方法与工具 ［M］. 北京：中国宇航出版社，2017.

［5］ 黄春平，侯光明 . 载人航天运载火箭系统研制管理 ［M］. 北京：科学出版社，2007.

［6］ 许建强 . 火箭卫星试验 ［M］. 北京：中国宇航出版社，2012.

［7］ 袁家军 . 航天产品工程 ［M］. 北京：中国宇航出版社，2011.

［8］ 宋征宇 . 运载火箭地面测试与发射控制技术 ［M］. 北京：国防工业出版社，2016.

［9］ 栾恩杰 . 航天系统工程运行 ［M］. 北京：中国宇航出版社，2010.

［10］ 刘小方，谢义 . 装备全寿命质量管理 ［M］. 北京：国防工业出版社，2014.

［11］ 龚庆祥 . 型号可靠工程手册 ［M］. 北京：国防工业出版社，2007.

［12］ 陆晋荣，董学军 . 航天发射质量工程 ［M］. 北京：国防工业出版社，2015.

［13］ Pradip K Saha. Aerospace Manufacturing Processes ［M］. Taylor and Francis，2016.

［14］ Mark Frence. Aerospace Applications ［M］. Springer International Publishing，2018.

第 5 章
支持通用类装备质量工程技术

　　支持类装备指在航天任务中支持任务目的达成的各种保障和附属装备，可分成专用和通用两种类型。通用类装备指能够直接采购到的货架类产品或已完成设计生产定型的成熟类设施设备，其质量保证要求与一般性质的装备质量保证没有本质区别。本章基于航天任务的特殊性，讨论了此类装备采购、技术状态、生产交付、使用维护与售后服务的质量技术和方法。

5.1　采购

5.1.1　信息管理

支持通用类装备采购须规定并明示采购要求，旨在确保准确向供方表述需要采购什么样的装备，以及相关的控制要求。采购信息是向供方提供的用于表述对采购产品和服务的要求，包括产品的规格、型号、数量、产品的验证方式和验证准则等信息内容，适用时，还应包括以下方面的要求：

——对采购产品和服务的试验分析；

——对需要确认的过程、关键工艺文件、不合格品控制、抽样检验方案的批准；

——对需要认可的设备和人员的要求；

——对质量管理体系的要求。

在与供方确认供货关系之前，应与供方进行沟通，明确采购产品和服务的要求。采购信息一般通过合同、订单传递。在采购要求传递到供方之前，须通过适当的方式进行评审、批准，以确保传递的采购信息是正确完备的。

5.1.2　供方选择

须制定选择、评价和重新评价供方的准则并形成文件。制定选择、评价和重新评价供方的准则时应考虑以下 6 方面的因素：

——供方产品功能、性能满足要求的情况，以及产品和服务的质量、价格；

——供方质量管理体系的质量保证能力和遵守法律法规的情况；

——供方交付和交付后服务情况；

——供方的履约能力以及有关的财务状况；

——供方提供该类产品和服务的顾客满意程度或经过组织评估来自外部的客观、可靠的供方质量数据；

——其他单位使用该类产品的情况。

对供方进行评价的方式通常有：

——样品检验；

——对供方以往的业绩进行评定；

——对供方的情况进行书面调查；

——对供方进行现场调查或跟产；

——对供方的质量管理体系进行第二方审核。

选择、评价和重新评价供方时，应有效地识别并控制风险。应根据采购产品的类型、功能特性、设计复杂性、技术成熟度、制造复杂性以及采购产品和服务的重要性等因素，确定对供方的控制程度。

在进行风险分析的基础上，按照评价准则对供方进行评价，根据评价的结果编制合格供方名录，根据重新评价准则定期进行重新评定，以对供方进行动态管理，并及时对合格供方名录进行修订。

对供方评价的结果可以分档次，及时与已确定为需要改进的供方沟通并进行跟踪管理。对确定为不合格的供方应从合格供方名录中删除，并通知相关部门停止订货。

5.1.3　招标管理

招标是以拟订的采购合同内容、要求等为"标的"，招引或邀请愿意承包的单位进行投标，择优选定承包方或供方的活动。招标应遵守自愿、公平、诚实、信用、择优中标和保密的原则。

（1）招标书质量保证

招标书质量保证。招标书内容完整，技术方案科学、先进、可靠，进度适当，产品和服务形式、数量明确，投标报标的构成细目及制定原则清楚等。为确保招标书的质量，在切实保密的前提下，招标书必须在适当范围内请有相关经验的权威专家讨论修订。招标书发出后，若确实需要修改须按程序批准。

（2）投标资格审查

投标资格审查的内容通常包括：相关资格证，如装备承制单位资格、武器装备科研生产单位保密资格和武器装备科研生产单位许可等，法定代表人资格证明或投标代理人资格委托书，近几年提供的产品和服务的质量水平，有关技术、人员、设备以及质量保证的能力，近几年的财务状况等。对以上各项应确实弄清、明确结论，作为评标时的重要依据。

（3）评标质量保证

根据"标的"特点，科学选择招标方式。常用招标方式有邀请招标、协商招标，协商招标的主要方式有连续协商方式、对比协商方式和分析协商方式。

招标方应对招标书和"标的"进行分解，分别确定具体的评价准则。评价准则应全面系统、具体可比，切实反映招标书的要求，供评标组作为评标的依据。

招标方应组织有技术、经济、法律等方面的专家参加评标组。评标组是招标方的咨询组织，应对投标方提出的投标方案进行认真审查，与招标书内容逐项比对分析，确定是否能满足招标书要求。平标组可以分别约见投标方，请其解释或澄清投标书评审中不明确的问题，并根据评价准则客观、公正地评价投标书，提出评价报告。评标人员在评标过程中不得泄露任何评标情况，也不能讨论标价的变更问题。

评标组提出的评价报告是定标的重要依据，评价报告应对投标书作出科学合理、客观公正和全面具体的明确评价，对投标方的技术、经济和风险情况进行合理分析，并提出中标推荐意见，以及需要进一步商谈的问题。招标方应根据评标组的评价报告，有目的地找有关投标方进行议标谈判，最后全面衡量，择优定标。若所有投标书都不满足要求，可以在修订招标书后重新招标或终止招标。

5.1.4　合同管理

合同须明确质量保证要求且符合以下 5 项原则：

——符合采购条例和相关法规、标准的规定和要求；

——合同中要求供方开展的质量保证活动应是明确、具体、可证实；

——纳入合同中的质量保证要求，应确保双双理解一致；

——提出质量保证要求时应考虑经济性、合理性；

——与供方签订合同时，应对供方与分供方签订的相关合同中的质量保证要求作出原则性规定。

采购合同中质量保证条款应包括性能指标、质量风险控制和保证要求、验收准则和方法、售后服务及其他质量责任。必要时，针对采购产品和服务的质量要求、供方质量管理体系中的薄弱环节提出补充要求，并应明确其证实方式和程度。采购合同中质量保证要求应写入合同或作为合同附件，当作为合同附件时，应在合同正文中规定的位置写明"质量保证要求，见合同附件"。

质量保证要求应由使用方提出、供方承诺，协商后纳入合同；落实合同中质量保证要求的主体是供方。合同中质量保证要求一般按下列程序提出：

——根据上级下达的计划和授权，在合同谈判前或合同准备时拟制质量保证要求；

——必要时，对供方的质量管理体系进行审核；

——将拟制的质量保证要求条款与供方进行协商或谈判，并将结果上报装备业务部门；

——必要时，参加供方的合同评审，以确保双方对质量保证的理解是一致的；

——将双方确认的质量保证要求纳入合同文本。

采购合同中质量保证要求的基本内容通常包括以下 10 个方面的内容：

——规定供方应保持其质量管理体系持续有效运行，并向使用方提供证实材料；

——规定使用方对供方质量管理体系进行监督的具体要求；

——规定供方应执行的法规、标准及有关文件；

——规定供方严格落实规定的质量保证大纲和与使用方会签确认的要求；

——规定技术状态管理要求和使用方明确的技术状态项目；

——规定使用方主持或参加的审查活动，明确使用方参与质量评审、验证、确认等活动的方式，凡提交使用方主持审查的项目，供方应事先确认合格；

——规定供方与使用方相互交换的质量信息的要求；

——按规定提出成套技术资料的质量控制要求，明确供方向使用方提供的技术资料项目及交接办法；

——规定"标的"的完成标志，包括评定标准、规定的试验和批准的要求；

——提出对分供方或分承包方的质量控制要求。

除上述基本要求外的其他要求，可根据装备特点及实际情况协商确定。

5.2　技术状态

通用支持类装备技术状态管理的目的是在规定的进度内获得规定的技术状态项目性

能，确保装备效能、后勤保障和战备完好性等满足规定要求。

5.2.1　技术状态标识

技术状态标识是指技术状态项目的功能特性、物理特性、接口关系及其后续的更改，通过技术文件、图样及其特征编码来实现的所有活动。装备的技术状态是通过技术状态的逐步标识确定的，即技术状态标识决定了装备的技术状态，因此，技术状态标识是技术状态管理的核心。

通用装备技术状态标识的主要内容包括：

——确定产品结构；

——选择技术状态项目；

——将技术状态项目的物理特性、功能特性、接口和更改形成文件；

——为技术状态项目及相应文件分配标识特性或编码；

——发放技术文件；

——建立技术状态基线。

由于通用支持类装备通常是采购已经设计定型的产品和服务，因此，其技术状态标识的质量保证重点在于对产品技术状态文件的监督，以确保其符合合同和技术协议的要求。产品技术状态文件包括：

——所有的工程设计图样、产品规范、材料规范、试验规范等设计文件；

——根据设计文件及试验、生产要求编制形成的成套制造工艺、产品检验技术文件；

——关键件、重要件目录和相应的特性分析报告；

——合格供应商目录和器材验收标准；

——装备技术说明书和使用维护说明书；

——生产、使用、维护及综合保障各阶段的技术管理制度。

5.2.2　技术状态控制

技术状态控制是指在技术状态文件确立后控制技术状态项目更改的所有活动，包括技术状态文件更改，对技术状态产生影响的偏离和超差进行评价、协调、批准或不批准等所实施的活动。实施技术状态控制的目的是为了防止不必要的或可有可无的更改，并同时加速对有价值更改的审批和实施。

（1）更改类型

技术状态更改控制的目的是确保建立并落实技术状态文件更改、偏离许可和让步接收的程序和办法，确保已批准的更改得到落实。技术状态更改有 3 种类型，即工程更改、偏离和让步。

1）工程更改。工程更改又称技术状态文件更改，是指对定型委员会或上级有关部门已正式确认或批准的现行技术状态进行的更改。采购方提出的工程更改应以书面形式通知承制方，由承制方履行更改程序。工程更改分为Ⅰ类、Ⅱ类和Ⅲ类工程更改。Ⅰ类更改涉及装备战术技术指标、强度、互换性、通用性、安全性等，由采购方批准的更改；Ⅱ类更改指不涉及上述性能和质量，由承制单位自行控制的一般性修改；Ⅲ类更改是指勘误、修正等不影响性能和质量的更改。

2）偏离。偏离是指技术状态项目制造之前，对该技术状态项目的某些方面在指定的数量或者时间范围内，可以不按其已被批准的现行技术状态文件要求进行制造的一种书面认可。生产过程中的原材料、元器件代用以及采用临时脱离产品图样的方法制造零部件，均属于"偏离"。偏离是一种临时性措施，它只在指定的数量或时间范围有效。允许偏离时，对技术状态文件不做相应的更改。

3）让步。在技术状态项目制造或检验验收过程中，有时会出现技术状态项目的某些方面不符合规定要求，如某个零件的某个尺寸超出公差范围，如果重新制造可能会延误交付时间。遇到这种情况，在保证产品质量的前提下，可以采用办理"让步"手续的办法解决这个问题。让步接收的项目有两种使用状态：一种是原样使用；另一种是经返修后使用。让步接收是一种一次性有效的处理方式，处理后再次发生同样的情况且需做让步接收处理时，要重新办理手续。

（2）工程更改

工程更改是对已确认的现行技术状态文件所做的变更修改。

更改须遵守以下5项原则：

——纠正缺陷；

——满足装备使用要求；

——提高装备质量，降低装备成本；

——确保图样、资料的完整、正确和统一；

——偏离许可、让步接收不得进行技术状态文件更改。

更改须按下列步骤办理：

——提出工程更改，判定工程更改的必要性；

——确定工程更改类别；

——审查和评价更改；

——拟定工程更改建议；

——将Ⅰ类工程更改建议提交采购方审签，报装备主管机关（部门）批准，Ⅱ和Ⅲ类工程更改提交采购方备案。

Ⅰ类工程更改建议应包括：

——更改的装备名称、型号、技术状态项目和技术状态文件的名称和编号；

——建议单位名称和提出日期；

——更改内容；

——更改原因；

——更改方案；

——更改迫切性；

——更改带来的影响（包括对装备战术技术性能、结构、强度、互换性、通用性、可靠性、安全性、维修性、保障性等的影响）；

——更改所需费用估算；

——更改实施日期；

——对已制品和在制品的处理意见。

更改批准的权限：

——Ⅰ类工程更改，采购方须参加相关验证试验和鉴定工作，并签署意见报装备主管机关（部门）审批，未经批准前不得更改；

——Ⅱ类工程更改，由采购方和承制方双双按规定协商处理，报装备主管机关（部门）备案；

——Ⅲ类工程更改，由承制方处理，必要时报采购方备案。

更改的实施：

——采购方督促承制方将已经确认的技术状态文件更改迅速纳入受影响的技术状态标识文件；

——涉及已交付的装备停用、返修和更换时，采购方联合承制方按规定办理上报审批手续；

——采购方和承制方均应对技术状态文件更改执行情况和效果进行检查确认。

（3）偏离许可

偏离许可是产品实现前偏离原规定的许可。

偏离许可的限制条件如下：

——不接受涉及安全性及致命性缺陷的偏离许可申请和影响装备使用或维修的偏离许可申请；

——经采购方同意并确认的偏离许可申请仅在指定范围和时间内适用，并不构成对功能技术状态文件、分配技术状态文件和产品技术状态文件的更改；

——应在技术状态项目制造之前办理偏离许可申请和审批手续。

偏离许可申请书内容要求：

——偏离许可申请标题、编号；

——装备名称、型号、技术状态项目及其编号；

——申请单位名称和申请日期；

——受影响的技术状态标识文件；

——偏离许可的内容；

——实施日期；

——有效范围；

——偏离许可带来的影响（包括对装备战术技术性能、可靠性、维修性、保障性、安全性、互换性、通用性的影响）；

——相应的措施。

偏离许可批准权限：

——涉及装备技术性能、可靠性、维修性、保障性、安全性、互换性、通用性的偏离许可，采购方签署意见后报装备主管机关（部门）审批，未经批准前不得许可；

——不涉及装备技术性能、可靠性、维修性、保障性、安全性、互换性、通用性的偏离许可，由采购方和承制方双双按规定协商处理，报装备主管机关（部门）备案；

——采购方应监督承制方分析偏离原因，检查、评价所采取纠正措施的落实情况和后效，防止偏离重复出现。

（4）让步接收

让步接收是使用或放行不符合规定要求的产品的许可。让步有时称超差特许。

让步接收的限制条件如下：

——不接受涉及安全性及致命性缺陷的让步接收申请和影响装备使用或维修的让步接收申请；

——经采购方同意并确认的让步接收仅适用于特定数量的制成项目，不构成对功能技术状态文件、分配技术状态文件和产品技术状态文件的更改，也不能作为以后让步和检验验收的依据。

不合格品的控制：

——承制方须确保不合格品得到识别和控制，防止非预期的交付和使用；

——当交付或开始使用后发现产品不合格，承制方须采取与不合格影响或潜在影响程度相适应的措施；

——采购方应督促承制方落实上述要求。

让步接收批准权限：

——涉及装备技术性能、可靠性、维修性、保障性、安全性、互换性、通用性的让步接收，采购方签署意见后报装备主管机关（部门）审批，未经批准前不得让步；

——不涉及装备技术性能、可靠性、维修性、保障性、安全性、互换性、通用性的让步接收，由采购方和承制方双双按规定协商处理，报装备主管机关（部门）备案；

——采购方应监督承制方分析产品不合格原因，检查、评价所采取纠正措施的落实情况和效果，并将有效措施纳入技术文件或形成制度，防止不合格重复出现。

5.2.3　技术状态纪实

技术状态纪实是指对已确立的技术状态文件、建议的更改状况和已批准更改的执行情况应作的正式纪录和报告。在技术状态项目的第一份技术状态文件形成以后，就开始了技术状态纪实，并连续地跟踪记录和报告技术状态的更改情况，提供所有更改对初始确定的基线的可追溯性。

技术状态纪实工作的要求如下：

——识别各技术状态项目的已批准的现行技术状态文件，给出各有关技术状态项目的标识号；

——记录并报告技术状态文件更改建议及其审批情况；

——记录并报告技术状态审核的结果，包括不符合的状况和最终处理情况；

——记录并报告技术状态项目的所有偏离许可和让步的状况；

——记录并报告已批准更改的实施情况；

——提供每一项技术状态项目的所有更改对初始确定的基线的可追溯性。

通常记录的内容应包括：技术状态项目、技术状态基线、技术状态文件更改、偏离许可和让步，相应的零组件号、文件号、序列号、版本、标题、日期、发放状态和实施状况等。

5.2.4　技术状态审核

技术状态审核是为确定技术状态项目符合其技术状态文件而进行的审查，审核分为功能技术状态审核和物理技术状态审核。功能技术状态审核是为证实技术状态项目是否已达到功能技术状态文件和分配技术状态文件中规定的功能特性所进行的正式审查。物理技术状态审核是为证实已产出的技术状态项目的技术状态是否符合其技术状态文件所进行的正式审查。

功能技术状态审核内容应包括：

——审核承制单位的试验程序和试验结果是否符合装备研制总要求的要求；

——审核正式的试验计划和试验规范的执行情况，检查试验结果的完整性和准确性；

——审核试验报告，确认这些报告是否准确、全面地说明了技术状态项目的各项试验；

——审核接口要求的试验报告；

——对那些不能完全通过试验证实的要求，应审查其分析或仿真的充分性及完整性，确认分析或仿真的结果是否足以保证技术状态项目满足其技术状态文件的要求；

——审核所有已确认的技术状态文件更改是否已纳入了技术状态文件并已经实施；

——审核未达到质量要求的技术状态项目是否进行了原因分析，并采取了相应的纠正措施；

——对计算机软件配置项，除进行上述审核外，还可进行必要的补充审核；

——审查偏离许可和让步清单。

物理技术状态审核的内容应包括：

——审核每个硬件技术状态项目的工程图样和相关的工艺规程（工艺卡），以确认工艺规程（工艺卡）的准确性，包括反映在工程图样和产品硬件上的更改；

——审核技术状态项目所有记录，确认正式生产制造的技术状态项目的技术状态准确地反映了所发放的工程资料要求；

——审核技术状态项目的试验数据和程序是否符合产品规范要求，未通过验收试验的技术状态项目应由承制单位返修或重新试验，必要时，重新组织审核。

5.3 生产交付

5.3.1 过程监督

生产过程监督是促使承制单位加强质量管理工作，增强质量保证能力，预防不合格品产生和及时纠正偏差的重要举措。

生产过程监督的基本要求是以采购合同和有关规定为依据，以整机产品、关键工序和关重件为重点，坚持体系监督、过程控制和检验验收相结合，坚持质量问题归零标准，健全生产过程记录以确保可追溯性。

生产过程质量监督的一般性工作程序通常分为确定监督内容方法、制定监督计划、开展过程监督和改进监督工作 4 个阶段。

（1）确定监督内容方法

采购方应对生产过程的关键环节和薄弱环节进行监督。关键环节有两类：一类是生产过程运作和控制的共性关键环节，如技术状态管理，不合格品管理；另一类是具有产品特点的关键环节，如电子产品的环境应力筛选，材料产品的热处理工序。薄弱环节应根据实际情况确定。对确定为监督的项目，还应确定相应的监督方法，重点监督项目应以机动检查为主，巡回检查为辅；非重点监督项目应以巡回检查为主，机动检查为辅；至于实物抽查方法，则应根据监督的具体项目特点而定。

（2）制定监督工作计划

由于生产过程质量监督具有动态性，采购方应根据实际情况制定质量监督工作计划，以合理应用资源，保证生产过程质量监督工作协调、有序、高效。计划的制定应结合承制方生产安排，明确监督检查项目的内容、方法、检查时机（频次）及责任人等。

（3）开展过程监督

采购方应依据质量监督工作计划，结合承制方的生产进度，进行实际的检查、测定，掌握有关的数据信息，并做好监督记录，定期汇总分析。发现监督对象发生重大变化或发生质量问题时，应及时对监督内容方法进行调整，以增强质量监督工作的针对性和有效性。

（4）改进监督工作

生产过程质量监督是对同一过程循环往复地进行的，应按照 PDCA 质量管理循环工作程序要求，不断总结提高，以巩固经验、吸取教训，调整监督内容方法，制定新的生产过程质量监督计划，必要时修订质量监督细则。

5.3.2 监督方法

生产过程质量监督常用方法有机动检查、巡回检查、实物抽查、质量审核、系统纠偏等。

（1）机动检查

机动检查是采购方对生产过程进行的一种有计划、有重点的质量检查活动，主要适用于生产过程中的重点项目检查，同时具有机动性和计划性。机动性体现在检查的项目和内容是相对稳定而又动态调整，检查的频次、时机以及检查点的选择是视实际工作情况而定；计划性体现在检查必须按计划、按要求进行。

机动检查一般按以下程序进行：

——制定计划，确定检查项目和时机；

——做好准备，掌握产品加工过程、工艺特点、检测计量要求、检验试验规范、各种质量信息，确定检查方式方法；

——实施检查，根据检查计划，在最有利于发现问题的时机组织实施检查，并做好监督检查记录；

——评价，对被检查项目的情况作出评价，并将发现的问题和意见反馈给承制方；

——落实纠正措施，对承制方所采取的纠正措施进行跟踪检查，以验证纠正措施的有效性。

（2）巡回检查

巡回检查是按一定的巡回路线对产品生产过程质量进行的流动检查，主要适用于生产过程中的一般项目检查，巡回路线由监督检查人员根据具体产品的生产特点而定。与机动检查相比，巡回检查的监督面广，是一种面上的检查，因此，实施巡回检查应注重检查的覆盖性，以便了解掌握承制方生产过程质量管理工作的总体情况，并为调整生产过程质量监督重点做准备。巡回检查中如发现问题，可有针对性扩大检查范围，查清问题性质和范围，督促承制方采取纠正措施。

（3）实物抽查

实物抽查是为验证承制方生产过程运作和控制的有效性，在适当的工序或工位上抽取实物，对其质量特性进行的检查验证。实物抽查可分为两种类型：一类是抽查的品种和项目相对固定，主要是比较关键和重要的器材、零部（组）件；另一类是随机抽查，可在机动检查和巡回检查中随时随地进行。

实物抽查不同于产品检验，前者属于监督性工作，目的是验证承制方的运作和控制工作是否正常，产品质量是否处于受控状态；后者属于检验验收工作，目的是判定产品质量的符合性，因此，实物抽查中发现了不合格品，通常不作为产品是否合格的判据。

（4）质量审核

在生产过程质量监督中有两种类型的质量审核，即过程质量审核和产品质量审核，目的是验证过程质量和产品质量的稳定性。

过程质量审核的范围可以是整个生产过程，也可以是某个子过程或某个工序、某个控制点；审核的依据是过程运作和控制文件，如技术规范、工艺文件、有关国家或国家军用标准；审核的主要内容包括过程质量控制计划等文件、过程因素受控情况、过程能力等。

产品质量审核的范围包括成品和关重件；审核的依据是产品图样、产品规范、合同等有关要求；审核的主要内容是产品质量及其保证条件（如检验人员技能、检测用量具等）。过程和产品质量审核的程序一般为 4 个阶段，即审核准备、实施检查、审核分析和制定并落实纠正措施。

（5）系统纠偏

装备在生产过程中常常受各种因素的干扰而产生偏差，如果现场检查和统计分析表明偏差是普遍存在或经常发生时，此时可认定属于系统性偏差，必须进行系统纠偏。

系统纠偏的程序和方法如下：

——发出纠正通知单，指出存在问题及其影响并附必要的数据，提出意见或建议；

——查找原因，接到纠正通知单后，承制单位应及时分析原因，给出结论性意见；

——审查纠正措施，承制单位制定具体的纠正措施后报采购方进行审查；

——验证效果，采购方从管理和实物两个方面验证纠正措施的有效性。

5.3.3　质量检验

检验是对实体进行的一个或多个特性的测量、检查、试验或度量，并将结果与规定要求进行比较以确定每项特性合格情况的活动。通用支持类装备涉及的检验通常有外购器材检验、关重件和关键工序检验、特殊工艺（特殊过程）检验和成品检验等，具有以下 3 个方面的作用，即质量信息反馈，质量问题预防和把关，检验结论作为产品验证及确认的依据。

5.3.3.1　质量检验基本要求

质量检验的基本要求主要体现在机构、规程、器具和设备、作业、人员和记录等方面。

1）检验机构。检验机构应满足人力资源规定要求，检验组织实施集中统一管理，组织内分工明确、职责清楚，检验人员能独立行使职权。

2）检验规程。检验组织应根据产品图样、技术规范、合同要求和其他相关质量文件编制检验规程，明确检验的方式、项目、程序、方法、环境、场所、检验所需的器具和设备，以及接收和拒收判据等。产品最终检验和试验项目，关键特性与重要特性的检验和试验项目，以及需要建立的记录应征得采购方的同意。

3）检验器具和设备。承制方应具备验证产品质量所需的检验器具和试验设备，并按规定周检。

4）检验作业。检验组织应根据有关标准、规范、产品图样、检验规程等要求，组织外购器材检验、工序检验、成品检验、包装发送检验等，对产品质量符合性做出正确的结论。

5）检验人员。检验人员经过培训和资格考核，在取得检验操作证和检验印章后方可上岗。

6）检验记录。承制方应对所要求的产品检验和试验项目以及所需建立的记录在相应文件中做出详细规定。检验记录一般包括产品质量状况检测记录、检验合格证明文件、拒收单、废品单等。检验记录应内容完整、数据准确、字迹印记清晰并满足产品质量状态的可追溯性要求。

5.3.3.2　外购器材检验

采购方应对外购器材的检验情况进行监督，监督的内容和方法如下。

1）检查承制方是否规定、传递采购要求。设计和开发输出所提供的有关采购信息，不但应包括有关采购器材的要求，还应按采购器材对随后产品实现和最终产品的影响确定对采购器材的控制要求。这些要求应通过合同、订单以及必要的沟通等传递到供方，并最终使供方理解和接受。

2）检查承制方是否评价并选择供方。检查内容包括：制定选择、评价和重新评价供方的准则，对供方进行评价的情况和结果，按规定定期对供方进行重新评定的情况和结果。

3）检查承制方对采购器材的检验情况。承制方应确定采购器材接收准则，对检验活动做出安排并依据接收准则对采购器材进行检验。

4）采购新设计和开发的器材，承制方应进行充分论证，在技术协议或合同中详细规定其要求，并经过验证确认满足要求后方可使用。

5.3.3.3　关重件和关键工序检验

关键特性指如果不满足要求，将危及人身安全并导致产品不能完成主要使命任务的特性。关键件指含有关键特性的单元件。重要特性指如果不满足要求，将导致产品不能完成主要使命任务的特性。重要件指不含关键特性，但含有重要特性的单元件。关键工序又称关键过程，指对形成产品质量起决定作用的过程，通常包括：形成关键、重要特性的过程；加工难度大、质量不稳定、易造成重大经济损失的过程等。

对于关键件（特性）、重要件（特性）和关键工序，承制方应编制专门的质量控制程序并进行重点控制，包括：

——建立关键件（特性）、重要件（特性）目录清单，并在相应图纸或技术文件上标识；

——建立关键工序目录清单，并在相应工艺规程（或工艺卡片）上标识；

——建立专门的质量控制程序，制定专门的检验规程；

——对关键件、重要件进行首件鉴定；

——实施百分百的检验；

——对工序质量采用统计质量控制；

——有详细的质量记录，保证具有可追溯性；

——严格不合格品的隔离、处理；

——清晰醒目的质量状态标识；

——限额发料，发料数与用料数一致；

——实行批次管理。

首件鉴定指对试制或批量生产制造的产品进行全面的检验和试验，以证实规定的过程、设备及人员等能否持续地制造出符合设计要求的产品的活动。

5.3.3.4　特殊工艺（特殊过程）检验

特殊工艺（特殊过程）是指形成的产品是否合格，不易或不能经济地进行验证的工艺（过程），如焊接、热处理和塑压等。特殊工艺（特殊过程）必须履行一种特殊的验证方式——过程确认，其目的是对这些特殊工艺（过程）实现策划结果的能力进行证实和认定。

特殊工艺（过程）确认的内容和环节包括：

——产品正式生产之前须明确需要确认的特殊工艺（过程），包括具体项目、内容和要求以及审查和批准的程序；

——对特殊工艺（过程）中的制造设备、监视测量装置进行认可，包括精度和状态；对人员资格按岗位要求进行鉴定，包括教育、培训、技能和经验等；

——按确认的结果规定具体的工艺（过程）方法和程序，如使用的设备、人员资格、过程参数、工作环境、操作程序等，并在工艺（过程）中实施和保持；

——记录的要求；

——按规定的时间间隔进行再确认；当工艺中使用的设备、操作人员以及工艺规程（过程方法）发生变更时，应重新进行确认；当停工时间过长时，也需再确认。

5.3.3.5　成品检验

成品检验也称最终检验，是产品交付使用方之前的最后一次检验，其目的是防止不合格品入库或交付。成品检验包括：完工零件的质量检验，部件、组件和分机的资料检验，整机和全系统的质量检验。

成品检验须具备以下条件：

——有明确的检验依据；

——检验前所有工序都已完成，各项质量检验都合格通过；

——符合批次质量管理及检验要求；

——暴露、发现的质量问题均按规定处理完毕，有书面通过的依据；

——成品按规定有完整、齐套、规范的质量记录、质量信息和质量标记；

——成品检验所需的人、机、料、法、环、测等条件齐备、合格；

——承制方的"厂检"完成并合格。

成品检验须严格按照质量标准进行检验。

5.3.4　试验交付

（1）产品试验

在系统、产品交付前，承制方须按规定进行各项产品试验，产品试验须按经过批准的试验大纲和计划进行，保证试验程序、时间、负荷强度和环境条件满足要求。

实施产品试验须具备以下条件：

——产品制造完工并经检验合格；

——系统、设备预先调试并处于正常状态；

——试验所需仪器仪表和设备准备就绪且精度满足测量要求；

——试验环境和安全措施符合试验要求；

——试验计划安排经采购方认可，参试人员到位。

产品试验内容与要求主要包括：

——系统、设备应按有关标准、规定开展可靠性试验；

——对有保障要求的装备，应根据合同要求和装备保障性要求，对产品进行保障性试验；

——例行试验由采购方根据合同或技术规格书的规定，在检验合格后的产品中抽样进行，试验内容、程序和方法按例行试验大纲及实施细则进行；

——由多种设备组成或接口关系复杂的系统，试验前应组织地面联调试验。

——试验过程中出现故障和超差，经排除故障或重新进行必要的调整后，根据其影响程度和有关规定全部或部分重试；

——试验结束后，承制方应及时整理试验记录并出具试验报告，并由采购方签字认可后方能生效。

采购方可根据需要有选择地采取下列方法开展产品试验质量监督：

——对试验大纲、试验规范及其他相关文件进行审查，提出建议，签署意见；

——对试验设施、设备、器材、环境条件和试验产品进行检查或验证；

——对试验操作人员资格进行审核或确认；

——对试验过程进行现场观察并记录有关情况；

——对试验出现的异常情况提出处理意见或建议；

——参与收集、处理试验数据，对试验结果的准确性提出意见；

——参加技术、质量问题的分析与处理，并按规定程序上报；

——有要求时，参加试验大纲的论证或拟制，参与试验的相关组织与协调工作，对试验报告进行审签。

（2）产品交付

——产品交付应具备的条件：

——承制方已按合同和技术规格书规定的范围完成了全部工作；

——备品、备件、附件、仪器、仪表和随机文件齐全；

——包装符合国家、军队和合同规定要求；

——对验收合格产品采取了保护措施，并按规定进行了维护保养（这种保养应维护到产品交付地）。

产品经验收合格后，应根据合同和技术规格书相关条款编制出厂计划。产品出厂依据一般有 3 种形式：一是上级下达的产品调拨通知单；二是上级下达的产品入库或接收计划；三是在合同中规定产品的发往单位或出厂方式。承制方应及时联系各方确定产品出厂时机和方式。

采购方应督促承制方及时找承运方办理飞机、火车、汽车、船舶等运输计划手续，联系产品发送事宜，按照有关运输规则和技术规范实施装载并监督检查装载质量。

产品交付使用单位时须进行验收检查，其目的是检查验收合格的产品在承制方保管和运输至交付地期间质量状况是否发生了改变，如包装是否损坏，标志是否清楚，产品合格证明是否完整，备品、备件、附件、仪器、仪表和随机文件是否齐全等，以验证交付的产品是否满足规定要求。

接装单位在接到装备时，应与上级主管部门（机关）、承制方一起进行装备首次检测，主要工作有：

——检查确认交付产品项目、数量、包装状况、外观质量，配套完整性，装箱清单准确性，合格证明文件正确性，随装资料齐套性，功能性能符合性；

——首次检测前，对超过规定计量检定、维护保养周期的产品，应采取必要的计量检定、通电检查和维护保养；

——对出现的技术质量问题，承制方应查明原因、现场解决，现场不具备条件的可返厂解决；更换备件的应及时补充备件，确保交付的备件配套齐全；问题解决后，承制方在相关质量记录中记载并与采购方会签；

——收集汇总产品首次检测中发现的问题，会签纪要。

5.4 使用维护

5.4.1 任务与要求

装备交付使用单位后即转入使用阶段。使用阶段质量管理是指在装备调配、使用和技术保障（含维修）过程中，为保证装备质量而进行的组织计划、协调控制的活动。这主要包括：

——建立装备操作使用的规程，正确使用装备；
——建立维护保养制度和维修系统，正确维护、科学检修装备；
——重视装备贮存，保持贮存环境质量；
——保证装备延寿改进质量；
——做好装备退役、报废的质量工作等。

使用阶段装备质量管理事关现役装备能否充分有效形成战斗力及成建制成体系形成任务能力和保障能力，应始终坚持战斗力标准，依法从严治装、科学管装和关系管理。战斗力标准是将确保装备平时处于良好技术状态、任务时持续有效地正常工作作为使用阶段装备质量管理的根本目标与任务，所有质量管理活动均应围绕这一目的而展开。依法从严治装是把装备工作纳入科学化、法制化和规范化的轨道，是使装备质量工作始终保持良好秩序的根本途径。科学管装是指使用阶段装备质量管理必须运用系统工程的方法，统筹规划、科学管理。关系管理是为保证装备使用阶段质量管理持续有效，需要管理好承制方、使用方和装备主管部门（机关）三者的关系。

在使用阶段装备质量管理中，使用单位须：
——各级领导重视，做好经常性的爱装、管装、用装教育，做到长期有目标、年初有计划、平时有检查、年终有总结；

——业务部门分工明确，密切配合，各司其职，各尽其责，实时掌握装备质量情况，及时解决实际问题，不断改进工作质量，持续提高管理水平；

——建立并不断完善装备保障系统，使各维修级别的维修任务以及所需的保障资源与要求的战备完好率相适应，使装备保持良好的完好率；

——健全和落实有关质量管理规章制度，严格管理、奖优罚劣；

——对装备管理和技术人员进行严格的上岗资格审查，并定期考核、持证上岗；

——按规定动用和使用操作装备，严格遵守操作规程，提高操作水平，确保操作安全；

——辅助设施和配套设备、器材、备件等按规定存放，保证存储质量，防止损坏、遗失；

——重视装备质量信息的及时收集、统计、分析和传递，建立装备质量档案，进行质量监控。

在使用阶段装备质量管理中，承制方须：

——协助使用单位制定初始部署计划，根据装备特点和使用要求，提高部署质量；

——做好使用人员和维修人员初始培训工作，保证培训质量；

——制定接收前质量管理规定，做好产品包装、搬运、发送质量控制，保证交付产品符合验收标准；

——协助采购方建立装备保障系统，保证装备配套资源的质量并按时到位，配套资源包括使用和维修的设施、设备、工具、器材、备件、技术资料和计算机资源等；

——做好售后服务，保证装备的完好性，同时通过技术服务，了解使用单位要求和装备使用问题，为改进和发展新装备提供依据；

——做好停产后的供应保障工作。

5.4.2　日常管理

装备日常质量管理活动主要包括装备的使用、维护保养、封存保管、计量定检、质量信息管理、质量评估与定级转级等。

（1）使用

装备使用是通过装备操作发挥其战术技术性能的过程。装备使用须：

——按编配用途使用装备，非经特别批准和任务时非特殊情况，不得改变装备的编配用途，不得挪作他用；

——使用者必须熟悉装备的性能、结构、原理、操作规程和技术安全后，方可操作使用；有特殊要求时，使用者必须取得相应资质方可操作使用；

——按装备的战术技术性能和操作规程正确、安全地使用装备；

——防止违章操作和超强度、超负荷使用装备。

（2）维护保养

应针对装备技术性能建立维护保养制度、规程等，明确维护保养时机、种类（一、二、三级保养等）、范围、内容以及人力和资源（油料、零配件）消耗标准等。

装备运行一定时间、里程或完成某一规定任务后，均应按规定及时进行某一种或几种维护保养，维护保养的内容包括：清洁、调整、紧固、润滑、加添油液、补充备品备件，以及检测诊断、排除故障等。

任务期间的维护保养，由指挥长根据任务情况、可控时间及装备的技术现状等决定保养时机、地域、种类和完成时限。

（3）封存保管

装备封存保管是指对一定时间内不动用的装备进行必要的技术处理后按规定的标准或要求进行存放管理。

装备封存应符合以下要求：

——按技术使用说明书所规定的要求和按维护保养项目，对拟封存装备进行全面彻底的维护保养，通过通电、启动、运转、试车等全面技术检查，排除故障；

——按封存要求对应封存的部位、仪表、仪器、备附件、工具等进行密封；

——装备文书资料要装袋保存；

——整件装备要入库转为停放状态，解除负荷；

——封存前后进行相应检查，严格执行封存程序；

——制定落实装备封存安全守则和措施，防止装备损坏、丢失和意外事故发生。

装备封存应按以下程序组织实施：

——制定计划，内容包括组织领导、装备普查、骨干培训、封存试验、封存中维修力量使用与分工、时间进度等；

——确定规程、培训骨干，确定装备封存的技术规程，统一封存项目、工艺、部位、尺寸、密封质量等技术标准，培训骨干学习掌握上述标准；

——检查装备，封存前组织装备普查或点验，弄清装备数量、质量，进行附件、工具清点，检查配套情况，并进行登记统计；

——技术处理，对拟封存装备进行检修，恢复其战术技术性能，补充短缺附件、工具，配齐装备备附件，对装备进行清洗和表面处理；

——封存，严格遵守技术规范，依据封存环境、分类和时间，同时考虑利于运输、存放和启封等因素，选择合适的封存方法；

——检验，封存的每道工序都应有相应的检验项目和要求，封存完毕后经质量检验满足要求后才能进入封存状态；

——封存标识，封存装备应做好标记，如：使用防锈剂的种类或代号，包装方法的种类或代号，封存地点、时间等。

为确保封存和保管装备的质量，在装备封存和保管期间应开展以下活动：

——持续保持环境满足要求，应根据装备封存和保管期间的实际需要，持续维护贮存环境，确保其满足要求；

——定期进行质量检查，指定专人负责，按规定周期检查装备和贮存环境，检查内容通常包括金属是否生锈，橡胶是否老化，油液是否变质，装置、油泵等是否漏气、漏液，电气元件有无锈蚀、氧化，电气部分工作是否正常，光学部件是否生雾、生霉等；

——组织保养，对封存和保管装备按技术规范进行维护保养；

——健全并落实制度，主要包括管理责任制度、维护保养制度、登记统计制度、检查制度、人员出入登记制度等。

（4）计量检定

装备计量是以科学先进的计量测试技术为手段，通过对装备系统及仪器仪表的定期检定和校准，建立完善的计量保障体系，确保装备的完好率和良好的战备状态。

为确保测量过程中的影响量和干扰量不会使测量结果的不确定度超出允许范围，要求测量环境必须满足规定的条件，这些条件包括空气的温度、湿度、洁净度、压力、流动的速度，抗振动性能、抗磁场和噪声干扰的能力，其他可能影响或干扰测量结果的因素。

装备计量按目的和时机通常分成 3 种类型：初级计量检定、周期计量检定和修复计量检定。初级计量检定在新装备出厂或启封时进行，以评定装备质量；周期计量检定在规定的时间间隔内进行，以判断设备参数变化对装备精度的影响和对装备进行校准；修复计量检定参照维修规范和检定规程的有关技术参数，判定维修装备是否达到维修目的，即是否恢复了装备的战术技术性能。

为保证计量过程和结果的精准性，计量工作应满足以下要求：

——计量器具都必须经检定合格；

——计量器具安装布置时须确保计量器具与辅助设备、被测对象之间不要相互影响；

——所有计量器具须调整到正确位置和处于稳定状态；

——确定并落实安全防护措施，特别是计量过程存在高压电源、有害物质、运动着的物品和高空作业时；

——熟悉使用说明书，按规程操作使用计量器具；

——保持清洁卫生。

（5）评估定级

通常依据装备质量状况将装备区分为新品、堪用品、待修品和废品 4 个质量等级。

1）新品是经检验合格出厂，未经携行使用的新装备，贮存年限符合规定，且配套齐全，能用于执行预期的任务。

2）堪用品是全部技术性能或基本技术性能符合规定要求，质量状况良好，能用于执行预期的任务。堪用品根据其剩余使用寿命、质量性能状况，可进一步细分为一级堪用品、二级堪用品和三级堪用品等。

3）待修品是需要送工厂修理的装备，这一等级的装备不修理不能执行预期的任务，且不能由使用分队或班组自行修理，须大、中修才能用于执行预期任务。

　　4）废品是指达到总寿命规定，且无延寿、修复、使用价值的装备，或者未达到总寿命规定，但已经无修复、使用价值的装备，以及超过贮存年限并影响使用、贮存安全的器材装备。

　　装备质量分级标准是装备分级管理的依据，不同类型的装备应有装备主管部门组织制定不同的质量分级标准，且级别的具体技术参数和指标应能正确地反映装备的实际技术状态和质量状况。

　　装备评估定级必须严格执行装备质量等级技术标准，防止将堪用装备定为废品或将不能使用且无修理价值或存在危险的装备定为堪用品。装备质量等级评定结果须报有关部门批准确认，并按规定登记入档、上报。

　　装备质量发生较大变化时应当及时转级。应根据装备技术状况变化速度，确定装备的转级评定时机。当经检查、鉴定、确认应当转级时，应填报有关文书，按批准权限上报，经批准后方可转级。

　　（6）质量信息

　　装备使用过程的质量信息是评价装备质量最直接、最客观的依据。收集、利用装备使用过程质量信息，对于使用方能够及时有效地掌握装备质量信息，实现装备精细化管理，充分发挥装备效能；对于承制方能够掌握装备使用效果，了解使用方对装备质量和服务质量的要求，为改进和提高装备质量，开发新装备，进一步做好服务工作提供依据。

　　装备使用过程质量信息通常包括3个方面的内容，即与装备使用有关的信息、与装备质量有关的信息和与装备保障有关的信息。

　　与装备使用有关的信息包括：装备接装时间、数量、质量等交付信息；装备工作时间、里程、次数等使用信息；装备贮存、使用环境条件等环境信息；装备使用中通过检测、试验等产生的有关数据、资料等。

　　与装备质量有关的信息包括：各类质量问题的性质、现象、发生时机及环境条件，造成的影响，故障定位、机理分析情况，纠正和纠正措施实施情况及效果；涉及装备环境适应性、可靠性、维修性、保障性、安全性、测试性、配套性、贮存性、使用寿命等方面的综合信息；对加装和改装装备，加装和改装的内容、时间、地点、试验报告、工作过程及加装或改装效果等方面的信息。

　　与装备保障有关的信息包括：保障设施设备、人员技能、训练器材、运输系统、各类技术资料等保障资源和综合保障工作的有关情况及存在问题；装备维修的时间、间隔、次数、维修的等级类别，维修的方式，修理的部位和难易程度，修理后的使用效果；承制方售后技术服务情况。

　　建立质量信息网络系统是加强装备使用过程质量信息管理的有效手段。质量信息网络系统的组织机构通常由装备业务主管部门、装备研究院所、使用方、承制方和军代表系统组成，信息网络中心一般设在装备研究院所，主要任务是及时、准确地收集、传递、处理和储存使用过程中与装备质量有关的信息。

　　装备质量信息网络中心应牵头制定装备质量信息管理制度，明确各成员单位的工作职责和工作分工，信息收集、传递、处理和储存的要求和方法，质量信息表格的格式、内容及填写方法。质量信息网络系统各成员单位须落实装备质量信息管理制度，严格按照统一、规范的要求和方法收集、传递、处理、储存信息，防止信息在管理过程中散失、失效和失真。

5.4.3　维修管理

维修是装备在贮存和使用过程中，为使装备保持或恢复其有关技术文件所规定的状态，以达到预期效能所进行的全部技术和管理活动。

（1）维修活动

装备维修活动一般包括检测、保养、故障定位、故障隔离、拆卸（分解）、更换、修复、再装（结合）、调准、检验和校准等。

检测：确定装备的技术状态或参数量值。

保养：为保持装备处于规定状态所采取的维护措施。

故障定位：确定故障部位的过程。

故障隔离：将故障定位到必须修理的范围。

拆卸（分解）：为便于接近装备的某一部分或便于进行某项维修活动，而拆下装备的若干零部件。

更换：将需要更换的零部件拆下，安装上替换品。

修复：对装备的某些零部件所进行的原件加工或其他修复措施，以恢复该零部件的功能（状态），又称原件修复。

再装（结合）：把分解拆下的零部件重新组装。

调准：对装备内某些不协调情况进行调整校正，使装备恢复到规定的工作状态。

检验：为检验维修的效果，保证正常运转时达到规定功能状态而进行的试验。

校准：由指定的机构或使用标准的测量仪器查出并校正仪表或检测设备的任何偏差。

（2）质量保证

影响维修质量的因素包括人的因素、工具设备、维修规程方法、维修环境、备件、器材、油料等。为保证装备维修质量，除确保上述因素满足规定要求外，装备维修承包方还需开展全面质量管理，重点做好以下 7 个方面的工作：

——进行质量教育培训，使所有人员树立"质量第一"的意识、为航天服务的意识；

——建立质量管理体系和质量责任制；

——指定装备维修质量保证计划；

——建立健全质量检验制度；

——组织全体人员参加质量管理活动；

——开展质量统计分析和信息管理；

——组织文明生产。

（3）质量检验

质量检验是保证维修质量，确保不合格产品不在维修过程中流转，不合格装备不交付使用的重要措施。装备维修须进行修前检验、工序检验和完工检验。

修前检验是为了掌握待修装备的技术状况，以便制定维修计划和修理工艺流程，安排重点修理和重点保障项目。

工序检验是施工过程中对完成的各道工序进行的质量检验，特别是对质量影响较大的关键工序，须设置质量监控检验点。

完工检验是按照规定的修理内容全部完工后为鉴定修复装备技术状况所进行的质量检验。所有修复的装备和制作的零部件、备件均应进行完工检验，确认合格后才能交付使用。

5.4.4　延寿与改进

装备延寿是对达到或接近规定寿命的装备，通过维修、加改装等方式，延长其使用寿命、安全寿命、技术寿命的活动，亦称为装备整修。装备改进是指不改变现有装备主体结构和主要功能，只进行局部完善以提高其战术技术性能的活动。二者均涉及装备的拆装、加工、装配等活动，对装备质量管理的要求相同。

为保证装备延寿改进的质量，应针对其特点落实以下质量控制措施。

（1）成立项目组织

针对复杂装备系统延寿改进涉及单位多，技术繁杂且具有一次性和不可重复等项目管理的特点，应由装备主管部门牵头，联合使用单位、研究院所、承制单位和承修单位共同成立项目组或办公室，明确工作界面，压实各方责任，制定项目管理计划，指挥各方协同工作。

（2）建立质量管理体系

承担延寿改进工作的各单位均须建立并通过质量管理体系认证，同时以项目组或办公室为依托，建立跨行业、跨部门的项目质量管理体系。

（3）实施上岗资格确认

承担装备延寿改进工程技术操作的人员，须经过相关岗位职业技能培训，并经确认具备履行相关岗位职责的素质。

（4）严格过程质量控制

除采用类似装备生产过程的一系列质量管理措施外，还应针对装备延寿改进过程的特殊环节，如旧装备入厂检验、拆卸、旧部件性能检测与评估、总装试验与评估等，采取相应措施，加严过程质量控制等。尤其是旧装拆装过程、零部件清洗与检测、延寿关键技术试验过程、装配后整装试验过程等，应进一步完善技术工艺文件，严格技术状态管理，确保过程实现预期目的的能力充分。

（5）充分试验

装备延寿改进须针对以下问题进行充分试验并得出可靠结论：

——旧部件的失效机理；

　　——旧部件性能质量评估方法；

　　——旧部件使用标准与安全性；

　　——大量旧部件组装而成的装备整体，其质量与可靠性的验证。

　　（6）严格检验评估

　　针对新旧部件混合一起的情况，进一步建立完善相关的检验程序和标准，严格关键工序和主要质量控制节点的检查验收，确保装备符合相关技术条件要求。

　　装备验收改进后的质量评估面临服役履历信息混乱、新旧部件混合一起、标准不一、承修过程信息不充分、部件失效机理不清、隐患排查困难、各类质量数据不一致等难题，应充分收集、梳理与装备延寿改进相关的质量信息，抓住主要因素，研究质量评估方法，建立质量评估模型，合理评估装备延寿改进后的质量。

5.4.5　退役与报废

　　装备退役是指对达不到规定的战术技术指标、型号技术落后，或由于其他原因不宜继续使用的装备做退役处理。装备报废是指对达到总寿命规定，没有延寿修复价值的装备，或虽未达到总寿命规定，但已不具有使用修复价值的装备，或超过储存年限并影响使用、储存安全的装备所做的报废处理。

　　装备处废是对装备废品进行处理的简称，具体指对已经报废装备的毁形、销毁和加工转化工作，处废的目的是消除储存隐患，保证使用安全，回收物资、增加效益。

　　处废工作必须：

　　——制定一套科学的行之有效的规则和操作规范；

　　——严格按规则和规范进行，有计划、有组织、有领导；

　　——废品处理要彻底，严禁留有后患；

　　——严禁未处理品混入回收物资之中；

　　——在保证安全的前提下，提高经济效益（如提高物资回收率、工作效率、开展深加工、降低处废用具等）。

　　处废方法主要有销毁、毁形、加工转化和回收。

　　销毁是采用拆毁、烧毁、炸毁等方法，使装备失去危险性。拆毁是对装备及其原件和零部件进行分解、拆卸；烧毁是将装备先分解为原件，并按元件分类清理，对能烧毁的元件或零部件分别投入烧毁炉或在野外进行烧毁；炸毁是对拆毁处理有危险的装备进行炸毁处理。

　　毁形是对装备采取拆、砸、焊割、熔炼等手段破坏其原形，使其丧失原有使用性能转为废品材料。装备毁形处理应根据不同情况分别处理，如留作样品备用、拆件利用等，不便保存样品的报废装备应保存模型、图片、声像片等。

　　加工转化是对拆毁的机械装备及零部件经技术鉴定，合格件转作零备件使用；无使用价值的金属件送工厂熔炼或改制维修配件；非金属零部件通过深化加工转为有用材料；对于非常规装备的报废处理应按有关规定执行。

　　回收是对报废退役装备中的可利用品进行回收利用。回收物资利用方法通常有整体利用、部件利用和原材料利用。整体利用是将报废装备的整体经过简单的修理加工转作他用，如退役装备稍加整修后用于教学、陈列展览等。部件利用是拆下报废退役装备中有利用价值的零部件留作备用。原材料利用是将废旧装备经加工处理提取或还原成原材料，如金属构件、零件回炉冶炼。

5.5　售后服务

　　售后技术服务的内容和要求一般在订货合同中予以规定，通常包括以下 6 个方面内容：为使用方培训技术力量，为使用方提供技术资料，为使用方提供零部件，到使用方现场进行技术服务，处理使用过程中发生的质量问题，进行专项技术保障。装备主管业务部门应督促承制方建立健全售后服务机制，组织开展及时有效的售后技术服务。

5.5.1　技术培训

　　技术培训指承制方对装备使用、维护及管理人员进行的以能正确使用、维护装备为目的的技术教学与训练，一般采用举办培训班或被培训人员跟踪参与研制生产过程的形式进行。

　　技术培训通常由装备主管部门、承制方、使用方共同协作完成。根据合同规定和业务主管部门要求，承制方、使用方共同协调研究制定培训计划。计划一般包括培训时间、内容、地点，技术资料提供，培训方式，授课人员，受训人员对每项培训内容须掌握的程度等。

　　对首次交付的装备，承制方会同使用单位编制培训大纲，上报主管部门审批；其他情况将培训大纲报下达培训任务的部门审批。培训教材主要由承制方组织编写，主管业务部门组织审核，主要审核其内容是否满足教学计划要求，是否完整齐全。

　　技术培训可以由承制方到使用方的现场进行培训，也可将需要培训的人员请到承制方单位内进行。无论哪种方式均需采用课堂教学与实际操作相结合的方法。

　　培训内容依据合同规定、主管业务部门要求和使用方实际需要，参照装备技术说明书、使用维护说明书等技术资料确定，并在培训大纲或培训计划中明确。培训内容通常包括：装备基本性能、构造和原理，安装与调试方法，使用操作方法、安全知识与注意事项，日常维护与保养方法，常见故障诊断及其排除方法，储存与保管等。

　　主管业务部门应根据培训内容选择合适的考核方式组织对参训人员进行考核，以督促参训人员主动学习掌握培训内容；采用问卷调查、机动检查、专家评价等方式，结合参训人员考核成绩，组织对培训质量、培训效果做出准确评价，以督促承制方重视培训，改进培训效果。

5.5.2　备件资料

　　备品备件是一个通用词，是指备用的物品和备用的零件，因此，所有与装备有关的消耗品和零部件都可以用作备品备件。承制方向使用方提供备件通常有 3 种形式：一是装备订货时作为易耗易损件或装备的备附件与装备配套提供；二是由业务主管部门向承制方单独订货；三是由使用方直接向承制方订货，使用方要求的紧急订货，承制方须及时提供。装备订货时订购的零备件作为订货装备的组成部分，随同订货装备一并进行生产过程质量监督和检验验收。业务主管部门单独订购和使用方直接订购的零备件应视为成品，按照合同及协议规定、成品检验验收程序组织检验验收。

技术资料是装备说明性文件、装备质量状况证明文件以及保证装备使用、维护工作正常进行的各类文件、目录、清单的总称。承制方向使用方提供技术资料提供通常有 3 种方式：一是随装备配套提供，如装备使用维护说明书；二是主管部门单独提出，由承制方按要求提供，如培训教材；三是即时提供，如技术通知单等。

技术资料主要包括装备使用维护说明书、装备技术说明书、装备合格及履历书、装备维护手册、装备教材、教学片和装备器材目录等，其中装备使用维护说明书和装备技术说明书是最重要的技术资料。

装备技术说明书主要讲述装备的原理、构造等，内容须包括：

——装备主要战术技术指标和用途；

——装备结构和工作原理，各部分组成，相互关系，各主要部件的名称及作用；

——装备分解、结合的方法、步骤、要领，专用工具的使用方法，结合后的检查方法、调整方法以及要达到的要求；

——需要安全调试装备的安装调试方法。

装备使用维护说明书主要讲述装备使用与维护方法等，内容须包括：

——综述，介绍装备的用途、结构和工作原理；

——操作使用方法、步骤、要领，技术检查的要求和方法；

——常见故障及其原因，排除办法；

——装备保管与维护保养要求和方法；

——附录，包括工具、备件、附件、装具等。

5.5.3　技术保障

技术保障通常包括现场技术服务和专项技术保障。

（1）现场技术服务

现场技术服务是承制方派出服务人员到使用方提供技术支持，现场解决装备技术问题，保证装备正常使用和运行。

现场技术服务的主要内容包括：

——承担或指导装备的安装调试；

——提供技术咨询和指导；

——现场处理装备出现的技术质量问题和协调解决因保管、储存、使用、维护不当而造成的故障问题；

——对装备进行技术检查或修理；

——掌握装备使用情况，收集使用过程质量信息。

承制方提供现场技术服务时应确保：

——服务及时到位，使用方满意，必要时形成纪要并报装备主管部门；

——积极协助装备事故鉴定处理，按要求提供技术支持；

——装备故障处置须定位准确、机理清楚和排除彻底；装备修复及时，因条件限制一时无法排除时，应与使用方协商后续计划并尽快予以解决；

——因质量问题造成的装备事故、故障，按有关规定处理；

——按联合服务组要求完成大型复杂装备的现场技术服务（大型复杂装备的现场技术服务一般由主管部门牵头成立联合服务组）；

——参与重大任务或执行紧急任务时的技术保障，人员、器材等及时到位。

（2）专项技术保障

专项技术保障通常是在执行重大任务时，由装备使用管理业务部门依据法律法规要求，组织相关装备承制方为使用方提供高效、稳定、持续的专项任务技术保障。

承制方接到专项技术保障通知后，须重点做好以下工作：

——及时了解掌握任务的具体内容和详细要求，制定技术保障计划，配备技术保障人员，布置保障工作任务；

——研究确定技术保障所需装备及零备件的品种、数量（专项技术保障通知明确的按要求落实），并优先保障；若库存和生产线上的装备及零备件品种、数量不能满足要求时，须集中生产能力加班生产、加工，全力保障工作进度要求；

——需现场保障的应迅速组织保障人员携带工具和零备件赶赴通知现场，开展技术保障工作。

5.5.4　质量问题处置

装备主管部门应组织装备使用方、承制方协同建立健全装备故障报告、分析和纠正措施系统。

装备在储运和使用过程中发生功能丧失或部分功能丧失或出现装备事故时，承制方在得到装备质量问题信息后，应及时查明原因，迅速处理并及时通知使用方。在装备规定的储存、使用保证期内，对属于设计、制造原因造成的质量问题，承制方应按照"修理、更换、退货"的有关规定无偿给予解决；确属维护、使用、保管不当产生的质量问题，承制方可适当收取修理成本费。

无论何种情况、无论质量问题处置主体单位是谁，构成重大质量问题时，技术质量问题处置均须满足"定位准确、机理清楚、故障复现、措施有效、举一反三"的要求，管理质量问题的处置须满足"过程清楚、责任明确、措施落实、严肃处理、完善规章"的要求。质量问题的处置过程中，相关各单位应主动落实"眼睛向内、系统抓总、层层落实、回归基础、提升能力"的要求。

参 考 文 献

［1］ 刘小方，谢义. 装备全寿命质量管理［M］. 北京：国防工业出版社，2014.

［2］ 武小悦，刘琦. 装备试验与评价［M］. 北京：国防工业出版社，2008.

［3］ 高俊峰，江劲勇. 装备质量与可信性管理［M］. 北京：国防工业出版社，2007.

［4］ 宋太亮，李军. 装备建设大质量观［M］. 北京：国防工业出版社，2017.

［5］ 田思明，范凯河，等. 装备承制单位质量管理评定全案［M］. 北京：国防工业出版社，2011.

［6］ 郑东良. 装备保障概论［M］. 北京：北京航空航天大学出版社，2017.

［7］ 康锐. 可靠性维修性保障性工程基础［M］. 北京：国防工业出版社，2012.

［8］ 赖一飞，张清，余群舟. 项目采购与合同管理［M］. 北京：机械工业出版社，2009.

［9］ GJB 3677A—2006 装备检验验收程序［S］.

［10］ GJB 3885A—2006 装备研制过程质量监督要求［S］.

［11］ GJB 3916A—2006 装备出厂检查、交接与发运质量工作要求［S］.

［12］ GJB 4386—2002 武器装备维修质量评定要求和方法［S］.

［13］ GJB 5707—2006 装备售后技术服务质量监督要求［S］.

［14］ GJB 5708—2006 装备质量监督通用要求［S］.

［15］ GJB 5710—2006 装备生产过程质量监督要求［S］.

［16］ GJB 5711—2006 装备质量问题处理通用要求［S］.

［17］ GJB 5712—2006 装备试验质量监督要求［S］.

［18］ GJB&Z 127A—2006 装备质量管理统计方法应用指南［S］.

［19］ GJB 1442A—2006 检验工作要求［S］.

［20］ GJB 1406—92 产品质量保证大纲要求［S］.

［21］ GJB 906—90 成套技术资料质量管理要求［S］.

［22］ GJB 1443—92 产品包装、装卸、运输、储存的质量管理要求［S］.

［23］ GJB 1405A—2006 装备质量管理术语［S］.

［24］ GJB 3206A—2010 技术状态管理［S］.

［25］ GJB 1362A—2007 军工产品定型程序和要求［S］.

第 6 章
支持专用类装备质量工程技术

　　支持类装备是指在航天任务中支持任务目的达成的各种地面保障和附属装备，可分成专用和通用两种类型。其中专用类装备特指为满足特殊任务需求而研制的非标装备，其质量保证方法按项目实施。本章基于航天任务的特殊性，从专用支持类装备质量特性、方案论证、设计管理、安装调试等方面讨论了其质量工程技术方法，而装备生命周期中的技术状态、生产交付、使用维护和售后服务方面的质量工程技术方法与支持通用类装备相同，不再赘述。

6.1　质量特性

6.1.1　装备特点

支持专用类装备的类型非常繁杂，典型代表如活动发射台、发射电缆摆杆和微波统一频段测控系统等，这类装备：一方面本身规模较大，一经部署除非必要不可能进行整体更新；另一方面装备数量有限、甚至唯一，很难使用基于经典数理统计理论的概率可靠度指标体系对其进行预测评估，实施标准化设计和管理也很困难。因此，其研制生产通常按项目实施，质量保证重点是在工程方案论证和设计建造阶段。

（1）活动发射平台

活动发射平台是火箭测试和发射垂直支撑设备，还是航天器、运载器组合体的垂直运输设备。作为航天发射的关键地面设备，其能否安全可靠地运行会直接影响航天产品安全和发射任务的顺利实施，因此，对其安全性可靠性要求较高。活动发射平台涉及包括机械、自动控制、液压传动、气动控制、流体力学、电子电路、电力拖动等在内的多个专业领域，系统组成复杂，使用维护管理难度较大。

（2）电缆摆杆

电缆摆杆主要用于敷设航天器、运载器系统产品与地面测试系统相连的供电和测试电缆，在火箭发射倒计时——min实施摆开，并在火箭点火前可靠摆开到安全位置，其工作可靠性要求极高。同时，电缆摆杆的摆开、摆回速度控制也要满足相关要求，确保定位精准，且要有良好的抗风载等抵御外部因素干扰的能力。电缆摆杆在控制模式、控制链路、电源、油泵以及主要元器件方面均采取了冗余设计，关键核心部件采用热备份冗余设计，以确保其工作可靠受控。

（3）微波统一频段测控系统

微波统一频段测控系统是由众多设备组成的大型复杂装备，具有外测、遥测、遥控、数传、话音和通信等功能，是航天测控通信任务的主要装备之一。装备主要特点是大量采用先进的计算机，所有分系统均采用微机或单片机并尽可能采用单片机完成过程控制，自动化、智能化水平较高；采用完全透明的结构，数据采集后经打包直接发送数据处理中心，系统仅为满足监控需要做一些简单的数据处理；标准化、规范化程度较高，测角、测距、测速、遥测和遥控等基带设备基本统一。

6.1.2　核心指标

支持专用类装备的核心技术指标是其核心质量特性的集中体现，其初始确定一般在具体型号航天任务或工程建设需求的基础上兼顾其他型号航天任务需求，由主要相关方一起确定，并随着方案完善、试验研制和鉴定等工作的深入，逐步细化和完善。

不同类型的专用支持类装备的核心技术指标通常差异较大且不具有可比性，表6-1～表6-3分别对活动发射平台、电缆摆杆和微波统一频段测控系统核心技术指标进行了示意。

表 6 - 1　活动发射平台核心技术指标（示意）

名称	参数	数值	说明
总体情况	本体结构尺寸/m	长－－,宽－－,高－－	
	驱动控制车尺寸/m	长－－,宽－－,高－－	
	运输时尺寸/m	－－	
	助推发动机喷口距 0－0 标高/m	－－	
	本体结构总质量/t	－－	
	行驶时总质量/t	－－	
	发射时总质量/t	－－	
	本体单件最大质量/t	－－	
	四支承臂承载中心直径/mm	－－	
	承载能力/t	静载－－	
行走装置	行走台车	－－轴－－轮×－－组	
	驱动轮数/个	－－	
	行走速度/(m/min)	－－	
	驱动方式	－－	
	行进方向加速度/g	<－－	
	运行轨道/m	－－	
	轨距/m	－－	
	全程长/m	－－	
	变频电机功率/kW	－－	
驱动控制系统	发电机组功率/kW	－－	
	供电电压/V	－－	
	变频器功率/kW	－－	
	供电方式	－－	
	行驶速度/(km/h)	－－	
	总质量/t	<－－	
结构强度、安全系数及变形量	主体结构强度	主要承力部位应力不大于－－MPa,采用－－,δS ＝－－MPa, n≥－－	
	主体结构刚度	－－部位变形量－－mm,最大变形量－－mm	
	关键零部件安全系数	n≥－－	
主体结构固有频率	满载运行时/Hz	－－	
	满载发射时/Hz	－－	

续表

名称	参数	数值	说明
其他指标	调平范围/(°)	－－	
	调平精度/(″)	－－	
	回转范围/(°)	－－	
	回转精度/(′)	－－	
	回转速度/(°/min)	－－	
	定位精度/mm	－－	
	运行时加速度/(m/s²)	≤－－	
	工作台翻板展收时间/min	机动展开：<－－,机动撤收：<－－	

表 6-2 电缆摆杆核心技术指标（示意）

	参数	数值	说明
总体情况	承载能力/t	－－	
	水平杆安装角/(°)	－－	
	摆开角/(°)	－－	
	摆开时间/s	≤－－	
	摆回时间/s	≥－－	
	控制方式	－－	
电动机	型号	－－	
	接法	－－	
	转速/(r/min)	－－	
	绝缘等级	－－	
	工作制	－－	
	功率/kW	－－	
	电压/V	－－	
	频率/Hz	－－	
	额定电流/A	－－	
柱塞泵	型号	－－	
	额定压力/MPa	－－	
	公称排量/(mL/r)	－－	
	转速/(r/min)	－－	

表 6 - 3　微波统一频段测控系统核心技术指标（示意）

参数		数值	说明
系统品质因数	主天线	$G/T\geqslant--+20\lg(F/F_0)\text{dB/K}$ $F_0=--\text{MHz},E\geqslant-°$	
	引导天线	$G/T\geqslant--+20\lg(F/F_0)\text{dB/K}$ $F_0=--\text{MHz},E\geqslant-°$	
有效全向辐射功率（EIRP）	有效全向辐射功率（EIRP）	$\text{EIRP}\geqslant--+20\lg(F/F_0)\text{dBW}$ $F_0=--\text{MHz}$	
	可调范围	$--\text{dBW}\sim--\text{dBW}$，步长不大于 $-\text{dB}$	
	EIRP 稳定性	$\pm--\text{dB}/24\text{ h}$	
电平动态范围	标准 TT&C	$--\text{dBW}\sim--\text{dBW}$	
捕获时间	总捕获时间	测试条件一：$\leqslant--\text{s}$	
		测试条件二：$\leqslant--\text{s}$	
误码率	遥测	$P_e\leqslant10^{--}$	
	数传	$P_e\leqslant10^{--}$	
遥控指令误差		遥控小环检测正确率：0.——	
数据采样率	测角、测距	$--\text{Hz}、--\text{Hz}、--\text{Hz}$	
	测速	$--\text{Hz}、--\text{Hz}、--\text{Hz}、--\text{Hz}$	
系统可靠性	平均无故障工作时间	$\text{MTBF}\geqslant---\text{h}$	
	平均故障维修时间	$\text{MTTR}\leqslant--\text{min}$	

6.2　方案论证

航天专用类装备方案论证质量管理的目的是保证方案科学、合理、可行，论证结果符合政策、法规和装备体制，满足使用管理和航天任务需求，相关质量技术包括性能需求论证、综合论证、指标论证和方案优选等。

6.2.1　使用需求论证

地面支持专用类航天装备使用需求论证工作包括装备需求分析、概念分析、环境分析和功能分析等。工作流程如图 6 - 1 所示。

（1）需求分析

地面支持专用类航天装备需求分析是依据装备发展规划，根据未来航天任务需求的装备整体结构要求，诊断现行装备在任务配套、技术配套等方面的不足或缺陷，以及现行装备与国内外同类先进装备在性能水平上的差距，分析研制新装备的迫切性。

需求分析一般具有层次性，要从全局到局部层层深入。不同项目的需求分析应根据对

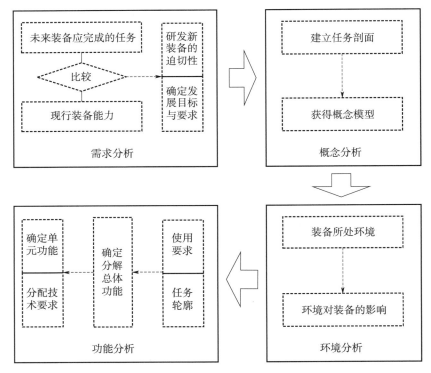

图 6-1　装备使用需求论证工作流程图

象的层次和要求确定自己的分析重点，根据现有技术能力和任务需求预测未来发展方向，考虑可用财力和任务迫切性，排定技术发展优先次序，引导科研力量解决当前和未来急需的技术和装备。

（2）概念分析

概念分析主要是明确地面支持专用类航天装备的目标任务和有关的概念：一方面，在确定装备任务剖面的基础上，明确该装备的目标任务轮廓；另一方面，分析装备的有关概念，获取装备的概念模型，较为准确地对研制装备进行定性描述。

装备的任务剖面定义为装备在完成规定任务这段时间内所经历的事件和环境的时序描述。基于需求分析的结果，为研制装备建立其任务剖面是构建装备概念模型的基础。在确定装备任务剖面的过程中，须要将任务参数要求（或一组任务边界）表示为最低目标，并根据是否能够达到要求和目标去估计每个任务参数的临界值。

装备的概念模型就是用语言、符号和框图等形式对研制装备的内外特征所进行的定性描述，包括目标、规范、要素和制约条件等。在装备型号论证的初始阶段，论证人员一般会基于任务剖面定义，通过描述研制装备的概念模型，谋求对其进行系统、全面和准确的定义。

一个有效的装备概念模型须具备独立性、准确性和规范性。独立性即所描述的装备特征必须有别于其他同类装备的特征，即这些特征是该装备所独有的特征。准确性即所描述的装备特征必须含义明确、用语准确，要避免模棱两可的描述。规范性即构成概念模型的各种描述要力求规范用语，使用标准规范的概念与名词术语，如不得不使用自造词语，则应当用规范语言解释清楚。

（3）环境分析

环境分析着重探求地面支持专用类航天研制装备与环境（包括自然环境和任务环境）的关系，包括研制装备在其寿命周期内所处环境及其主要影响因素，以及这些因素在研制装备寿命周期内将产生的可能影响和影响程度，其目的是为后续的各项分析内容提供客观合理的环境想定模式。

装备最终要在规定的使用环境中有效地使用，这里的使用环境一是由自然界产生的自然环境，如地形、地貌、温度、湿度、风速和雷雨等。二是由任务剖面所形成的任务环境，如事故对装备构成的威胁、任务对装备运用的特殊要求等。因此，环境分析应将上述两种环境结合起来一起考虑，对其中重要的环境要素参数做适当的评定和量化分析，特别是要分析极端的自然环境和变化剧烈的任务环境对装备特性和使用的影响。

（4）功能分析

地面支持专用类航天装备功能分析是立足于其使用要求和目标任务，分析研制装备应当具备的基本行为与功能，并在定型描述这些功能的相互关系的基础上，建立研制装备的功能分配图。

装备的功能和性能是两个相互联系又相互区别的概念，功能是指由装备构成要素完成的某项特性活动，而性能则是指完成某项功能的装备构成要素的具体表现状况。

功能分析的任务是确定装备的主要功能，并将这些功能层层深入地分解为各项分功能，直至明确装备的各个功能单元，以及它们之间的相互关系，确定装备及其构成要素的基本使用功能（功能基线）和与基本使用功能相对应的性能要求，为进行装备的结构分析和使用性能指标体系分析提供依据，支持论证人员和研制人员制定装备结构、硬件、软件、战术技术指标等方面的具体要求。

功能分析有两项最基本的分析内容，即确定单元功能和分配技术要求。具体分析内容如下：确定装备的工作功能和相应的维修职能，保持与装备概念分析和环境分析所规定的装备总体功能和要求的一致性；确定与每一项功能和职能有关的性能参数、工作有效度和可保障性指标，包括约束条件和使用条件等。通过上述两项基本的功能分析，将装备型号在使用维修中的各种功能因素转化为具体的、定性和定量的装备设计要求。

6.2.2　主要指标论证

地面支持专用类航天装备主要指标论证工作主要包括结构分析、性能分析、可行性分析和指标体系分析等。工作流程如图 6-2 所示。

（1）结构分析

地面支持专用类航天装备结构是系统保持整体性以及具备一定整体功能的内在依据，是反映装备构成要素和这些要素之间相互联系、相互作用的形态。

装备整体在与外部环境相互作用中应当表现出来的能力和效应即是装备的功能。由于

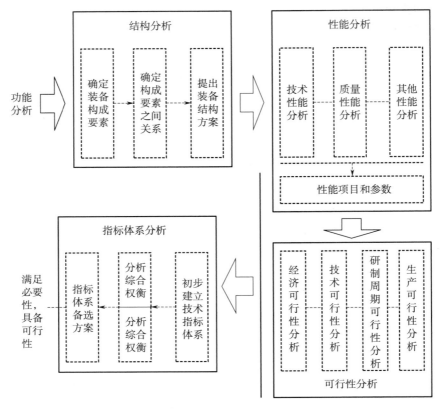

图 6-2　装备主要指标论证工作流程

论证人员所研究的对象往往是一个虚拟的系统，在提出装备的功能要求之后，必须通过这些功能来研究装备系统应具备的形式。因此，装备结构分析的主要任务是根据装备的功能要求分析装备的构成要素，以及这些构成要素之间的关系，提出装备结构方案。

　　装备结构分析是根据装备的功能分配和技术要求，研究确定装备所应具备的总体结构形式，获取装备构成要素关系图（即结构关系图），并进行要素之间的关系分析。进行装备结构分析的目的在于建立装备构成要素与使用性能的相关性，这种相关性通常用装备的结构模型加以表述，从而确定装备所应具备的各项性能指标。

　　装备组成要素在内部联系和与外部联系中表现出来的特性和能力即是装备的性能。装备性能分析有赖于结构分析给出的装备结构，并根据性能要求进一步规划装备的结构。

　　装备结构分析的一般性步骤可概括为：第一步，选择装备要素、确定要素间关系；第二步，建立结构模型；第三步，提供决策说明。可用于装备结构分析的方法和工具很多，但从工程实践的角度看，较为实用的是结构模型化技术，它是建立系统结构模型的方法论。

　　（2）性能分析

　　地面支持专用类航天装备性能分析是针对装备的每一性能将其分解为多个性能构成要

素以及更低层次上的影响性能属性的各个因素。其目的是通过将各项装备性能进行分解，了解最基本的性能影响因素及其相互关系，以建立装备的性能模型。

反映装备能力高低和质量好坏的标志除了一般意义上的技术性能以外，还包括装备质量"六性"（可靠性、维修性、保障性、测试性、安全性和环境适应性）和装备的操控性、经济性、时间性等诸多方面，它们经过系统综合就构成了装备性能的概念——系统性能。

装备性能分析在装备论证过程中是前承装备功能分析和结构分析，后继指标体系分析的一个环节或阶段。其任务是把装备功能分析所确定的装备必须执行的任务、应产生的效果或应起的作用再进一步具体化，成为具体的技术要求。结构分析将功能分析提出的要求从装备构成要素、要素之间的作用和相互关系方面予以说明和描述。装备性能分析需要依据结构分析确定的装备构成要素及其相互关系提出装备性能项目和参数。

（3）可行性分析

地面支持专用类航天装备可行性分析主要是探讨装备性能、结构等在应用、技术和经济 3 个方面的可行性，并提出有关的改善途径，以调整某些期望的性能指标，保证研制装备性能和结构既先进又可行。

论证的可行性分析包括经济可行性分析、技术可行性分析、研制周期可行性分析和生产可行性分析。在进行上述分析时要做到横向对比、纵向比较，充分占有各方面资料；综合考虑各方面因素，不单独割裂任何一项可行性研究，而是要置于国家的大环境，紧跟国内外的发展趋势。最后给出的解决方案的形成过程严谨、规范、科学，每个步骤及解决方法合适得当。最终的论证结论符合使用者意图，满足航天任务要求，并且与航天装备发展战略保持一致，能够满足未来航天装备发展需要。

（4）指标体系分析

地面支持专用类航天装备指标体系分析是根据装备性能的分解结果及其性能模型所描述的各项性能属性和影响因素之间的相互关系，建立研制装备系统的技术指标体系。此外，以已建立的指标体系为基础，进行各项指标的权衡，并最终确定一个理想的可行的技术指标集合。

指标体系分析是在性能分析的基础上，通过分析、综合和权衡确定性能的指标体系和性能度量参数。在这个过程中，可以使用多种方法和工具，如逻辑推演、解析计算和模拟仿真等，进行指标的相关性分析和优化实验分析，以进行指标的系统优化，最终提出既满足必要性又具有可行性的指标体系备选方案。备选方案采纳以后，将作为装备设计、考核和技术保障的重要依据。

装备性能是论证人员站在使用方或采购方的角度提出的对装备功能、结构、性质和技术水平等的基本要求，受研究阶段和研究深度的限制，装备性能可以定性规定，允许有一定的伸缩范围。装备指标是论证人员通过其性能的相关性分析和关键性能参数优化等工作对装备性能总体认识和设计的结果。装备指标一般必须对其项目或参数做定量描述，这相对于装备性能描述来说要具体得多。由于指标体系用于直接指导装备的方案设计，因此，必须在必要性和可行性之间进行充分的权衡，有时需要建立物理模型或计算机仿真模型对关键指标进行可行性实验。装备的技术指标在方案设计、样机研制过程中还要不断调整，直到通过技术鉴定或考核后才能最终确定。

6.2.3 风险控制

根据风险源的性质，地面支持专用类航天装备研制风险通常表现为：技术风险、计划风险、保障风险、费用风险和进度风险等。

1）技术风险指使用新技术、新材料、新工艺、新设计等对装备提出前所未有的性能要求所承担的风险。典型技术风险来源表现为物理特性、材料特性、辐射特性、不可测试、建模、接口、软件设计、需求改进、故障检测、使用环境、不成熟工艺、系统复杂性、专用或独特资源等。这类风险与装备性能密切相关。

2）计划风险指项目本身无法控制但又可能影响项目方向的各种因素所带来的风险。典型计划风险来源表现为：政策改变、计划不周、决策延误、任务变化、预见性不强、能力不足等。这类风险通常与环境变化相关。

3）保障风险指装备部署时可能出现的保障性问题。典型保障风险来源表现为可靠性、维修性、训练、人力、保障设备与资源、共用性、运输、安全和技术资料等。这类风险具有技术风险和计划风险两方面的特性。

4）费用风险指增加项目费用的风险，与对技术、计划、保障、进度等风险的敏感程度以及对大修频度估算错误等相关。

5）进度风险指延长项目进度有关的风险，与对技术、计划、保障、费用等风险的敏感程度以及关键路径等相关。

装备论证过程就是使研制装备的不确定性越来越明确，降低装备发展的风险，为装备的研制和部署奠定良好基础。

地面支持专用类航天装备方案风险控制应根据研制装备的特点确定论证中的关键和难点问题，保证采用的新技术和关键技术经过验证，在对制度、人员、环境、技术、费用进行风险分析的基础上，充分考虑预研攻关、技术储备、国内外技术现状、工艺水平以及装备现状，提出控制相关风险的措施。

6.2.4 优选与评审

（1）方案优选

在装备论证中，备选方案应当而且必须是多个，因为只有备选方案的多样性才能保证装备论证在一定范围内的完备性。在地面支持专用类航天装备论证中，备选方案是那些可能有效地解决装备论证问题及满足论证目的的可行对策、措施或途径。

由于所获得的备选方案不可能全部实施，而且各备选方案在满足论证目的的程度方面存在差异，因此，优选备选方案是装备论证过程不可或缺的一项工作，其主要内容是按照选择评价准则对备选方案进行系统评价，以选择一个最满意或最有效的备选方案。

　　方案优选质量保证工作的核心是建立备选方案的选择评价准则。评价准则应针对装备的使用效能、可行性、研制周期、研制风险、效费比、成本价格等方面建立评价标准，并力求准则正确、合理和全面，为选择最满意的备选方案奠定基础。

　　（2）论证结果评审

　　应针对地面支持专用类航天装备研制论证结果进行评审，评审不仅要请权威专家认真审核，而且要在一定范围内广泛征求意见。评审应针对论证结果的必要性、可行性、先进性、经济性、系统性和标准化等方面给出评价意见。

　　1）必要性是指研制装备是否满足航天装备发展方针、是否与发展规划保持一致，在航天装备体制中是否占有重要地位，是否利于提高航天任务支持的能力。

　　2）可行性是指充分考虑了科学技术基础、生产能力和经济支撑能力，社会和自然环境承受能力，以及国际合作的可能性等。

　　3）先进性是指尽量采用成熟可靠的高新技术，性能在同类装备中具有先进性，能在一定时期内满足航天任务支持能力要求。

　　4）经济性是指在投资强度（寿命周期费用）相同条件下可获得最佳的使用效能，或在使用效能相同的条件下尽可能降低投资。

　　5）系统性是指要综合配套、整体优化和协调发展，有利于工程扩展和功能兼容。

　　6）标准化是指符合标准化方针政策与有关条令、条例、法规和标准规范的要求，系列化、组合化和通用化程度高。

6.3　设 计 管 理

6.3.1　方案设计

　　（1）工作内容

　　支持专用类装备方案设计的输入是方案论证的结果，输出是装备设计方案、建设方案和研制任务书等。方案设计阶段的主要工作包括：

　　——根据装备技术指标要求，就装备先进性、可靠性、维修性、安全性、保障性、测试性、环境适应性、配套性、寿命、国产化程度和研制周期等进行多种方案比对；

　　——论证新技术、新器材采用的必要性、可能性；

　　——确定新装备的原理、结构、总体布局、系统配置及主要参数；

　　——对一次成功的风险进行分析、评估；

　　——对系统配置、软件方案、保障方案进行论证；

　　——进行技术设计，包括设计方案、建设方案，各种规范，可靠性、维修性、安全性、保障性、测试性、环境适应性、标准化等保证大纲；

　　——对拟采用的新技术、新器材和关键技术进行验证和攻关；

　　——根据装备特点和需要，进行设计计算、模拟试验、模型样机和原理样机的研制与试验等。

（2）工作程序

支持专用类装备方案设计阶段的主要工作程序是：

——从可选方案中对比选择最优方案；

——根据选择的最优方案进行方案设计；

——组织关键技术攻关和新部件、分系统试制与试验；

——组织进行方案设计评审；

——在关键技术已经解决、研制方案切实可行、保障条件基本落实且未落实部分在规定的时间节点处也能落实的基础上，编制下发研制任务书。

（3）质量控制

支持专用类装备方案设计阶段质量控制要求主要有以下 5 点：

——方案设计采用的新技术、新材料、新工艺经过充分的论证、试验和鉴定，并按规定履行审批手续；

——制定装备质量保证大纲、标准化大纲、"六性"大纲和分系统、设备研制任务书等文件；

——装备监督部门应了解掌握初步设计和原理样机的研制情况、关键技术问题的解决情况，参与监督原理样机的试验和评审工作；

——开展总体方案转阶段评审，对研制方案的可行性和合理性给出明确的结论，并确认达到规定的质量要求；

——研制任务书满足装备使用需求。

6.3.2　工程设计

（1）工作内容

支持专用类装备工程设计的主要输入是研制合同和任务书，主要工作包括：

——分配分系统或子系统的参数、指标并制定详细设计规范；

——完成全套工程图样的设计、产品技术规范和其他技术文件的编制，并组织设计评审；

——完成全部工艺设计和工艺技术准备，并组织工艺评审；

——完成计算机软件开发，按软件工程化要求管理计算机软件的开发过程，并组织计算机软件第三方测试评审；

——根据合同和研制任务书要求进行样机的试制，并由研制部门会同使用部门组织对样机进行鉴定。

（2）工作程序

支持专用类装备方案设计阶段的主要工作程序是：

——完成初样的设计和评审，包括制定详细设计规范、计算机软件设计、各项目工程设计计算、原理性试验、设计指标分配、配套分系统、组（部）件的各项指标、选用的新技术和新器材鉴定、质量控制措施等；

——完成详细设计和评审，包括全套工程图样的设计、产品技术规范和其他技术文件编制、计算机软件运行程序和使用维护文档、工艺设计与准备等；

——样机试制和评审，包括：试制工艺总方案、技术协调方案、计划网络图、产品质量保证大纲、工艺文件等的编制，按工程设计文件进行零部件制造、部件装配、主机总装调试和性能检测，开展配套试验、强度疲劳试验、功能性能试验、环境试验等。

（3）质量控制

支持专用类装备工程设计阶段质量控制的重点包括：

——合同签订前对承研单位的资质进行审查，合同签订后对承研单位的质量管理进行经常性监督；

——承研单位须按规定对合同草案进行评审；

——根据合同和研制任务书的要求，结合装备特点制定产品质量计划或质量保证大纲，划分研制阶段、明确节点要求、实施分阶段控制；

——根据有关标准，结合装备特点，制定设计、试验规范；

——按设计规范进行设计，设计输出须满足输入要求，并进行设计验证；

——对研制装备进行功能特性分析，确定关键件（特性）、重要件（特性），编制关、重件（特性）项目表，开展故障模式影响分析（FMEA）和故障树（FTA）分析，对产品技术状态进行标识、控制、纪实和审核；

——对新材料、新工艺进行充分论证、试验、鉴定，严控元器件原材料质量等级、失效分析、降额使用，审查分级、整机应力筛选；

——审查设计图样和技术文件是否符合研制要求和标准规范，审查软件是否符合工程化要求，对影响系统安全和关键功能的软件应提交获得认可的第三方进行测试；

——审查试验大纲，确认按照试验规范对总体、系统和分系统进行了性能鉴定试验、环境试验、可靠性试验和规定的其他试验。

6.4　安装调试

地面支持专用类航天装备一般均为大型固定设备，对其质量控制除了方案论证和设计研制阶段的质量保证措施落实，生产过程监督和质量检查等形式的控制外，还应重点加强设备现场安装调试阶段质量控制。关于支持专用类航天装备生产过程的质量监督与支持通用类装备相似，见 5.3.1、5.3.2 和 5.3.3 节。

6.4.1　装备安装

支持专用类航天装备因其特殊性，一般采取现场安装的方式完成产品配套，因此须加强安装环节的质量管控，及时发现和纠治出现的问题或隐患，确保装备性能、安全性和可靠性满足要求。装备交付前，承制方须按规定完成各项试验，试验须按有关标准要求进行，保证试验程序、时间、负荷强度和环境条件满足要求。

装备安装过程中，承制方须严格按工艺设计和施工流程实施，保证装备质量。

（1）安装条件

装备安装须具备以下条件：

——产品制造完工并经检验合格；

——系统、设备预先调试并处于正常状态；

——安装所需仪器仪表和设备准备就绪，精度满足测量要求；

——安装环境和安全措施符合安装要求；

——安装计划安排经采购方认可；

——安装人员到位。

（2）安装实施

支持专用类航天装备的承制方须会同使用部门编制安装工艺细则，明确安装工艺、程序、方法和安全保证措施。安装由承制方组织实施，安装过程严格落实安装工艺细则的要求。

安装结束后，承制方应及时整理安装记录，并经装备使用部门签字认可。

（3）安装监管

航天专用类装备使用部门应加强对装备安装过程的监管。可根据需要有选择地采取下列方法开展质量监督：

——对安装工艺、程序、方法和安全措施等相关文件进行审查、提出建议、签署意见；

——对安装设施、设备、器材、环境条件和装备产品进行检查或验证；

——对安装操作人员资格进行审核或确认；

——对安装过程进行现场检查并记录有关情况；

——对安装过程中出现的异常情况提出处理意见或建议；

——参与收集、处理安装过程记录，对安装结果的正确性提出意见；

——参加技术、质量问题的分析处理，并按规定程序上报情况；

——必要时，参加安装工艺流程的论证或拟制，参与安装工作的组织与协调工作，对安装结果报告进行审签。

（4）问题处理

安装过程中出现质量问题时，须调查问题原因、等级、危害程度、影响范围等，评定问题性质，针对问题原因制定并采取纠正措施。

当发生严重、重大质量问题时，承制方须组织技术和管理归零。归零要求同 5.5.4 节。

6.4.2　产品调试

产品调试属装备验收试验的范畴，须制定产品调试试验大纲，并经装备使用部门会签。

（1）调试条件

实施产品调试须具备以下条件：

——产品安装完工并经检验合格；

——系统、设备经过预先调试并处于正常状态；

——调试所需仪器仪表和设备准备就绪，精度满足测量要求；

——调试环境和安全措施符合试验要求；

——调试计划安排经使用部门认可；

——参试人员到位。

（2）调试实施

调试须按批准的调试试验大纲进行，保证试验程序、时间、负荷强度和环境条件满足要求。

大型的装备调试过程须严格落实相关的质量安全保证措施，包括：

——工作前"四检查"，即查文件齐套、查岗位到齐、查设备正常、查环境良好；

——工作中"两核实"＋"一纪实"，即核实状态、核实项目，使用多媒体记录工作过程，确保工作具有可追溯性；

——工作后"三确认"，即确认结果、确认记录、确认撤收。

（3）调试结果处理

调试试验过程中出现质量问题时，须组织技术和管理归零。归零要求同 5.5.4 节。

调试结束后，承制方应及时整理试验记录并出具试验报告，经装备使用部门签字认可后作为装备验收交付的依据。

调试试验结果应能证明装备功能性能满足合同和研制任务的要求，否则，应重新组织调试试验或补充完成相关的调试试验。

（4）调试监督

装备使用部门应加强对装备调试工作的监督，有选择地采取下列方法开展装备调试质量监督：

——对调试大纲、调试规范及其他相关文件进行审查、提出建议、签署意见；

——对调试设施、设备、器材、环境条件进行检查或验证；

——对调试操作人员资格进行审核或确认；

——对调试过程进行现场观察并记录有关情况；

——对调试出现的异常情况提出处理意见或建议；

——参与收集、处理调试数据，对调试结果的准确性提出意见；

——参加技术分析、质量问题处理，并按规定程序上报情况；

——有要求时，参加调试大纲的论证拟制，参与调试工作的组织协调，对调试报告进行审签。

6.4.3 交付验收

（1）产品交付条件

航天支持专用类装备交付应具备的条件包括：

——承制方已按合同和技术规格书规定的范围完成了全部工作；

——备品、备件、附件、仪器、仪表和随机文件齐全；

——包装符合国家、军队和合同规定要求；

——对验收合格产品采取了保护措施，并按规定进行了维护保养（这种保养应维护到产品交付地）。

（2）交付验收程序

产品出厂计划。产品经验收合格后，根据合同和技术规格书相关条款编制出厂计划。

产品调拨。产品出厂依据一般有3种形式：一是产品调拨通知单；二是产品入库或接收计划；三是在合同中规定产品的发往单位或出厂方式。承制方应及时联系各方确定产品出厂时机和方式。

产品运输。采购方督促承制方及时找承运方办理飞机、火车、汽车、船舶等运输计划手续，联系产品发送事宜，按照有关运输规则和技术规范实施装载，监督检查装载质量。

（3）验收检查

产品交付使用单位时须进行验收检查，其目的是检查验收合格的产品在承制方保管和运输至交付地期间质量状况是否发生了改变，如包装是否损坏，标志是否清楚，产品合格证明是否完整，备品、备件、附件、仪器、仪表和随机文件齐全等，以验证交付的产品是否满足规定要求。

接装单位在接到装备时，应与上级主管部门（机关）、承制方一起进行装备首次检测，主要工作有：

——检查确认交付产品项目、数量、包装状况、外观质量，配套完整性，装箱清单准确性，合格证明文件正确性，随装资料齐套性，功能性能符合性；

——首次检测前，对超过规定计量检定、维护保养周期的产品，应采取必要的计量检定、通电检查和维护保养；

——对出现的技术质量问题，承制方应查明原因、现场解决，现场不具备条件的可返厂解决；更换备件的应及时补充备件，确保交付的备件配套齐全；问题解决后，承制方在相关质量记录中记载并与采购方会签；

——收集汇总产品首次检测中发现的问题，会签纪要。

有关支持专用类航天装备的售后服务与支持通用类航天装备相似，相关内容见5.5节。

参 考 文 献

［1］ 宋征宇．运载火箭地面测试与发射控制技术［M］.北京：国防工业出版社，2016.

［2］ 崔吉俊．航天发射试验工程［M］.北京：中国宇航出版社，2010.

［3］ 师宏耕，贾成武，鲍智文．航天精细化质量管理［M］.北京：中国宇航出版社，2020.

［4］ 宋太亮，李军．装备建设大质量观［M］.北京：国防工业出版社，2017.

［5］ 田思明，范凯河，等．装备承制单位质量管理评定全案［M］.北京：国防工业出版社，2011.

［6］ 万全，王东峰，等．航天发射场总体设计［M］.北京：北京理工大学出版社，2015.

［7］ 陆晋荣，董学军．航天发射质量质量工程［M］.北京：国防工业出版社，2015.

［8］ GJB 3677A—2006 装备检验验收程序［S］.

［9］ GJB 3885A—2006 装备研制过程质量监督要求［S］.

［10］ GJB 3916A—2006 装备出厂检查、交接与发运质量工作要求［S］.

［11］ GJB 4386—2002 武器装备维修质量评定要求和方法［S］.

［12］ GJB 5707—2006 装备售后技术服务质量监督要求［S］.

［13］ GJB 5708—2006 装备质量监督通用要求［S］.

［14］ GJB 5710—2006 装备生产过程质量监督要求［S］.

［15］ GJB 5711—2006 装备质量问题处理通用要求［S］.

［16］ GJB 5712—2006 装备试验质量监督要求［S］.

［17］ GJB&Z 127A—2006 装备质量管理统计方法应用指南［S］.

［18］ GJB 1442A—2006 检验工作要求［S］.

［19］ GJB 1406—92 产品质量保证大纲要求［S］.

［20］ GJB 906—90 成套技术资料质量管理要求［S］.

［21］ GJB 1443—92 产品包装、装卸、运输、储存的质量管理要求［S］.

［22］ GJB 1405A—2006 装备质量管理术语［S］.

［23］ GJB 3206A—2010 技术状态管理［S］.

［24］ GJB 1362A—2007 军工产品定型程序和要求［S］.

第 7 章
航天装备数据包管理技术

航天装备数据包是指航天装备设计、制造、检验、鉴定、交付和在役全过程技术活动量化控制结果的总和。数据包中的各项数据为生产和使用过程的实际检查测试记录，包括数据和影像等，既是航天装备实现过程、实现结果以及使用情况的客观记录，也是装备成熟度认定和在役考核的重要依据。本章讨论了航天装备数据包质量特性、关键特性、数据包内容、管理程序和数据包交付等。

7.1　质量特性

7.1.1　数据分类

航天装备数据包的内容一般包括设计文件、工艺文件、测试文件、试验和验证文件、产品保证文件、质量改进和综合管理文件、关键特性相关文档等，同时包括装备研制、生产、试验等全过程实施上述文件的结果记录、影像记录和总结评价记录等，以及交付后使用、装配的相关文件、资料和记录等。

就具体的航天装备而言，其数据包的内容是随装备实现过程的实施而逐步形成的，并以各种载体形式存在的各类工程信息的集合。其数据类型通常分为产品基础数据、产品功能数据和产品关键特性数据。

1）产品基础数据主要包括构成产品的原材料、元器件、成品件等基础数据。

2）产品功能数据主要包括反映产品最终状态在使用环境（试验状态）下的功能性能的完整数据。

3）产品关键特性数据主要包括产品设计及制造过程中产生的设计、工艺和过程控制3类关键特性数据，是证实和评价装备质量的关键信息，也是装备数据包随成熟度不断完善、细化的核心内容。

7.1.2　关键特性

产品关键特性数据是装备数据包的核心内容。装备数据包中提出的产品关键特性包括设计关键特性、工艺关键特性和过程控制关键特性3部分。产品3类关键特性分别围绕产品设计、工艺、过程控制3个环节，通过辨识、分析可能存在的风险因素，并在比较各风险因素的危害程度和不确定性的基础上，分别予以确定。

（1）设计关键特性

产品设计关键特性指特定设计方案中存在的因产品使用环境变化对产品功能性能变化敏感的设计参数，因选择的制造工艺偏差对功能性能敏感的设计参数，产品在最终状态下存在不可测且与关键功能性能相关的设计参数。决定设计方案的关键设计参数的总和称为设计关键特性。

设计关键特性识别主要是在基于现有技术积累和认识水平，围绕将产品任务书各项要求转化为产品各类设计指标这一设计过程，通过对设计流程的梳理，利用相关的分析手段，按照指标要求逐级分解的思路，从产品和主要部（组）件两个层面识别出需要在产品设计过程中重点加以关注和验证的关键技术指标。

在产品设计关键特性识别过程中，要依据产品任务书、产品技术要求、产品保证要求及产品设计、建造、试验规范等，通过以下几方面的分析，确定设计关键特性：

——设计特性分析报告；

——识别上级用户技术要求；

——设计产品的故障模式及影响分析；

——可靠性、安全性、维修性、保障性分析；

——测试覆盖性分析；

——产品环境适应性分析；

——试验验证充分性分析；

——技术风险分析；

——产品质量问题归零和举一反三情况分析。

（2）工艺关键特性

产品工艺关键特性指特定工艺方案中存在的影响产品功能性能不稳定的制造工艺、制造过程控制的不稳定性及生产过程不可检验项目。决定工艺方案的关键工艺参数的总和称为工艺关键特性。

产品工艺关键特性识别主要是在基于现有工艺技术方法和手段，围绕将产品设计指标转化为工艺控制要求这一工艺设计过程，通过对产品实现全过程的工艺方法、条件及手段的系统梳理，利用相关的分析手段，按照产品逐级系统集成的思路，从主要部（组）件和产品两个层面，识别出需在产品工艺设计过程中重点加以确定和验证的关键工艺控制环节。

在产品工艺关键特性识别过程中，要围绕产品设计关键特性的工艺实现，通过以下几个方面的分析，确定工艺关键特性：

——设计文件规定的某些关键特性、重要特性所形成的工序；

——在产品生产中加工难度大或质量不稳定的工序；

——生产周期长、原材料稀缺昂贵、出废品后经济损失较大的工序；

——关键、重要的外购器材及外协件的入厂验收工序；

——工艺控制结果只能靠最终产品试验验证的工序。

（3）过程控制关键特性

产品过程控制关键特性包括对产品设计关键特性的偏差控制项目，产品不可测功能性能需要在制造过程中控制的项目等一系列产品生产过程数据项目的综合。

产品过程控制关键特性识别主要是在基于现有质量控制要求和控制手段，围绕产品生产全过程，按照产品逐级系统集成的思路，从主要部（组）件和产品两个层面识别出需在产品实现过程中重点加以控制的关键指标。

在产品过程控制关键特性识别过程中，要围绕产品设计关键特性和工艺关键特性的实现过程，通过以下几个方面的分析确定产品过程控制关键特性：

——设计规定的过程控制关键特性；

——工艺规定的过程控制关键特性；

——关键和强制检验环节；

——过程中无法检测环节；

——需多媒体记录环节；

——关键、重要器件及外购件验收环节。

7.1.3 数据包特点

航天装备数据包作为记录和证实产品全寿命活动过程及其结果的基本工具，与国内外现有的成套技术资料、工程研制文件集合和最终项目数据包等具有部分相似的特征和内涵，但从构建航天装备体系基础工具的角度出发，其又具有更加突出的完整性、正确性、关键性、可追溯性和可重复利用性的特点。

（1）完整性

航天装备数据包的完整性就是要求装备数据包建立过程中，要对装备全寿命周期各阶段进行系统梳理，确保数据项目齐全、项目间协调一致、互为支持补充，并且要求将寿命周期不同阶段形成的数据和信息作为一个整体进行策划和应用，而不是孤立地对待各类数据。

航天装备数据包的完整性包括 3 个方面的内容：一是数据包的数据项目要完整覆盖产品全寿命周期的所有工作项目，即项目完整性；二是数据包中各数据项目要完整覆盖工作项目的所有要求，即要求完整性；三是数据包中每项数据形式和表达形式要完整地满足数据模板或清单规定的要求，即形式完整性。

（2）正确性

航天装备数据包的正确性就是要求装备数据包建立过程中，装备设计、制造、检验、鉴定、交付和在役全过程技术活动的记录符合要求，对 3 类关键和重要特性（设计关键和重要特性、工艺关键和重要特性、过程控制关键和重要特性）等数据的识别和控制要求正确，量化指标和控制过程记录真实、可信。

（3）关键性

航天装备数据包的关键性就是要求装备数据包建立过程中强化对 3 类关键和重要特性等数据的识别和控制，即在实施全面管理（数据包的完整性）的基础上，强化关键项目控制。在建立和应用装备数据包工具时，应按照装备工程实施风险辨识、风险控制、风险评估的基本方法，开展装备数据包中 3 类关键和重要特性数据的识别、控制、证实和完善工作。

（4）可追溯性

航天装备数据包的可追溯性：一方面指每个数据项目、表格和记录在数据包中要有唯一性标识，能够方便检索和查找，同时，数据包中要求量化的项目，实施量化记录后能够追溯到装备的质量状态；另一方面是指装备上每个零部组件能够追溯到与其采购、制造、检验、试验、装配、总装、鉴定和维修、操作活动有关的资料、人员和设备，向前能追溯到元器件、原材料的厂家信息，向后能追溯到其在装备上的安装位置和状态（在用或备用）。

（5）可重复利用性

航天装备数据包的可重复利用性就是要求装备数据包对后续装备产品或同类过程具有

可重复对比与利用性，以及在重复对比与利用数据累积条件下的持续完善性。与重复生产的产品生产文件不同，装备数据包的可重复对比与利用性不局限于装备的生产过程，而是将应用范围扩大到装备全寿命周期的各个阶段。通过应用中获得的累积数据的比对分析，装备数据包将不断细化完善，进而通过提高精细化管理的程度，不断提升装备的性能。

从装备工程的角度看，航天装备数据包具有规范、证实、追溯和成熟度提升等 4 个方面的作用，并且是贯穿装备全寿命的管理工具，其应用的核心是将航天装备全寿命的管理和控制活动，通过航天装备数据包的策划、记录、应用、完善和再利用等工作予以落实，并逐步实现精细化管理。

航天装备数据包的规范作用体现在通过策划和建立装备数据包中的相关要求，装备数据包能够为各个过程提供规范、量化的指导和依据。航天装备数据包的证实作用体现在数据包作为装备设计、制造、检验、鉴定、交付和在役全过程技术活动的客观记录，能够为装备全寿命周期内各阶段要求的落实情况及其与预期要求的符合程度提供准确可信的证据。航天装备数据包的追溯作用体现在，由于航天装备数据包中的数据和信息可以构成完整的证据链，从而保证装备全寿命周期过程的可追溯性。航天装备数据包的成熟度提升作用体现在，通过装备数据包的反复应用和持续完善，逐步实现技术、产品、管理等方面成熟度的不断提升。

7.2　关键特性表

装备关键特性表包括设计关键特性表、工艺关键特性表和过程控制关键特性表，是产品 3 类关键特性识别与控制结合的综合反映。产品设计关键特性表、工艺关键特性表注重对要求的识别及要求正确性的验证，产品设计关键特性表提出对产品生产实现的要求，工艺关键特性表提出对于检验方法、手段等方面的要求，而过程控制关键特性表注重过程控制措施落实及实际控制结果的符合性。

7.2.1　设计关键特性表

设计关键特性表是产品设计人员把握产品设计过程关键特性能力的综合反映。设计关键特性表由以下 3 个主要方面的内容组成：

——通过对产品技术指标进行深入系统的分析，从功能协调、裕度分析、环境适应性、设计可测试性、设计工艺性、设计可靠性等方面识别出的设计关键特性及其设计验证情况；

——通过对产品设计实现过程进行深入、系统的分析识别出的设计关键特性及其对后续产品实现的要求；

——通过对组成产品的主要部（组）件设计实现过程进行深入系统的分析识别出的设计关键特性及其对产品实现的要求。

设计关键特性表示例见表 7 - 1。

表 7 - 1 产品设计关键特性示例表

单机产品名称：		产品代号：		产品研制阶段：	

通过对单机产品技术指标分析识别出的设计关键特性

序号	设计关键特性名称	设计关键特性数值	设计验证方法、条件及结果情况	备注
			验证方法：复核复算、仿真、试验验证等； 条件：复核复算的方法、仿真条件、试验条件等； 结果：验证的结果或范围，应用明确的数值来表示	

通过对单机层面设计实现过程分析识别出的设计关键特性

序号	关键特性名称	关键特性数值	依据	理由	对产品实现要求	备注
				关键特性对产品规定功能性能的影响	需在产品实现中落实的特殊工艺方法、条件；必要的检测点、检测时机和方法；特殊控制要求或需明确规定的控制要求等	

通过对组成单机产品的主要部（组）件设计实现过程分析识别出的设计关键特性

序号	部组件名称	关键特性名称	关键特性数值	依据	理由	对产品实现要求	备注
					关键特性对产品规定功能性能的影响	需要在产品实现中落实的特殊工艺方法、条件；必要的检测点、检测时机和方法，特殊控制要求或需明确规定的控制要求等	

7.2.2 工艺关键特性表

工艺关键特性表是工艺设计人员把握产品工艺设计过程关键特性能力的综合反映。工艺关键特性表由以下两个主要方面的内容组成：

——通过对组成产品的主要部（组）件工艺设计过程进行深入系统的分析识别出的工艺关键特性及其主要工艺措施、工艺设计验证情况及其对检验的要求。

——通过对装备总成过程中工艺设计过程进行系统的分析识别出的工艺关键特性及其主要工艺措施、工艺设计验证情况及其对检验的要求。

工艺关键特性表示例见表 7 - 2。

表 7 - 2 产品工艺关键特性示例表

单机产品名称：		产品代号：		产品研制阶段：	

通过对组成单机产品的主要部组件工艺设计分析识别出的工艺关键特性

序号	部组件名称	关键特性名称	依据	主要工艺措施	工艺设计验证情况	对检验的要求	备注
				保证工艺关键特性的关键要素及一般要求	工艺设计验证方法（鉴定试验、工艺攻关、首件鉴定等）、条件及结果	对工艺关键特性的验证时机、方法、项目等提出明确要求；无法在过程中实施检验的，提出过程控制点及要求	

续表

通过对单机产品总成过程的工艺设计分析识别出的工艺关键特性

序号	关键特性名称	关键特性数值	依据	主要工艺措施	工艺设计验证情况	对检验的要求	备注
				保证工艺关键特性的关键要素及基本要求	工艺设计验证方法(鉴定试验、工艺攻关、首件鉴定等)、条件及结果	对工艺关键特性的验证时机、方法、项目等提出明确要求;无法在过程中实施检验的,提出过程控制点及要求	

7.2.3　过程关键特性表

过程控制关键特性表是关键过程控制环节和要求在产品实现全过程落实情况的综合反映。过程控制关键特性表由以下两个主要方面的内容组成:

——通过对产品主要部组件实现过程进行深入系统的分析识别出的过程控制关键特性及其主要控制措施、检验和测试方法及其产品最终实测值。

——通过对产品实现过程进行深入系统的分析识别出的过程控制关键特性及其主要控制措施、检验和测试方法及产品最终实测值。

过程控制关键特性表示例见表 7-3。

表 7-3　过程控制关键特性示例表

单机产品名称:		产品代号:			产品研制阶段:				

通过对单机产品的主要部组件生产实现过程分析识别出的过程控制关键特性

序号	部组件名称	关键特性名称	关键特性数值	依据	主要控制措施	检验测试方法	实测值	备注
		过程控制关键特性可以是一个或一组			针对过程控制关键特性确定的具体控制要求	针对过程控制关键特性采取的具体检验(测试)方法、条件		

通过对单机产品总成实现过程分析识别出的过程控制关键特性

序号	单机产品名称	关键特性名称	关键特性数值	依据	主要控制措施	检验测试方法	实测值	备注
		过程控制关键特性可以是一个或一组			针对此过程控制关键特性确定的具体控制要求	针对此过程控制关键特性采取的具体检验(测试)方法、条件		

7.2.4　关键特性表的管理

产品设计关键特性表应在装备成熟度 1 级～2 级时形成。设计关键特性表作为独立的产品设计输出文件,应经过相关单位的会签,并在产品设计评审时进行评审确认。

应依据产品设计关键特性表,在产品正式投产前形成工艺关键特性表和过程控制关键特性表。工艺关键特性表和过程控制关键特性表作为工艺设计输出文件,应经产品设计方会签。

过程控制关键特性表提出的控制措施及要求应纳入相关工艺规程，过程控制关键特性表应填写实测结果。过程控制关键特性表作为数据包检查的重要内容，是产品验收的检查项目之一。

产品设计关键特性表、工艺关键特性表、过程控制关键特性表要按产品研制文件进行管理，严格控制其更改。

7.3　数据包内容

航天装备成熟过程分为装备初次研制、装备重复生产和使用、装备定型和升级 3 个阶段。进一步细化等级，装备成熟度可分为 8 级。装备初次研制阶段包括 1 级、2 级、3 级，分别为原理样机、工程样机和飞行产品；装备重复生产和使用阶段包括 4 级、5 级，分别为一次飞行考核产品、多次飞行考核产品；装备定型和升级阶段包括 6 级、7 级、8 级，分别为三级定型产品、二级定型产品和一级定型产品。

各等级成熟度的产品都以装备数据包为核心工具，对设计、工艺、产品保证和过程控制等实施管理，开展质量改进和产品成熟度提升。航天装备数据包建立和完善的过程就是装备不断成熟的过程。这里以典型的航天器、运载器等航天装备为对象讨论数据包的内容，其他类产品数据包内容可参考建立。

7.3.1　初次研制阶段

装备初次研制阶段是装备成熟路径中的起步阶段，其工作内容涵盖航天装备研制程序中的方案、初样和正（试）样阶段工作。本阶段工作的重点是产品的功能基线、研制（分配）基线和产品基线 3 个重要基线的形成和确定，以及设计、工艺、过程控制 3 类关键特性的识别、控制与鉴定。本阶段装备数据包主要内容清单见表 7-4。

表 7-4　初次研制阶段数据包主要内容清单

成熟度	数据类型	内容
1 级 原理样机 产品	基础数据	产品原材料、元器件、成品件等基础材料的相关信息数据清单等
	功能性能 数据	1）设计：原理样机任务书、技术要求、接口文件、技术说明书、设计图表、可靠性预计分析报告、产品的故障模式及影响分析报告等； 2）工艺：工艺流程、配套工艺规程、专用工装清单、初步工艺设计方案等； 3）产品保证和过程控制：产品保证大纲、产品保证工作计划、产品保证要求、原理样机技术基线评审文件等； 4）试验验证：原理样机试验大纲、试验方案、试验规程、试验检测记录、试验报告等； 5）数据记录：原理样机指标验证数据记录、原理验证与指标要求等
	关键特性 数据	1）初步建立的设计关键特性表； 2）初步建立的工艺关键特性表； 3）初步建立的过程控制关键特性表； 4）设计关键特性参数指标要求

续表

成熟度	数据类型	内容
2 级 工程样机 产品	基础数据	产品原材料、元器件、成品件等基础材料的相关信息数据清单,采购技术要求和验证方法,数据记录和比对分析表,相关实际数据和信息记录等
	功能性能 数据	1)设计:完善的装备研制技术要求、细化的产品功能性能指标要求、环境适应性分析报告、工程样机研制与质量总结报告等; 2)工艺:工程样机工艺设计报告、2 级工艺设计审查报告、专用工装设计报告、产品工艺总结报告等; 3)产品保证和过程控制:细化的产品保证大纲、后续阶段产品保证策划及要求、产品规范、元器件/原材料/工艺/机械零件等产品保证要求、产品保证工作记录等; 4)试验验证:产品鉴定级地面试验大纲、试验报告(性能试验、可靠性试验、寿命试验等)、产品验收要求、验收试验方案、验收试验技术条件、产品飞行试验考核初步策划; 5)数据记录:飞行产品数据记录项策划、比对要求等
	关键特性 数据	1)产品关键特性参数清单(设计、工艺、过程控制关键特性); 2)产品关键特性参数指标要求; 3)产品关键特性监测和验证方法; 4)产品关键特性数据记录和比对分析表格; 5)工程样机关键特性实测数据等
3 级 飞行产品	基础数据	飞行产品的原材料、元器件、成品件等基础材料的相关信息数据清单,采购技术要求和验证方法,数据记录和比对分析表,相关实际数据和信息记录等
	功能性能 数据	1)设计(按实际飞行研制工作完善产品成熟度 2 级设计文件):飞行产品整件汇总表、标准间/外购件汇总表、关键件/重要件汇总表、可靠性评价研制报告、飞行产品研制与质量总结报告等; 2)工艺(完善产品成熟度 2 级工艺文件):首飞前飞行产品工艺应用验证报告、产品成熟度 2 级工艺文件审查报告、工艺文件目录、工艺总方案、工艺路线表、非标准仪器/仪表/设备明细表、非标准设备设计文件、外协件明细表、材料消耗工艺定额文件等; 3)产品保证(根据研制需求补充完善成熟度 2 级产品保证文件):成熟度 2 级产品定级评审记录、成熟度 3 级产品技术状态基线评审文件、飞行产品质量问题归零报告、飞行产品研制保证记录等; 4)试验验证:地面模拟飞行环境验收级试验大纲、实测数据、试验分析报告、飞行系统综合试验报告、系统联试试验报告等; 5)数据记录:飞行数据记录项要求、表格格式、地面模拟飞行环境验收级实测数据、飞行产品其他地面试验数据等
	关键特性 数据	1)飞行产品设计关键特性实测数据; 2)飞行产品工艺关键特性实测数据; 3)飞行产品过程控制关键特性实测数据; 4)产品关键特性数据记录和比对分析表格等

7.3.2　生产和使用阶段

装备重复生产和使用阶段是装备完成初次研制阶段后的重复生产、使用和验证过程,是装备实现成熟度提升必需的重复应用和"再设计、再分析、再验证"阶段。依据应用验证的具体情况,此过程可能反复多次。

本阶段工作重点是装备功能性能和生产质量稳定性的保证,以及基于应用验证结果的基线、关键特性的完善和细化。在本阶段,所有新状态均需经过充分验证。根据产品重复生产和使用阶段的主要工作内容,本阶段装备数据包主要内容清单见表 7-5。

表 7 - 5　装备重复生产和使用阶段数据包主要内容清单

成熟度	数据类型	内容
4级 一次飞行 考核产品	基础数据	补充完善经一次飞行验证的产品基础数据
	功能性能 数据	1)设计(在1次成功飞行基础上,完善成熟度3级设计文件):飞行环境适应性分析报告、1次飞行产品可靠性评价验证报告、补充设计更改所需文件等; 2)工艺:根据飞行考核和设计改进,完善产品工艺文件,补充工艺更改所需的相关文件等; 3)产品保证(结合一次飞行考核情况,完善产品保证文件):成熟度3级产品定级审查记录、成熟度4级产品技术状态基线评审文件、产品质量问题归零报告、技术状态更改记录等; 4)试验验证:飞行试验检测记录、飞行试验报告、产品改进验证试验大纲、试验方案、产品飞行考核结果分析报告等; 5)数据记录(经一次实际飞行应用,完善成熟度3级产品数据记录):1次成功飞行试验实测数据记录、飞行数据记录项要求、记录格式及考核参考指标等
	关键特性 数据	1)经一次成功飞行验证的设计关键特性实测数据; 2)经一次成功飞行验证的工艺关键特性实测数据; 3)经一次成功飞行验证的过程控制关键特性实测数据; 4)产品关键特性数据记录和比对分析表格等
5级 多次飞行 考核产品	基础数据	在成熟度4级产品基础上,补充至少3次成功飞行考核的产品基础数据
	功能性能 数据	1)设计(利用至少3次成功飞行考核结果,完善产品设计、可靠性文件):飞行检测参数指标包络线、多次(至少3次)成功飞行产品可靠性评估报告、补充设计更改所需文件等; 2)工艺(利用至少3次成功飞行考核结果,完善产品工艺设计文件):多次飞行考核工艺结果、补充工艺更改所需的相关文件等; 3)产品保证(利用至少3次成功飞行考核结果,完善产品保证文件):成熟度4级产品定级审查记录、产品质量问题归零报告(明确是否影响后续飞行任务)、技术状态更改记录等; 4)试验验证:多次飞行考核试验大纲、飞行试验检测记录、多次实测数据比对分析报告、实测数据与地面试验测试数据比对分析报告等; 5)数据记录(经多次实际飞行应用,完善成熟度4级产品数据记录):补充3次以上成功飞行试验实测数据记录、成功数据包络线策划等
	关键特性 数据	1)补充至少3次成功飞行考核的设计关键特性实测数据; 2)补充至少3次成功飞行考核的工艺关键特性实测数据; 3)补充至少3次成功飞行考核的过程控制关键特性实测数据; 4)产品关键特性数据记录和比对分析表格等

7.3.3　定型和升级阶段

　　装备定型和升级改进阶段是装备完成小批量生产和应用验证后的状态固化和持续改进过程,是装备进入现货供应模式并进一步提升其成熟度的阶段。进入本阶段,装备成熟度已达到较高水平,可供装备采购选用。

　　本阶段工作重点是现货产品的成熟度提升。应通过成功数据包络分析不断完善、优化关键特性数据,提升产品数据包的精细化程度,减少产品各项指标的离散程度,提高产品的一致性水平。根据装备定型和升级改进阶段的主要工作内容,本阶段装备数据包主要内容清单见表 7 - 6。

表 7 - 6　装备定型和升级改进阶段数据包主要内容清单

成熟度	数据类型	内容
6 级 三级定型 产品(设计 定型)	基础数据	补充完善产品基础数据、多次飞行产品基础数据分析报告、数据要求值固化要求等
	功能性能 数据	1)设计:补充产品定型所需的设计文件,建立产品能力包络等; 2)工艺(进一步完善并固化产品工艺文件):补充产品工艺定型考核相关文件等; 3)产品保证:成熟度 5 级产品定级审查记录、三级定型产品评审记录、在研/飞行相关质量问题归零情况复查报告、新开展试验的质量问题归零记录、固化的产品保证文件等; 4)试验验证:环境适应性试验报告、极限试验能力报告、性能拉偏试验报告、寿命与可靠性试验报告、进一步开展的寿命与可靠性试验报告等; 5)数据记录:补充定型过程中开展的试验验证数据、环境适应性数据、产品基线能力数据,补充产品研制、成熟度提升过程中所有更改和增加及验证的结果数据、固化产品生产及飞行数据记录项、比对要求及表格格式,确定成功数据包络线参数、建立各项数据信息化数据库等
	关键特性 数据	1)进一步补充的设计关键特性实测数据; 2)进一步补充的工艺关键特性实测数据; 3)进一步补充的过程控制关键特性实测数据; 4)固化了的关键特性参数要求值; 5)固化了的关键特性检验方法; 6)设计、工艺、过程控制关键特性成功数据包络线; 7)关键特性参数多次实测数据比对分析报告等
7 级 二级定型 产品(工艺 或生产定型)	基础数据	在三级定型产品基础上,又经过 3 次成功飞行及至少 1 次实际飞行全寿命考核,进一步补充完善产品基础数据
	功能性能 数据	1)设计:又经过 3 次成功飞行及至少 1 次实际飞行全寿命考核,进一步完善相关设计文件,补充完善产品可靠性评估报告; 2)工艺:在 3 级定型产品基础上,补充完善固化的工艺(生产)文件,包括产品工艺(生产)定型文件、工艺与设计要求符合程度分析报告等; 3)产品保证:成熟度 6 级产品定级审查记录、二级定型产品评审记录、补充三级定型后的质量问题归零记录等; 4)试验验证:在成熟度 6 级产品基础上补充新的飞行试验大纲、1 次实际飞行全寿命试验报告、环境条件参数成功数据包络线等; 5)数据记录:增加 3 次成功飞行及至少 1 次实际飞行全寿命考核的实测数据,完善飞行实测数据与地面测试数据飞行报告,形成成功包络数据线
	关键特性 数据	在三级定型产品基础上: 1)又经过 3 次成功飞行及至少 1 次实际飞行全寿命考核的产品设计关键特性实测数据; 2)补充新的 3 次成功飞行及至少 1 次实际飞行全寿命考核的产品工艺关键特性实测数据; 3)补充新的 3 次成功飞行及至少 1 次实际飞行全寿命考核的过程控制关键特性实测数据; 4)设计、工艺、过程控制关键特性成功数据包络线等

续表

成熟度	数据类型	内容
8级 一级定型产品 （产品定型）	基础数据	在二级定型产品基础上，又经过2次成功飞行考核，进一步补充完善产品基础数据
	功能性能数据	1）设计：补充2次成功飞行考核结果的产品可靠性评估报告； 2）工艺：补充工艺精细化管理要求，在成熟度7级产品的基础上，改进完善批产工艺文件等； 3）产品保证：成熟度二级产品定级审查记录、一级定型产品评审记录、产品批产的产品保证文件、补充二级定型后的质量问题归零记录等； 4）试验验证：增加2次以上成功飞行试验大纲、试验报告等； 5）数据记录：增加2次以上成功飞行试验考核实测数据、进一步修订成功数据包络线、2次以上生产和飞行成功数据包络线验证报告等
	关键特性数据	在二级定型产品基础上： 1）又经过2次成功飞行考核的产品设计关键特性实测数据； 2）补充新的2次成功飞行考核的产品工艺关键特性实测数据； 3）补充新的2次成功飞行考核的过程控制关键特性实测数据； 4）设计、工艺、过程控制关键特性成功数据包络线等

7.3.4 成功数据包络

成功数据包络是指已经成功完成地面试验和飞行试验的航天产品（主要指关键单机、零部组件及原材料等）各项参数的上、下边界范围，包括产品本身参数包络和产品对飞行任务剖面适应性包络。在装备的定型和升级改进阶段，通过成功数据包络分析不断完善、优化关键特性数据，提升装备数据包的精细化程度，减少装备各项指标的离散程度，提高装备的一致性水平是数据包持续改进的重要工作。

成功数据包络分析是在开展装备数据包工作的基础上，在多次飞行试验产品各项参数满足设计要求的前提下，确定飞行试验产品各项参数是否在产品成功数据包络内，并对超出成功数据包络的参数展开技术风险分析，进而评估产品参加本次飞行试验风险的一种方法。成功数据包络分析是航天装备数据包成果的应用。

（1）分析要求

一般在装备（产品）成熟度达到6级时确定开展成功数据包络分析的产品和参数，对产品相关参数进行积累，在成功、可靠、有效的数据基础上逐步建立成功数据包络。在产品成熟度达到7级时，应统计历次飞行成功产品的关键特性参数实测值，并结合成功地面试验结果形成成功数据包络。对于与飞行环境密切相关的产品，还要形成环境条件参数成功数据包络。

（2）确定关键产品及关键参数

分析、确定影响航天飞行任务成败的关键产品及关键参数，经评审后作为装备开展成功数据包络线分析的基础。

（3）形成数据包络

统计历次成功飞行试验产品参数的实测值，并结合成功地面试验结果，找出上、下边界，形成成功数据包络。

（4）成功数据包络确认分析

将参加飞行试验产品的各项关键参数实测值与成功数据包络进行逐一比对，分析是否在成功数据包络内。超出成功数据包络的参数，应逐一进行风险分析，判断该参数是否在设计裕度和地面试验验证等范围内，并给出有无残余风险，是否会给飞行试验带来风险的明确结论。

成功数据包络线分析工作应给出产品参加飞行任务的风险评估结论。

7.4　管理程序

航天装备数据包管理程序包括总体策划、系统分析、形成记录、确认验证和持续改进等 5 个过程来管理。

7.4.1　总体策划

在对装备全寿命周期质量控制要求进行充分理解和把握的基础上对装备数据包建立进行总体的策划。应结合装备特点，通过对装备技术要求、用户要求、装备保证大纲要求和行业相关规范进行系统梳理，对装备各阶段应开展的工作项目和要求，以及装备质量特性实现过程和实现结果的客观记录进行系统策划，作为装备数据包建立的输入条件。一般在装备（产品）成熟度 1 级或 2 级时，对装备全寿命周期的数据包内容进行总体策划。总体策划时应重点围绕设计、工艺、过程控制 3 类关键特性，完成相关数据在飞行、定型阶段的持续积累和比对利用。

7.4.2　系统分析

应针对不同层次的产品开展系统分析，深入开展产品故障模式及影响分析等可靠性设计分析工作，特别是针对新技术、新材料、新工艺、新状态、新环境、新单位、新岗位、新人员、新设备、新流程（简称"十新"）等进行深入系统分析，识别对产品最终质量与可靠性有决定性影响的关键项目和关键环节，合理设置强制检验点，制定规避和控制风险的措施。通过开展质量案例分析，查找产品的共性问题和薄弱环节，制定针对性措施加以改进。改进措施经评审确认后转换为装备数据包的要求。

特别是在装备（产品）成熟度为 2 级和 3 级时，分析过程中进行的特性分析、风险分析、产品故障模式及影响分析等工作可以帮助设计人员识别关键特性、重要特性，而这些特性往往决定了装备的主要性能和功能。一般将关键特性、重要特性的设计结果、与质量特性形成过程相关的控制参数及质量特性的实现程度（实际测试结果）纳入装备数据包。确定装备数据包数据项时，一般是基于系统分析结果，侧重装备设计过程，综合考虑装备实现过程，并覆盖已经得到识别的数据需求，同时，可以具体采用"以产品正向特性分析为核心，以面向产品生产特性分析为抓手"的工作方法，识别装备设计、工艺、过程的关键特性，为赋予装备数据包内容提供依据。

7.4.3 形成记录

在系统梳理装备全寿命周期各阶段要求的基础上，将要求转化为应开展的工作项目，并将工作项目系统化、规范化、表格化。在此基础上对每一个工作项目提出明确、具体的内容要求，并明确其记录要求及其载体形式，如文件、表格、照片、视音频等，使每一个工作步骤都有细化、量化的要求，进而形成数据包清单。在装备成熟度为 2 级或 3 级时，一般形成装备各阶段数据包清单，为装备各阶段数据包形成奠定基础。

将确定的清单通过管理文件、设计文件、工艺文件、调试测试细则等分解到不同的岗位，在装备研制生产过程中分别采集相关信息和数据，并对获取的信息和数据进行分析处理，按照清单的要求形成成文信息。在装备全寿命周期的各阶段均应按照清单内容要求形成记录。

7.4.4 确认验证

在装备全寿命周期的各阶段应按照清单对装备数据包的项目及其内容逐一进行评审或确认，按照规定提取相应的文档进行统一编号，打包集中存放。完成存档的装备数据包，可支持对后续装备或系统的评价验证。

在装备寿命周期的不同阶段，对装备数据包的确认验证重点应有所不同。如成熟度为 3 级的装备，可重点审查应用需求下的鉴定试验所证实的产品能力数据、产品关键特性实测数据；模拟飞行环境下的功能性能参数的验收级实测数据和所有其他测试数据；装备数据包中是否完善了飞行数据记录项要求及表格格式等。成熟度为 4 级的装备，可重点审查表征产品关键特性的多次实测数据积累情况和多次地面测试与飞行实测数据比对分析情况。针对 4 级成熟度定级后出现的质量问题，审查是否采取质量问题归零的措施，是否补充、修改、完善了产品数据包中的相关数据；同时关注生产、飞行数据等记录表格的逐步固化情况，积累各项数据并建立成功数据包络线参数情况。

7.4.5 持续改进

装备数据包作为贯穿装备工程管理全过程的基础工具，能够通过装备数据包的后续重复比对和利用，持续改进装备数据包的相关内容，实现技术继承和产品的精细化管理，并最终支持技术和产品成熟度的持续提升。对成熟度 6 级以上的产品，重点关注根据重复生产和多次飞行考核数据记录比对的实际情况，同时对产品生产及飞行数据记录项、比对要求及表格格式进行持续改进，统计历次飞行成功产品的关键特性参数实测数据，并结合成功地面试验结果形成成功数据包络线。对于与飞行环境密切相关的产品，还要形成环境条件参数成功数据包络线，并根据增加的地面和飞行考核数据，更新装备可靠性评估结果。

7.5　数据包交付

　　航天装备（产品）研制生产单位是建立装备数据包工作的主体，负责装备数据包工作的总体策划，明确工作内容及相关要求，并负责形成内容完整的装备数据包。

　　有外协任务的单位负责对外协装备（产品）提出装备数据包管理要求，并将相关要求纳入装备（产品）研制任务书、合同、技术要求、验收大纲和产品保证要求等技术和管理文件中，签署完整后发外协单位执行。外协装备（产品）交付验收时，应按任务书、合同和验收大纲、产品保证要求提交合格的外协装备（产品）的数据包。

　　航天装备验收时对数据包的完整性、正确性、可追溯性进行审查和确认，重点对与关键特性相关的测试和试验数据、装配操作多媒体记录等进行详细的查验，并根据不同成熟度产品对数据比对分析的情况进行严格审核。一般性单机装备（产品）交付数据包项目清单示例见表 7-7。

表 7-7　单机装备（产品）交付数据包项目清单（示例）

成熟度	数据类型	内容
初次研究阶段	1 级 （原理样机产品）	原理样机产品基础数据文件
		原理样机试验报告
		原理样机指标验证数据记录
		原理样机验证与指标要求比对分析表
		设计、工艺、过程控制关键特性参数清单及指标要求
	2 级 （工程样机产品）	工程样机产品基础数据文件
		工程样机产品鉴定级试验报告
		产品证明书
		产品履历书
		产品技术及使用说明书
		工程样机研制与质量总结报告
		工程样机产品设计、工艺、过程控制关键特性实测数据
	3 级 （飞行产品）	飞行产品基础数据文件
		地面模拟飞行环境验收级试验报告
		飞行系统综合试验报告
		系统联试试验报告
		产品证明书
		产品履历书
		产品技术及使用说明书
		飞行产品研制与质量总结报告
		飞行产品设计、工艺、过程控制关键特性实测数据

续表

成熟度	数据类型	内容
产品重复生产和使用阶段	4级 （一次飞行考核产品）	一次成功飞行考核产品基础数据文件
		一次成功飞行试验报告
		产品证明书
		产品履历书
		产品技术及使用说明书
		一次成功飞行考核产品研制与质量总结报告
		一次成功飞行考核产品设计、工艺、过程控制关键特性实测数据
	5级 （多次飞行考核产品）	补充至少3次成功飞行考核的产品基础数据文件
		补充至少3次成功飞行试验实测数据
		产品证明书
		产品履历书
		产品技术及使用说明书
		多次飞行考核产品研制与质量总结报告
		补充至少3次成功飞行考核的产品设计、工艺、过程控制关键特性实测数据
产品定型和升级改进阶段	6级 （三级定型产品）	三级定型的产品基础数据文件
		环境适应性试验报告
		极限能力试验报告
		性能拉偏试验报告
		寿命与可靠性试验报告
		产品证明书
		产品履历书
		产品技术及使用说明书
		三级定型产品研制与质量总结报告
		补充新的成功飞行考核的产品设计、工艺、过程控制关键特性实测数据
	7级 （二级定型产品）	二级定型的产品基础数据文件
		1次实际飞行全寿命考核报告
		在三级定型产品基础上,补充新的3次成功飞行考核和至少1次实际飞行全寿命考核的试验报告
		产品证明书
		产品履历书
		产品技术及使用说明书
		二级定型产品研制与质量总结报告
		在三级定型产品基础上,补充新的3次成功飞行考核和至少1次实际飞行全寿命考核的产品设计、工艺、过程控制关键特性实测数据

续表

成熟度	数据类型	内容
产品定型和升级改进阶段	8级（一级定型产品）	一级定型的产品基础数据文件
		在二级定型产品基础上，补充新的 2 次以上成功飞行的试验报告
		产品证明书
		产品履历书
		产品技术及使用说明书
		一级定型产品研制与质量总结报告
		在二级定型产品基础上，补充新的 2 次以上成功飞行的产品设计、工艺、过程控制关键特性实测数据

参 考 文 献

［1］ 师宏耕，贾成武，鲍智文．航天精细化质量管理［M］．北京：中国宇航出版社，2020.

［2］ 《中国航天文化的发展与创新》编委会．中国航天文化的发展与创新［M］．北京：北京大学出版社，2016.

［3］ 宋征宇．运载火箭地面测试与发射控制技术［M］．北京：国防工业出版社，2016.

［4］ 宋太亮，李军．装备建设大质量观［M］．北京：国防工业出版社，2017.

［5］ 中国航天科技集团公司．航天质量管理方法与工具［M］．北京：中国宇航出版社，2017.

［6］ 中国航天科技集团公司．产品保证［M］．北京：中国宇航出版社，2017.

［7］ 中国航天科技集团公司．航天质量管理基础［M］．北京：中国宇航出版社，2017.

［8］ 陆晋荣，董学军．航天发射质量质量工程［M］．北京：国防工业出版社，2015.

［9］ 张洪太，余后满．航天器项目管理［M］．北京：北京理工大学出版社，2018.

［10］ 余后满．航天器产品保证［M］．北京：北京理工大学出版社，2018.

［11］ 袁家军．航天产品工程［M］．北京：中国宇航出版社，2011.

［12］ 龚庆祥．型号可靠性工程手册［M］．北京：国防工业出版社，2007.

［13］ GJB 1442A—2006 检验工作要求［S］.

［14］ GJB 1406—92 产品质量保证大纲要求［S］.

［15］ GJB 906—90 成套技术资料质量管理要求［S］.

［16］ GJB 1362A—2007 军工产品定型程序和要求［S］.

［17］ 吴文汇．数据包络分析及其应用［M］．北京：中国统计出版社，2002.

［18］ 美国 DAMA 国际．DAMA 数据管理知识体系指南（第二版）［M］．北京：机械工业出版社，2020.

第 8 章
颠覆性航天装备技术

科学技术的快速发展对航天事业起到了巨大的推动作用，同时也牵引着航天装备开发研制的方向，并对相关装备的质量保证提出了新的要求。本章基于颠覆性航天技术特征和发展趋势，简要讨论了颠覆性技术管理的特点和措施。

8.1　颠覆性技术特征

8.1.1　主要类型

颠覆性技术这一理论概念最早由美国哈佛商学院教授克莱顿·克里斯滕森提出，他在1995年出版的《颠覆性技术的机遇浪潮》一书中首次使用了颠覆性技术这一词汇。所谓颠覆性技术，又称之为突破性技术，是一种"革命性""突破性"的创新，是另辟蹊径、另起炉灶走新路，并会对已有传统或主流技术产生颠覆性改变效果的技术，既可能是完全创新的新技术，也可能是基于现有技术的跨学科、跨领域的创新型应用。

从颠覆性技术的本质特性看，颠覆性航天技术是能够根本改变现有航天技术的状态，更好满足用户或任务需求的技术，它既可能是一种全新的技术，也可能是对现有技术的创新应用以及创新技术（性能属性）的不同组合等。目前，在航天领域显现出来的主要的颠覆性技术有增材制造技术、先进材料技术、新型发射与空间推进技术、定向能技术、空间太阳能电站、卫星星座技术、自主系统技术。

（1）增材制造技术

增材制造技术又称3D打印技术。3D打印改变了物体的制造方式，被称为第三次工业革命。这一技术将显著改变装备制造流程，提高装备的战术适应性，从而为军事后勤保障带来巨大变革，从根本上影响国防工业基础。3D打印的兴起，得益于电脑辅助设计、大数据、云计算、新材料的发展以及打印机成本的缩减。4D打印是将实物编程，可在制造后改变其形式和功能。在4D打印尚未到来时，3D打印技术已开始用于从打印人体器官、食物到飞机机翼的广泛领域，且成本更加低廉。

从3D打印技术展现出的优势看，将其移植到太空可降低航天器研发成本，缩短研制周期，甚至创新系统结构。目前，太空3D打印的应用价值和发展思路仍不明确，且面临许多与地面打印不一样的材料、结构、工艺、质量、控制和标准化等方面问题。美国国家航空航天局将3D打印作为空间探索的关键技术，谋划发展战略，确定优先应用方向，梳理技术体系，制定相关标准，以保证该技术能够健康发展，并能尽早发挥作用。

（2）先进材料技术

新材料技术的创新发展，将引起发展模式的重大变革，从而引发武器装备发展模式的转变。太赫兹技术的重大突破，一旦用于军事，将对战场态势感知、信息传输、导弹防御等产生重大影响。脑机接口技术迅猛发展，将可能引发"意识战""大脑思维战"。高功率微波技术显示出实战能力。纳米技术不仅会深刻影响到人类社会生活的各个层面，甚至会改变未来军事和战争形态，未来战场极可能将由数不清的各种纳米微型兵器为主演。未来战场将更加透明，从太空到空中、地面，层层严密高效的纳米级侦察监视网，使人难以察觉，防不胜防，使得国家军队将有密难保，未曾与敌交手，胜败即成定局。

（3）新型发射与空间推进技术

核热火箭（NTR）能生成高推力，其效能是化学推进系统的两倍，可大幅缩短太空旅行时间。核火箭发动机技术使用核反应堆将氢加热至非常高的温度，然后使用一个喷嘴将氢喷出，以产生动力。

太空电梯（主体是一个永久性连接空间站和地球表面的缆绳，可以用来将人和货物从地面运送到太空）如能实现，将大幅度降低航天运输成本，这种垂直升降装置最终将取代不太安全的火箭，发射人造卫星和宇宙探测器、运送空间站设备，搭载乘客实现太空旅游，从而开创人类征服太空的新纪元。

长期以来，太阳能电推进（SEP）技术被认为是人类登陆火星的关键，SEP 飞行器将缓慢但高效地使大型有效载荷进入火星轨道并着陆。地球静止轨道卫星在星箭分离后使用电推进取代化学推进完成轨道转移任务进入工作轨道，且入轨后的位置保持任务完全由电推进执行，能节省大量燃料，提高有效载荷比或降低发射成本，具有巨大的实用价值和商业价值。

（4）定向能技术

定向能武器主要是通过毫米波、高功率微波、激光或电磁脉冲产生特殊作战效果。特别是激光武器，作为一种可隐身、"零用时"的高精度武器，可打击多个目标，拥有无限量"弹药"，还可以大大提高部队和设施的防护能力，尤其用于对抗精确制导武器，具有特殊的效能。美智库已经向军方建议：美军应当多发展定向能武器，特别是激光武器，以应对潜在对手的"导弹饱和式攻击"，维持美国的地区优势。可以推断，美国未来的导弹防御系统，很可能是激光武器对导弹的拦击，不再是导弹对导弹的拦击。在众多可能改变"游戏规则"的新技术中，自主系统和定向能武器的结合，必然被排在发展前列，作为引领变革潮流，改变"游戏规则"的创新技术，以形成新的核心军事能力。

（5）空间太阳能电站

在空间将太阳能转化为电能，再通过无线能量传输方式传输到地面的电力系统，也包括直接将太阳光反射到地面，在地面进行发电的系统。其发展将可能引发诸多技术领域的科技革命，从根本上改变人类利用和获取能源的方式，改变电力传输的方式。

（6）卫星星座技术

SpaceX 公司于 2015 年公布"星链"星座计划，致力于为个人用户提供低时延的低地球轨道卫星宽带互联网服务。整个星座建设思路是分批次发射覆盖全球的互联网卫星，能够实现多视角全天时的信息保证，如果将其用于军事斗争中，则会增强美军的通信能力，更加方便美国政府和军方实时掌控全世界。

如果"星链"星座 4 万多颗卫星全部部署完毕和稳定运行，则几乎地面上任意地点均会持续有几颗星链卫星过顶，能够保证美军全天候不间断地监控分析地面重要目标，再利用预警监视识别计算体系的大数据分析和分布式并行计算等技术，处理分析和辨识目标，则可精确识别战略对手航天发射、导弹和舰船等大中型武器装备部署情况和活动征候。

（7）自主系统技术

美国空军研究实验室（AFRL）隶属于美国空军装备司令部，致力于领导美国航空航天技术的创新、开发和集成，负责规划和执行空军科学和技术方案，为美国储备作战能力。目前，AFRL 将自主技术、无人系统、高超声速和定向能技术等作为"第三次抵消"战略（旨在通过技术创新发展，运用非对称手段抵消对手的相对优势，全面破解对手"反介入/区域拒止"能力，确保自身占据绝对优势）的支撑技术，以增强和巩固美空军在速度、占领空间、灵活性和精确性方面的优势。

AFRL 对自主技术整体目标是"促成以计算速度形成决策"。自主技术将大幅压缩杀伤时间，实现机器辅助的作战行动，届时，机载防御系统将自动识别威胁并向指挥员给出行动建议，地面情报分析系统在具备各数据融合能力的基础上还具有向分析人员提示威胁的能力。

8.1.2　主要特点

颠覆性航天技术与其他领域颠覆性技术相比，具有成熟周期较长、受制约因素多、市场关系复杂等特点，为此，开发颠覆性航天技术须重点关注以下 3 个方面。

（1）跨越研发投入的"死亡谷"

一项新兴技术能否在航天领域产生颠覆性创新，需要由工程实践来检验。由于航天工程项目的研制周期相对较长，需要进行飞行试验验证，因此颠覆性航天技术的成熟时间也长。许多航天新技术在较长的研制周期内，由于缺乏持续的研发投入，跨不过技术开发的"死亡谷"而夭折。"死亡谷"是用来形象地比喻介于基础技术开发（技术推动，达到技术成熟度 4/5 级）和应用技术开发（技术拉动，超过技术成熟度 6/7 级）之间的投资缺口。要跨越"死亡谷"就必须在技术开发的早期阶段，对该技术未来是否能通过颠覆性创新带来能力的飞跃进行评估。

（2）追求成功、趋向保守的航天文化

航天活动复杂且充满挑战，受高风险和高成本的影响，航天任务常常趋于采用成熟技术，以保证高可靠性。对于新技术的创新应用，要求在先进性与可靠性、安全性之间进行平衡。

宇宙空间环境恶劣，新技术面临的环境适应性挑战大，例如，航天新技术需应对真空、微重力、高辐射、极端温度环境、微流星体和轨道碎片等影响，发射后的修复和调整机会受限等，加上航天产品小批量、高成本的特点，需要满足更加严格的质量和可靠性要求，在创新和"保成功"的平衡中往往倾向于后者，对颠覆性技术创新文化形成了一定的冲击。"阿波罗"时代之后，世界航天部门相对趋于保守，更多关注低风险的创新而非突破性、颠覆性创新，这主要源于航天活动的高风险、高成本和严酷的环境条件约束。

（3）充分利用基础技术开发

航天领域的基础技术开发和特定任务技术开发应加以区分，基础技术开发属于技术推动，特定任务技术开发属于需求牵引。技术推动下的投资会带来技术突破，而需求牵引下的投资产生渐进的创新。技术推动下的投资更多涉及基础研究和新材料应用，而需求牵引下的投资更多是对现有技术或设计的改进。航天领域要培育颠覆性技术，有两个主要因素阻碍了技术推动投入：一是在技术开发项目的选择过程中成熟技术更受欢迎，由此导致了技术开发的僵局，形成了技术创新的障碍；二是采用新技术需要进行测试和飞行试验验证，飞行试验验证是应用新技术的一个最大藩篱。

航天领域的市场源于两类"客户"的驱动，一是用户需求（商业航天）驱动市场，二是政府需求（军事或科学）驱动市场，两类情况下的创新动力学不同。航天科学和军事航天任务属于买方市场，政府是相关航天技术的主要投资方；而商业航天趋向于卖方市场，由运营商将其服务提供给最终用户（个人、机构、公共用户等），如果没有外部因素推动，运营商一般没有足够的动机来承受新技术的测试和使用风险。这意味着与其他领域不同，航天领域的颠覆性技术更多地要依靠政府进行投入和培育。

8.2　颠覆性技术发展

航天技术是一个国家综合国力的重要标志，是维护国家安全的重要支撑，是国家战略威慑能力的重要体现，对国防和军队现代化建设至关重要，其发展和应用对新军事变革产生重要的推动作用。由航天技术物化而形成的航天装备，在信息化装备体系建设中发挥着主导作用，在信息化装备与其他武器装备建设的结合中发挥着龙头作用。按照作用的不同，航天装备包括进入太空装备、利用太空装备和控制太空装备。

8.2.1　进入太空装备

当今世界航天领域，进入太空装备正呈现多方向快速发展的态势，主要表现为系列化、组合化，快速、机动发射，可重复使用和点对点超大型运输工具等。

（1）系列化、组合化成为火箭发展的重点方向

未来的运载火箭将通过不同发动机的组合，实现运载火箭的通用化、运载能力的系列化，将有效提升其多任务适应能力。美国提出的改进型一次性运载火箭（EELV）将形成包括小型、中型、重型在内的具有不同运载能力的一次性运载火箭系列，可执行近地轨道、太阳同步轨道和地球同步轨道发射任务。

（2）快速、机动发射成为进入太空的重要方向

当前世界各国正在积极研发新一代快速、机动、廉价、可靠的小型运载工具，进一步缩短发射准备周期，降低发射成本，将有效提升太空系统的快速重构与恢复能力。美国在"力量运用与从本土发射"计划中提出，快速响应火箭应能在 24 小时内将有效载荷送入低地球轨道。

（3）可重复使用运载器备受重视

火箭复用是当前技术发展热点，SpaceX 公司已成功实现对"猎鹰"-9 号、"猎鹰重型"火箭的助推、一子级和整流罩回收，"火神""新格伦"等火箭也都将采用可重复使用方案。可重复使用运载器的广泛使用，将有效降低人类进入太空的成本并提高快速响应能力。

（4）点对点超大型运输可期

2020 年，美国太空司令部已经与 SpaceX 公司和创业（Xarc）公司分别签署了合作研究与发展协议（CRADA），支持两家公司研究如何将它们现有的技术和运载火箭用于地球城市间的运输，探索在不到一小时内将相当于 C-17 的有效载荷（70 t）运送到地球上的任何地方。另外，SpaceX 公司正在研制的"超重-星舰"运载器，设计载人最多可达 100 人，载货最大可达 100 t，载荷舱容积 1100 m³，可装载各类卫星、大型太空设施及空间站货物，结合其陆/海发射与回收平台，后续可以发展为地球点对点超大型运输工具，在半小时内到达地球任意地点。

8.2.2　利用太空装备

利用太空造福人类几乎已是家喻户晓的事情，这里从军事领域讨论利用太空装备的发展。利用太空在军事领域是指发挥太空作战力量对陆、海、空联合作战的支援保障作用。利用太空的军事装备主要有侦察卫星、预警卫星、通信卫星和导航卫星。

（1）侦察卫星向高分辨率、全天候、全天时方向发展

成像侦察卫星在从静态成像向动目标探测拓展，从单纯执行侦察任务向侦察与监视任务兼顾过渡，提高空间分辨率、时间分辨率和光谱分辨率成为成像侦察卫星永恒的目标。此外，未来的侦察卫星还将加强各种遥感器的综合利用，或是在一颗卫星上搭载几种遥感器，或是将几种单一类型的遥感卫星组成卫星星座系统，增强卫星的综合侦察能力。

美军光学侦察卫星一直以"锁眼"命名，"锁眼"系列卫星最新成员可在轨补给，机动能力强，带有可见光和红外成像载荷，可见光分辨率达 0.1 m，红外分辨率达 0.6 m，是世界上分辨率最高、最先进的光学侦察卫星。"锁眼"12 卫星发射质量 18 t、干质量 10 t，推进剂质量达 8 t，卫星直径 4 m，高 15 m。

美军电子侦察卫星呈现出多系列、多轨道并行发展的态势。其中 SB-WASS，亦称"入侵者"（Intruder），是美军第 4 代电子侦察卫星，也是最先进的现役电子侦察卫星，集成了海军海洋监视和空军战略防空的侦察需求，并集通信情报和电子侦察于一身，具有全天候的全球监视能力，可代替地球静止轨道和大椭圆轨道的电子侦察卫星。

（2）预警卫星向提高预警时效和加强探测、识别、跟踪能力方向发展

20 世纪 80 年代，美国总统里根提出"星球大战"计划。美国国防部制定了一个"天基红外系统"（SBIRS）计划，这是一个综合系统，旨在满足美国 21 世纪初的红外太空侦察和监视的需要。

天基红外系统是一个综合导弹预警卫星系统，包括 SBIRS-1 低轨道卫星、SBIRS-G 地球静止轨道卫星、SBIRS-H 高椭圆轨道卫星，以及地面数据处理和控制。SBIRS 卫星提供全球和战区有关导弹发射、导弹飞行、攻击目标、导弹落点等高速红外数据和处理信息，以及其他国家和战区的导弹红外事件，指导战略和战区导弹防御，如果与陆基、海基导弹防御系统联合，威力更大。

当前，美国正在发展"过顶持续红外系统"（OPIRS），OPIRS 卫星的优点是将搭载

更强的传感器及其他功能，从而不仅能探测跟踪大型弹道导弹的发射和尾焰，还可探测和跟踪小型的地空导弹甚至空空导弹的发射。即使对于导弹飞行中段的"冷"弹头也能进行跟踪，而且具备更高的生存能力，很可能具有更强的机动性以及添加燃料的能力。

"下一代过顶持续红外系统"（Next-Gen OPIRS）是美国正在发展的新型导弹预警防御卫星系统，将基于美空军"太空作战架构"组建，以增强进而替代正在服役的"天基红外系统"（SBIRS）。"过顶持续红外系统"主要负责早期发现和告警及战场红外态势感知任务，构成美国未来天基导弹预警监视传感器体系。作为新型天基导弹预警系统，"过顶持续红外系统"将提供敌方所有类型弹道导弹的发射助推段预警，可抵抗敌干扰、瘫痪或摧毁卫星和地面控制系统的行动，在高对抗环境下具有更强大的生存能力，尤其关注卫星抗毁性/弹性特征的集成、"太空作战架构"的集成，以及导弹预警的核心需求。

（3）通信卫星向高数据率、大容量和抗干扰方向发展

美军已研究和建立了各种用途的全球卫星通信系统，并开始了转型通信卫星的建设。当前，美军的军事卫星通信体系结构主要由军方操控的 3 种系统组成：宽带填隙系统（WGS）、先进宽带系统（AWS）和先进极高频系统（AEHF）。

宽带填隙系统是美国国防卫星通信系统（DSCS）的后续系统，在卫星容量性能实现跨越的同时，积极打造了以"五眼联盟"为核心的利益同盟，从战略维度增强了其宽带系统的安全性，系统由 3 颗卫星组成，分别部署在太平洋、印度洋和大西洋上空的静止轨道。

先进宽带系统是宽带填隙系统的后续系统，由 5 颗卫星组成。美军正全面更新原有通信卫星系统，一颗新卫星基本相当于原来一个卫星星座的能力。在宽带通信方面，其"宽带全球卫星通信"数传速率高达 2.4～3.6 Gbps，取代了国防卫星通信系统卫星，通信容量提高了 12～18 倍。

先进极高频系统用 6 颗卫星来替换美国空军传统的军事战略和战术中继（Milstar）卫星星座。先进极高频系统是军事星的后续系统，比军事星系统体积小，通信容量高 10 倍，速率高 6 倍，可为战区指挥官提供安全、抗干扰、反截获反探测的通信服务，由 3 颗同步轨道卫星组成。未来美国将基于 AEHF 系统已经成熟的载荷技术，打造专用的防护战略通信卫星系统，作为美军构建战略保底能力的核心基础设施。该系统具体将建设 4 颗 GEO＋2 颗大椭圆轨道（HEO）卫星的配置，值得注意的是，新卫星将配备防护态势感知载荷，可实现对太空目标的抵近感知和预警，增强了追溯和抵御反卫攻击的能力。

2020 年 2 月 19 日，美国太空军发布《卫星通信愿景》，正式提出建立一个军商集成的统一卫星通信体系架构。为竞争性、降级或受限通信环境下的作战人员提供卫星通信连接。太空军将这一未来架构设想称为"作战卫星通信"体系，此外还将资助"演进战略卫星通信系统"（ESS）、"受保护战术卫星通信"（PTS）等项目，推动美国卫星通信体系向着具备更强鲁棒性、弹性、敏捷性以及作战能力的方向发展。ESS 项目旨在提供新一代核指挥控制和通信任务能力，将替代"先进极高频"卫星的战略通信能力，并将抗毁通信能力扩展到北极地区。PTS 项目旨在建造一种安全的全球通信网络，为美国国防部提供高度

弹性的战术网络，将实现更强的卫星通信能力和抗干扰保护能力，并可提升卫星系统的经济性。

（4）导航卫星向高精度、抗干扰和长寿命的方向发展

未来，导航定位卫星的寿命将显著增强，具备较强的抗干扰、抗打击能力，军用定位、定时精度将达到米级和纳秒级，服务范围覆盖全球地面、空中以及部分太空区域。美国正在发展的第三代 GPS 卫星是指 GPS Ⅲ 卫星，第一颗 GPS Ⅲ 卫星于 2016 年 12 月发射，计划 2033 年左右建成全部由 GPS Ⅲ 组成的空间星座。其设计目标是进一步提高卫星的导航能力；保证其可用性、完善性，使系统的精度和生存力进一步提高并保持传统信号的延续性。第三代 GPS 卫星采用 Ka 频段代替 UHF 频段，星间链路信号播发方式由广播改为点对点传输，安全性大大提高；通过在"聚焦"区域提高信号功率，并采用经过现代化改进的信号结构，确保将军用部分和民用部分在空间和频谱上隔离开。GPS Ⅲ 卫星定位和授时精度为现役 GPS Ⅱ 卫星的 3 倍，水平 0.5 m、垂直 1.2 m 的定位与导航精度，授时精度将达到 1.3 ns，抗干扰能力提高 8 倍；系统具有灵活的信号功率分配能力，并提供高达 20 dB 的区域增强能力，星—星、星—地间通信能力达到 100 Mbps。

8.2.3 控制太空装备

从本质上看，控制太空就是夺取并保持制天权，它是利用太空的重要保证。所谓制天权，就是在一定时间内对一定太空域的控制权。在信息化条件下，一旦掌握了制天权，赢得高维空间（信息和空间）制约低维空间（陆地、海洋和空中）的优势，就能有效保障己方参战兵力的行动自由，为陆域、海域、空域提供信息、火力和跨大气层运输支援，限制对方太空作战力量的支援保障作用，甚至可以直接对地球表面实施猛烈的火力打击，大幅削弱对方整体作用。控制太空装备正在向天地结合、软硬结合、综合化方向发展，主要包括太空态势感知、进攻性太空对抗和防御性太空对抗等。

（1）太空态势感知装备向天地结合方向发展

美军太空目标监视装备体系经历了 60 多年的发展，在体系完整性、技术成熟度、投资规模等方面具有明显优势，逐步具备了"天地一体、全球覆盖、高低轨兼顾"的太空目标监视能力，主要由分布于地面、太空的各种雷达、光学和电子干扰探测装备，以及联合太空作战中心任务系统组成。其中重点发展的系统包括天基太空监视系统（SBSS）、"太空篱笆"系统、快速攻击识别探测报告系统（RAIDRS）以及联合太空作战任务系统等。

美国的太空态势感知能力的形成是在其太空目标监视装备基础上发展起来的，太空目标监视的一个重要功能是建立和维护卫星状态的数据库，1957 年美国国防部建立了这个数据库，由全球分布的干涉仪雷达和光学跟踪系统组成的太空监视系统得到卫星状态数据，这些数据定期更新，目前编目的太空物体数目达到 20000 多个。太空态势感知的成果是太空卫星状态信息产品，这些产品的形成过程就是将获取的太空目标、太空环境等信息，经过太空目标与太空环境信息处理，在特定太空环境背景下，通过对太空目标的相对位置、身份能力、属性状态与国际国内政治经济形势等的智能化处理，获得太空目标个体

及其个体与群体、局部与全局关系，满足不同层次的太空活动所需要文档、图表、图形与图像等形式的产品。

（2）进攻性太空对抗技术向软硬结合方向发展

从美国发布的国家关于太空发展战略来看，当前美国的太空政策不再强调太空的支配权，而是更强调太空知情权和防御性。在国家整体战略指导下，美军正大力推进太空控制战略，加紧研制太空信息攻击的武器装备，在增强太空目标监视能力的基础上，加紧发展各种反卫星武器，以保持美国在太空的绝对优势，包括陆基动能、微小卫星、电子干扰、激光和高能微波装备等。出于经济、政治、军事、技术等多方面的考虑，美国在发展进攻性太空能力时，重在探索和开发各种关键技术能力而不轻易部署实战装备，这样的发展战略既避免了政治和外交压力，又切实地增强了美国的太空对抗能力。

美军天基动能武器名为"上帝之杖"。据报道，美军从 2012 年开始研制"上帝之杖"，计划在 2025 年之前完成部署，攻击效果堪比核武器。2018 年定向能武器峰会上，美军表示将加快定向能武器系统由实验室到战场的部署。2019 年 5 月 6 日，美国媒体报道，美军测试了一款新的机载激光武器样机，在实验当中这款样机成功地击落了数枚导弹。

（3）防御性太空对抗装备技术向综合化方向发展

根据美军 2013 年参联会《太空联合作战条令》的阐述，发展防御性太空对抗能力要比发展进攻性太空对抗能力的优先级更高、更重要、更迫切。防御性太空对抗的目的是在太空系统遭受攻击时能够实施有效保护，并尽快恢复太空系统的功能。美军把防御性太空对抗也称作太空信息系统防护，意指在各种威胁，尤其是敌对势力不断提高潜在威胁手段的前提下，为防止敌方削弱或破坏己方太空信息系统功能或防止敌方利用己方太空信息系统，而采取的一系列抵制威胁、降低敌方攻击效果的措施，包括抗干扰、抗截获、抗摧毁及防失密、防盗用、防入侵等措施。实现防御性太空对抗就是要发展太空系统的全面防护能力，太空系统防护是一项复杂的系统工程，而且所有的防护措施都会增加太空系统的成本。为此，美军采取主、被动防护协调发展的策略，并根据任务的优先权、系统特性以及已知或预计的威胁等因素确定太空系统采取的防护措施。

太空操控指利用太空机器人捕获、服务、移除太空目标，是一种可控对抗技术。美军通常以卫星在轨服务和太空碎片清除的名义开展相关技术研究。2016 年 5 月，美国国防部高级研究计划局（DARPA）启动"地球同步轨道卫星机器人服务"（RSGS）项目；同年 12 月，DARPA 组建"交会与服务操作执行联盟"（CONFERS）；2019 年 2 月，CONFERS 发布首份无人在轨服务《设计与操作实践建议》，用于支持制定无人在轨交会与服务操作相关技术和安全标准。

8.3　颠覆性技术管理

当前，我们正处于一场新技术革命和由此引发的新工业革命的前夜，其主要特征是各项技术的融合，并将日趋消除物理、数学和生物等学科之间的界限，而人工智能、机器人、无人系统、大数据、物联网、3D打印、纳米技术、生物科技、材料科学、新能源和量子技术等科技领域的最新突破，更创造了无限的可能性。然而，现代科学技术体系是一个开放的复杂巨系统，其中每一个子系统都会随时间发生变化，何时何种技术会"涌现"出颠覆性效应，是较难预测的，因此，很难准确给出颠覆性航天装备质量工程技术的具体方法，这里我们仅做原则性讨论。

8.3.1　颠覆技术培育机制

颠覆性技术的发展必然面临诸多困难，如果能够砥砺前行，不断完善进而达到成熟，最终就有望获得广泛应用。但是，许多新兴技术在泡沫破灭之后，或由于缺乏资金的投入，或由于技术本身的缺陷，往往会陷入"死亡谷"。在这种背景下，政府或军方应该建立健全颠覆性航天技术培育机制，这包括：一是鼓励前瞻性创新。鼓励科学家用前瞻性的敏锐的眼光去探索需求，并挖掘适合承担这些项目的单位和个人。二是宽容新技术失败。颠覆性技术创新属"高风险、高回报"，几乎没有数据显示哪些颠覆性技术创新一定能够实现，它的全部失败、半途而废或变化很大的项目数量可能会大于成功项目的数量，在颠覆性技术创新活动中，必须建立容错与免责制度。三是在组织机构和制度建设上，应形成扶持和发展颠覆性航天技术的常态化机制，包括优惠政策和资金投入等。

美国国防高级研究计划局（DARPA）是发展颠覆性技术的典型机构代表，培育和推动重大颠覆性技术并取得了成功。DARPA的历任局长们多数都不认为DARPA有固定的模式，而是在不同时期针对不同的项目采用不同的方法，他们认为项目之所以取得成功很多时候纯属"机缘巧合"，不是计划好的，而是随时间演变而成的。是"机缘巧合"？当然不是，DARPA成功的背后有其独特的管理机制和创新文化；但是，"审时度势"在DARPA的成功甚至所有颠覆性技术创新中，都是一个重要因素，这与颠覆性技术创新的特性，以及科学技术的总体发展规律密切相关。因此，颠覆性技术创新管理没有固定的方法或最佳的模式，需要根据国内外大势和科学技术水平变化，针对颠覆性技术项目特点提出新办法。

8.3.2　需求牵引技术创新

颠覆性技术需要在竞争的环境下，在较短的时间内脱颖而出，实现对传统技术的取代和颠覆。因此，颠覆性航天技术的发展应以市场为导向，发挥市场在资源配置中的决定性作用，同时以满足国家战略需求和经济社会发展需求为牵引，促进对颠覆性技术的发掘、培育和发展，完善创新成果转化应用机制，营造有利于孵化颠覆性技术的生态环境，通过市场导向和需求牵引，共同推动颠覆性航天技术发展。

颠覆性创新从技术到工程要走完一个"全链条"的转化过程，这个过程需要较长的时间，甚至长达数十年。DARPA早在1967年就发明了互联网的始祖，即阿帕网（ArpaNet），直到1991年才出现互联网。在"漫长"的技术向工程的转化过程中，脱离需求牵引、远离市场导向，创新很可能不是工程实际所需，进而缺少资金的扶持，很容易走入"死亡谷"。

8.3.3　强化前沿技术研究

我们正在迎来第四次工业革命，这场革命的主要特征是各项技术的融合。颠覆性技术往往源于各项技术的融合，未来科技发展也将越来越依赖多种学科的综合、渗透和交叉，跨学科研究、学科交叉研究将孕育出颠覆性技术新的生长点。基础与前沿领域是航天技术更新换代和新兴产业发展的核心。通过产学研结合，建立创新战略联盟，强化基础前沿和交叉学科研究，加速突破未来颠覆性技术（如量子、信息、认知科学、通信、电子、材料、能源动力、先进制造等领域）在航天领域的工程应用，大幅增加技术储备，助力创新驱动发展。

开展运载火箭、飞船、卫星等大型飞行器部件 HASS/HALT（Highly Accelerated Stress Screen/Highly Accelerated Life Test）工作，快速激发产品内部缺陷或薄弱环节，为产品设计人员改进设计或批生产过程中彻底剔除早期故障提供信息。重点解决加速因子选取与可靠性量化等效难题，提高地面试验考核的充分性和有效性，形成适用的可靠性强化试验的试验规范，建立并逐步完善可靠性强化试验系统，将该试验技术推广应用于航天产品的研制和生产中，以加速颠覆性技术向工程应用转化的周期。

8.3.4　采用技术预测方法

颠覆性航天技术的研发周期较长，发展中总会经历诸多障碍和困境，需要对所处阶段和状态进行有效的预测和评估，"审时度势"地采取不同的方法。若颠覆性技术研发尚处于实验室验证阶段，就需要投资者冷静思考；若处于飞行试验阶段，即便遭遇困难，也要"重拾信心"，不断完善而达到成熟。

对颠覆性技术的挖掘和预测可以借鉴技术识别的方法和工具。例如，国外采用了文献计量法、专利分析法、德尔菲方法、专家会议法、情景分析法、头脑风暴法等一些通用的技术识别方法。美国国防部"技术监视/地平线扫描"项目（系统监测潜在的具有重要发展的早期信号，以提前感知关于未来的大挑战和变革信号的情报活动），当前仍较多采用了文献计量、专利分析、专家研讨、现场汇报以及参观访谈等人工方式，正在建立未来自动化分析的系统架构。美国国家航空航天局制定技术路线图，确定未来高优先级发展的技术，采用"架构驱动的技术开发评估方法"确定面向未来的航天任务关键技术。欧洲科学基金会通过项目定义、召开专题论坛、一对一专家访谈等三阶段为欧空局识别未来可推动航天领域发展的新技术。兰德公司（欧洲分部）采用基于文献的"快速证据评估方法"（REA）为英国国防部选择未来技术。

8.3.5　协调渐进技术发展

统计发现，在人类技术创新过程中，大量的创新是渐进性创新。事实上，颠覆性技术的发展开始时也是渐进的，只有达到一个临界点（奇点）时，它才按新的路径迅猛发展，尤其是颠覆性航天技术，从局部扩展到全局是一个较长的渐进过程，因此，必须把握未来航天发展整体需求，坚持颠覆性技术创新和渐进性技术创新双轮驱动，实现颠覆性技术和渐进性技术的协调发展。

SpaceX 公司不是第一个使用动力反推垂直回收技术航天产品的开发商，相反，动力反推技术目前已经较为成熟，美国的凤凰号火星探测器以及我国的月球探测器在着陆时都用到了这种方式。但是，对于火箭这种细长航天器的回收，姿态控制的难度系数将成倍增加。虽然在 2015 年 11 月 24 日，美国蓝色起源公司成功完成了对火箭的回收，但需要指出的是，蓝色起源的 New Shepard 仅仅完成亚轨道飞行，并且由于只是测试，没有携带大量的载荷。而 SpaceX 的猎鹰 - 9 号需要进行轨道飞行，完成既定任务后才进行回收，技术上存在很大难度。SpaceX 公司曾打过比方：在陆地平台回收一级火箭，就如同让你扔一根铅笔飞过帝国大厦楼顶，然后让其在暴风雨中返回落在一个鞋盒上。而海上回收，就如同让铅笔飞过帝国大厦楼顶后，精准落在一块漂浮的橡皮上面，而且不能倒。

为了实现重复使用火箭，达到降低成本的目标，SpaceX 公司开展了重复使用技术研究，主要包括两部分：研制并试验重复使用技术验证机，包括"蚱蜢"验证机和猎鹰 - 9 可重复使用验证机（F9R - Dev），按照"验证机验证—发射任务验证—火箭改进—火箭回收"的技术途径开展试验。其中"蚱蜢"验证机按照计划进行了 8 次试验。第 1 次试飞高度为 73.152 m，然后着陆，飞行时间 45 s；第 2 次试飞高度为 204.216 m，然后着陆，时间仍是 45 s。此后的试飞高度依次提高，分别是 365.76 m、762 m、1 524 m、2 286 m、3 505.2 m，试验历时逐渐增加到 160 s。

参 考 文 献

［1］ 罗剑，于小红，苏宪程. 从跨域联合的视角看美军太空作战体系改革［J］. 飞航导弹，2020（8）：7-10.

［2］ 况腊生，萧潇. 美军进攻型太空作战体系威胁太空和平［N］. 解放军报，2020-5-21.

［3］ 陆晓飞，孟红波，梅发国. 从美军"施里弗"系列演习看太空作战趋势［J］. 中国电子科学研究院学报，2020（2）：110-114.

［4］ 王涛. 美军"施里弗"太空战系列演习［J］. 军事文摘，2020（9）：30-33.

［5］ 潘晨，王海兰. 太空战中的天基武器技术［J］. 科学24小时，2020（9）：12-15.

［6］ 张良. 太空战，未来战争的"制高点"［J］. 生命与灾害，2020（1）：10-13.

［7］ 张雪松. 太空战的重要技术——美国自主在轨服务航天器及其军事应用潜力［J］. 兵器，2020（6）：26-31.

［8］ 潘晨，李瑞景. 未来太空战的攻防之道［J］. 科学24小时，2020（9）：8-11.

［9］ 杜燕波. 美国新版《太空防御战略》评述［J］. 军事文摘，2020（9）：21-25.

［10］ 荀子奕，韩春阳. 美国《国防航天战略》要点分析［J］. 国际太空，2020（9）：23-27.

［11］ 张云峰，张悦. 特朗普政府对美国太空战略的重塑及影响评估［J］. 国际研究参考，2020（6）：10-17.

［12］ 孙璞. 美国国防太空架构未来5年发展分析及启示［J］. 网信军民融合，2020（2）：43-46.

［13］ 李倩. 当前国际太空战略竞争的新态势及启示［J］. 国际太空，2020（5）：43-48.

［14］ 宋易敏，艾赛江，李义，郭倩倩. 美国太空力量现状及趋势［J］. 国际太空，2020（5）：49-53.

［15］ 何玉晶，张杰，霍权，厉剑. 一体化联合作战卫星地面站支援保障效能指标分析［J］. 指挥控制与仿真，2020（2）：70-75.

［16］ 艾赛江，谢堂涛，梅光焜，宋易敏. 美国太空作战指挥体系浅析［J］. 国际太空，2020（5）：54-58.

［17］ 吴新峰，杨玉生，李潇，邓志均. 美国太空旗帜系列演习综述［J］. 飞航导弹，2020（2）：26-29.

［18］ 郝雅楠，陈杰，祝彬，王阳阳. 美军地基空间态势感知系统的现状与趋势［J］. 国防科技工业，2019，225（3）：32-35.

［19］ 郝雅楠，陈杰，张京男. 美军天基空间态势感知系统的新发展［J］. 国防科技工业，2019，225（3）：39-43.

［20］ 范志涵，蔡亚星，李凤簪. 针对GEO目标的美国天基态势感知技术发展研究［J］. 航天器工程，2019，28（6）：87-95.

［21］ 王云萍. 美国天基红外导弹预警技术分析［J］. 光电技术应用，2019，34（3）：1-7.

［22］ 吴明，凌胜银. 加强我国太空威慑能力建设的战略思考［J］. 中国军转民，2019（2）：14-16.

［23］ 李义，艾赛江，谢堂涛，宋易敏. 美军太空作战优势及弱点分析［J］. 国际太空，2019（11）：60-65.

［24］ 谢堂涛，汤亚锋，艾赛江. 美军太空假想敌部队现状及发展趋势 ［J］. 国际太空，2019（8）：42－46.

［25］ 黄雅琴. 卫星太空战即将打响？［J］. 新发现，2019（7）：42－47.

［26］ 包领春. 未来的太空战将怎么打 ［J］. 军事文摘，2019（11）：16－20.

［27］ 陈建萍，李静，陈刘成. 从"施里弗"到"太空军旗"［J］. 海外文摘学术，2019（12）：125－128.

［28］ 邢月亭，祝彬，陈杰. 美国备战太空发展动向及其影响 ［J］. 中国军事科学，2019（3）：73－76.

［29］ 丰松江. 美国备战太空的新动向 ［J］. 世界知识，2019（4）：52－54.

［30］ 陈凌云，王谦. 太空安全战略竞争与规则博弈 ［J］. 中国军事科学，2019（3）：62－67.

［31］ 黄学军，单树峰. 发挥电子战攻方优势，争取太空战略主动权 ［J］. 科技导报，2019（4）：12－15.

［32］ 李红军，姚文多，崔帅豪. 美军太空力量建设的主要特征 ［J］. 军事运筹与系统工程，2019（4）：15－19.

［33］ 张策. 美军战区指挥体制改革——非洲司令部将成试验田 ［J］. 军事文摘，2019（1）：11－14.

［34］ 孙盛智，侯妍. 太空信息对联合作战能力影响研究 ［J］. 飞航导弹，2019（1）：64－68.

［35］ 孙盛智，裴春宝，侯妍. 太空信息在海军远洋精确打击作战中的应用 ［J］. 火力与指挥控制，2019，44（12）：12－15.